U0105463

主權區塊鏈 2.0

改變未來世界的
新 力 量

大數據戰略重點實驗室 著

連玉明 主編

資助項目

大數據戰略重點實驗室重大研究項目

基於大數據的城市科學研究重點實驗室重點研究項目

北京國際城市文化交流基金會智庫工程出版基金資助項目

浙江大學國際聯合商學院

浙江大學互聯網金融研究院

特別支持

大數據戰略重點實驗室浙江大學研究基地

學術支持

編撰委員會

主編序 / 區塊鏈是基於數字文明的超公共產品

　　當今世界正面臨百年未有之大變局。在這個大變局中，究竟什麼在變？朝什麼方向變？會變成什麼樣？這些問題還具有諸多不確定性，甚至是不可預知性。但是，可以確定的是，有兩種力量正在改變我們的生活，改變整個世界，進而改變文明的秩序。這兩種力量，一是數字貨幣，它將引發經濟領域的全面變革；二是數字身分，它將重構社會領域的治理模式。

　　一、科技變革，特別是新一代信息技術，將推動數字貨幣和數字身分的廣泛普及和應用。不論是數字貨幣還是數字身分，它們的普及和應用必然打破「信息孤島」，把分散的點數據和分割的條數據彙聚到一個特定的平臺上，並使之發生持續的聚合效應。這種聚合效應是通過數據的多維融合、關聯分析和數據挖掘，揭示事物的本質規律，從而對事物做出更加全面、更加快捷、更加精準和更加有效的研判和預測。我們把這種聚合效應稱為塊數據。塊數據的持續聚合又將形成塊數據組織，這種新的組織將解構和重構組織模式，引發新的範式革命。

　　二、塊數據組織所引發的範式革命究竟是什麼，究竟會帶來什麼樣的革命性變化。如果用一句話來概括，那就是一場改變未來世界的治理革命。因為，在數字貨幣和數字身分推動下形成的塊數據組織，本質上是一個在公正算法控制下的去中心化、分佈式組織模式，我們稱之為分權共治組織。這個

組織通過三大核心技術，即分佈式帳本、智能合約和跨鏈技術建立起一套可信且不可竄改的共識、共享和共治機制。這套機制通過編程和代碼把時間、空間、瞬間多維疊加所形成的數據流加以固化，形成可記錄、可追溯、可確權、可定價、可交易、可監管的技術約束力，進而建構一種數字信任體系，這就是我們所說的區塊鏈。當數字貨幣、數字身分遇到區塊鏈並與之珠聯璧合時，就標誌著我們已經跨入一個新的世界。在這個新的世界裏，網絡就是我們的計算機。區塊鏈藉助於網絡與終端，將對數字貨幣與數字身分賦值、賦能、賦權，從而建構可信數字經濟、可編程社會和可追溯政府的監管框架，並形成新的數字秩序。這種數字秩序引發的是文明的重構。如果說，互聯網的核心是鏈接，鏈接帶來信息傳遞，在傳遞中實現價值的提升，那麼，區塊鏈的核心則是重構，重構引發秩序變化，在變化中推動文明的躍進。從這個意義上說，互聯網是工業文明的高級形態，區塊鏈是數字文明的重要標誌。認清這一點，有助於我們更加深刻地把握區塊鏈的本質。

三、區塊鏈的真正意義，是基於共同利益和共同價值的超級帳本。這個超級帳本的本質是從人對人的依賴、人對物的依賴轉化為人對數的依賴。數據成為區塊鏈的邏輯起點。數據價值最大化成為終極目標。數據權、共享權、數據主權成為核心問題。既要數盡其用，又要保護數權，必然要求建構一個以數權為基點的權利保障體系，這個體系我們稱之為數權制度。基於數權制度建構一套調整數據權屬、數據權利、數據利用和數據保護的法律規範，就形成數權法。當數權法與區塊鏈走到一起時，區塊鏈就從技術之治走向制度之治。這種基於制度安排和治理體系的區塊鏈叫主權區塊鏈。主權區塊鏈改變了互聯網的遊戲規則，推動互聯網從信息互聯網、價值互聯網向秩序互聯網躍升，這種躍升從人類命運共同體的角度說，就是一種全球性的秩序共同體，我們稱之為全球公共產品。這種公共產品既超越特定的地域、邊界、時空和群體，又強調區域間的共同合作、共同提供、共同建構和共同秩

序，它不同於工業文明時代的純公共產品或準公共產品，但又具有市場制度下公共產品的特質和屬性，我們把它叫作基於數字文明的超公共產品。我們可以把區塊鏈作為一種技術創新、一種場景應用、一種基礎設施、一種治理模式，但本質上區塊鏈是一種數字秩序，這種秩序是工業文明邁向數字文明的重要分水嶺。

大數據戰略重點實驗室近年來致力於數字文明新秩序的理論研究，先後推出塊數據、數權法、主權區塊鏈三大理論成果。這三大理論成果被稱為「數字文明三部曲」。這個「三部曲」的核心觀點就是構建數字文明新秩序的三大支柱。塊數據、數權法、主權區塊鏈著力解決數字文明新秩序中的三個核心問題，成為推動人類從工業文明走向數字文明的主要基石。塊數據解決的是融合問題。只要萬物被數據化，融合就成為可能。這就是「數化萬物，智在融合」的重大意義。數權法解決的是共享問題。數權法的本質是共享權，而共享權是基於利他主義文化的制度建構。特別是「數據人」假設的提出，為利他主義文化建構和制度建構提供了理論基礎。如果利他主義理論是成立的，那麼，共享權作為一種基本人權就成為可能。這種可能將揭示數權的本質，並依據這個本質建構數權體系及其法律制度，從而推動數字文明新秩序的確立。共享權有望成為人類人權史上新的里程碑。主權區塊鏈解決的是科技向善問題，也就是科技的靈魂是什麼。科技正在凸顯向善的文化價值。科技向善是通往普遍、普惠、普適數字社會的路標。科技向善的核心是良知之治，致良知正是陽明心學的靈魂和精髓。「全球良知」必將成為人類命運共同體的共同價值取向。如果從理論上確立了融合、共享、良知三大價值取向，人類走向數字文明的文化障礙就能得到破解，人類命運共同體必將行穩致遠。

從數字貨幣、數字身分到塊數據、數權法、主權區塊鏈，前兩種被稱為改變世界的兩種力量，後三種被稱為重構數字文明新秩序的三大支柱。科學

家霍金說，我們站在一個美麗新世界的入口，而這是一個令人興奮的，同時充滿了不確定性的世界。區塊鏈的世界是美麗的、令人興奮的，同時也是不確定的。這種不確定性既面臨著挑戰，又蘊含著更大的機遇。

2020 年 12 月 14 日於雄安

Contents

目　錄

Introduction
緒　論

　　當今世界正經歷百年未有之大變局，世界進入動盪變革期。看未來最重要的是看大勢、大是和大事。大勢即趨勢性特徵，大是即規律性問題，大事即關鍵性要素。21 世紀的大勢是人類從物理世界向數字世界的全面遷徙；大是是科技成為「歷史的有力的槓桿」和「最高意義上的革命力量」，對人類生存方式、生產方式、生活方式、情感方式進行全面改造；大事是以互聯網為代表的新一代信息技術日新月異，基礎性、戰略性、前沿性、顛覆性技術快速迭代演進，5G、大數據、雲計算、區塊鏈、人工智能、量子技術等先進技術迸發創新活力，特別是新冠肺炎疫情全球大流行使大變局加速演進。這將是一場從個人到社會，從規則到思維，從制度到秩序，從文化到文明的整體式變革和躍遷。

　　在這次偉大的變革中，區塊鏈是影響未來的「關鍵性要素」中的「關鍵」。2016 年，《哈佛商業評論》指出，「在下一個 10 年裏，區塊鏈是最有可能對經濟社會產生深遠影響的技術」。麥肯錫公司研究認為，「區塊鏈技術是繼蒸汽機、電力、信息和互聯網科技之後，最有潛力觸發第五輪顛覆性革命浪潮的核心技術」。為什麼是區塊鏈？正如數字經濟之父、《區塊鏈革命》的作者唐・塔普斯科特所言，「過去 10 年中最顯著的變化不是區塊鏈技術發生了怎樣的變化，而是人們是如何改變思維方式的。它正在改變我們對數字技術的思考方式」。不僅如此，基於共識信任、不可竄改、去中心化

等規則的區塊鏈，正在改變我們認識世界、建構世界的底層邏輯和思維範式，它是基礎中的基礎、標準中的標準、關鍵中的關鍵，是數字文明時代的超公共產品。

數字貨幣、數字身分、數字秩序助推邁向數字文明新時代。「世界怎麼了、我們怎麼辦」是不同時代都要回答的命題。破解「治理赤字、信任赤字、和平赤字、發展赤字」正是當今世界的時代命題。進入數字時代，破解「四大赤字」更為緊迫，數字貨幣、數字身分、數字秩序有望成為重構全球治理秩序的重要力量。數字貨幣將引發經濟領域全面變革，數字身分將重構社會領域治理模式，數字秩序將成為數字時代的第一秩序。當主權互聯網遇到主權區塊鏈，當數字貨幣走上歷史舞臺，當數字身分可以通往未來時，就標誌著我們迎來一個全新的數字星球。在這個新的世界裏，無論是個人、企業還是國家，都必須從舊的經驗中覺醒以跟上時代的變化，讓自己成功「移民」到新的星球。數字秩序重構世界，數字文明呼之欲出。

一　數字貨幣

貨幣的誕生，是人類文明史上的一個重大事項，它與文字、語言、法律等人類的其他文明成果一樣，是人類走向文明社會的重要標誌之一。無論人類發展到何種社會階段，貨幣始終是人類社會存在、穩定和發展的標誌及定海神針。現代以來，貨幣已成為金融的基礎，金融已成為經濟的血脈，貨幣的穩定與變革已成為經濟繁榮與社會發展的重要前提。

數字貨幣是未來的貨幣形式。貨幣是國與國、人與人之間發生交換關係的媒介。原始社會通過皮毛、貝殼等稀缺物質進行交換，但交換媒介不統一制約了生產力的發展。農業社會開始以黃金、白銀或銅等貴金屬作為貨幣中介。工業社會後，黃金等貴金屬作為貨幣難以承載巨大的交易規模，紙幣隨之出現。再後來，電子錢包、手機支付等迅猛發展，貨幣的電子化走向成

熟。隨著金融科技的發展，以比特幣（Bitcoin）、迪姆幣（Diem）、數字人民幣（DC/EP）為代表的數字貨幣開始出現，貨幣迎來了數字化時代。自誕生以來，貨幣的每一次進化都代表著人類社會的巨大進步。數字貨幣的出現並非偶然，它不僅是數字時代科技革命的最新產物，而且是貨幣進化內在規律的集中體現，更是貨幣進化史的重大轉折點。從形態上講，數字貨幣不同於物物交換中的「物」，也不同於貝殼、銅、銀、金，更不同於紙幣、不同於美元、不同於電子貨幣，它在製造、攜帶、儲存、交易、流通、安全等方面都極大地降低了生產和使用的成本，有著超越既往貨幣的優越性，是貨幣進化後的高級形態。當下，不斷創新的數字貨幣正在突破地域、民族、文化、信用等約束，在國際範圍內被接受和使用。不管未來的世界貨幣最終是不是數字貨幣，毫無疑問，以區塊鏈為基礎的數字貨幣為貨幣的進化提供了重要方向。

數字貨幣統一「世界度量衡」。 沒有統一貨幣就等於沒有統一度量衡，統一貨幣是解決世界經濟合作與衝突的關鍵。面向未來，全球要統一貨幣，只有數字貨幣。2000 多年前，秦始皇一統六國，首先統一使用方孔圓錢，極大促進了商貿的發展與人文的交流，為中華文明奠定了堅實基礎。2000 多年後，世界的人流、物流、信息流、數據流深度全球化，但因度量衡尚未統一，全社會投入在貨幣投機上的時間，遠遠比人們創造財富的時間多得多。以數字貨幣引領統一「世界度量衡」已經成為這個時代的迫切要求。今天，中國在區塊鏈領域已經打下了堅實基礎，中國央行在區塊鏈技術上已經實現了專利先行，這比 20 世紀 90 年代的互聯網時代要起步早得多、起點高得多。在這盤大棋局中，中國央行的 DC/EP 出招算是「執黑先行」，但「世界度量衡」統一的戰局剛剛打響。

數字貨幣重構國際貨幣體系。 自 19 世紀以來，隨著全球化的不斷擴展和深入，國家間貿易往來日益密切，使得各國貨幣本位制度日益趨同。到

20 世紀，各國基本實現了從銀本位、複本位到金本位的過渡。進入 21 世紀，以美元為主導，歐元、英鎊為輔助的國際貨幣體系已然成形。作為金融科技創新特別是區塊鏈技術迅猛發展的產物，數字貨幣必將成為推動國際貨幣體系改革及全球金融治理體系變革的關鍵工具，並將引發國際貨幣體系的重新洗牌。一方面，理想狀態下，去中心化的數字貨幣發行權獨立於任何國家或機構，作為國際儲備貨幣，數字貨幣可以從根本上解決「特里芬難題」[1]，為構建超主權世界貨幣提供了思路和遐想。另一方面，現實情況下，數字貨幣作用於主權信用貨幣，終將誕生主權數字貨幣，也即法定數字貨幣，它將彌補傳統主權信用貨幣與非主權數字貨幣的缺陷和不足，成為國際貨幣及金融博弈的重要內容。可以預見，主權數字貨幣體系的構建將成為國際貨幣體系改革的核心議題。值得注意的是，隨著世界貿易從貨物貿易逐漸向服務貿易過渡，數字貿易即將成為全球數字經濟競爭的主賽道，數字貨幣儼然成了「兵家必爭之地」，將真正引發國際貨幣體系的重構。

二　數字身分

「我是誰？我從哪裏來？我要到哪裏去？」是哲學的三大終極問題。其中，「我是誰」指的就是身分問題。身分是用來區別「我」和其他主體的。一般而言，身分具有兩大功能：一為區分，二為證明。互聯網時代以前，我

1　特里芬難題來源於 1960 年美國經濟學家羅伯特・特里芬的《黃金與美元危機──自由兌換的未來》，是指由於美元與黃金掛鉤，而其他國家的貨幣與美元掛鉤，美元雖然取得了國際核心貨幣的地位，但是各國為了發展國際貿易，必須用美元作為結算與儲備貨幣，這樣就會導致流出美國的貨幣在海外不斷沉澱，對美國國際收支來說就會發生長期逆差；而美元作為國際貨幣核心的前提是必須保持美元幣值穩定，這又要求美國必須是一個國際貿易收支長期順差國。這兩個要求互相矛盾，因此是一個悖論。這一內在矛盾稱為「特里芬難題」（Triffin Dilemma）（周永林：《加密貨幣的本質與未來》，《中國金融》2018 年第 17 期，第 57-58 頁）。

們通常用紙質材料來證明「我是我」；進入互聯網時代，身分證明的方式從紙質證明變成了電子憑證。隨著數字科技的創新與突破，人類正從物理世界向數字世界遷徙，物理世界到數字世界的映射過程就是「身分認證」。數字空間中的身分認證與治理的核心是識別與信任，這需要基於數字身分而建立，識別效率的提高和信任成本的降低是促進數字經濟發展、數字政府建設、數字社會治理、數字文明進步的重要推動力。

　　數字身分是數字孿生世界的入口。自古以來，人類始終崇尚信任文化，中國也是聞名世界的信任之邦。進入新時代，新一代數字技術快速發展，數字孿生世界逐漸浮現，人類社會發展對信任的要求變得越來越嚴格，信任危機日益嚴重。在數字孿生世界中，除了「我是誰」的問題，還存在一個同等重要的「你是誰」的問題，這是身分識別和認證的正反面。信任機制是身分進化的重要動力。經濟基礎決定上層建築，數字貨幣引發的經濟領域的全面變革將帶來社會治理、國家治理體系的變革，推動社會形態向新的結構演進，引發身分焦慮。在區塊鏈的作用下，數字化信任機制將推動身分的進化；在主權區塊鏈的作用下，制度化信任機制將帶來身分的躍遷。基於信任和共識機制，通過編程和代碼進而建構一種數字信任體系，使得可信的數字身分鏈成為社會治理、國家治理的主要邏輯。

　　數字公民是社會治理的一把「金鑰匙」。如果說互聯網解決了「事」的數字化，物聯網解決了「物」的數字化，那麼區塊鏈將解決「人」的數字化。國際數據公司（IDC）預測，到 2022 年，1.5 億人將擁有區塊鏈數字身分。「數字公民」上承國家戰略，中啟社會治理，下接個人生活，是數字時代「數據人」的制度化呈現，必將提高社會治理體系的包容性、正規化和透明度。不管是愛沙尼亞的數字國家計劃、英國的數字身分計劃，還是中國公安部對可信數字身分的深入研究和多方聯合成立的公民數字身分推進委員會，抑或是福州的「數字公民」試點、貴陽的「身分上鏈」項目，都將有效

提升全社會的「數字素養」，為社會治理能力現代化奠定基礎。

　　數字社會治理共同體是數字社會的應有之義。數字時代治理環境複雜化、治理訴求多元化和治理場景網絡化，基於治理科技構建多主體協同、信息均衡、數據驅動的數字孿生治理體系成為社會治理的發展前沿。要建成數字社會治理的巴別塔，構建數字社會治理共同體是最佳路徑。我們要把數字包容性、協同性、多樣性融入數字新基建的建設過程，構建人人有責、人人盡責、人人享有的數字社會，推動共建共治共享社會治理格局的真正到來。

三　數字秩序

　　當前，我們正處在一個前所未有的大變革、大轉型時代。繼農耕文明、工業文明之後，人類將構建一個嶄新的秩序形態——數字秩序，一個嶄新的文明形態——數字文明。這一次的文明躍遷像一場風暴，蕩滌著一切舊有的生態和秩序，對社會存在與發展形成顛覆性的改變。如果說，區塊鏈是 21 世紀初最讓人興奮和值得期待的技術創新，那麼，主權區塊鏈必將成為 21 世紀最讓人興奮和值得期待的制度創新。在主權區塊鏈的推動下，數字秩序將衝破一切舊範式，重新定義新未來，引發整個發展模式、組織形式、分配方式、法律範式等前所未有的解構與重構。

　　數字利維坦的陷阱。30 多年前，萬維網的問世為全球數字化的萌發創造了最重要的技術基石。30 多年來，數字化浪潮席捲社會的每一個角落，「數字孤島」、「技術後座力」、「數字化冷戰」、「監控資本主義」、「數字平臺操縱」等將我們帶入「黑暗叢林」，引發數字秩序失衡。隨著新一代數字技術對世界的深入改造，人類社會秩序的變革正處於一個歷史性的關鍵拐點：舊平衡、舊秩序逐漸瓦解，新制度、新秩序呼之欲出。隨著舊秩序被打破、複雜性湧現，責任落寞帶來數字化失序，在新舊世界交替之際，在新規則尚未建立之時，我們要避免滑向新型危機——數字利維坦，努力降低數字

化轉型過程中的各種風險。

區塊鏈重構新秩序。 數字化失序是時代躍遷過程中極容易出現的現象，它既帶來新挑戰，也帶來秩序重建的新機遇。信任是建立社會秩序的基礎，區塊鏈是實現數字化信任的工具，是數字社會共建共治共享的基礎設施和信任橋樑。在這背景下，借力區塊鏈重建一更加透明、扁平和公正的秩序成為必然選擇。秩序的重建，需要堅持區塊鏈的共識思維、共治思維、共享思維，充分挖掘區塊鏈的技術特性，明確主權區塊鏈的價值取向，通過促進數字經濟發展、推動政府轉型、提升社會治理效能，實現效率與公平的平衡。

科技賦能向善而行。 人是科技的尺度，價值觀決定著科技的方向。在「黑暗叢林」中引導科技向為人類提供安全、健康、可持續服務的方向發展，不斷滿足人民群眾對美好生活的期待與嚮往，科技向善應當成為政府、企業、公眾的共識。對數字企業而言，無論是谷歌「永不作惡」的宣言，還是騰訊「科技向善」的願景，無不體現出「向善」是一種好的選擇。科技向善是通往普遍、普惠、普適數字社會的路標，是實現數字正義、打造數字命運共同體的內在要求。科技向善的核心是良知之治，致良知是陽明心學的靈魂和精髓。「全球良知」也必將成為人類命運共同體的共同價值取向。

今天，科技迭代的速度比歷史上任何時期都要迅速，經濟社會的變革比過去任何階段都要巨大，人類比以往任何時候都更加唇齒相依，我們正邁入一個文明大發展大融合的共生時代。在這個時代，主權區塊鏈將人與人之間的信任帶上更高層次，人類社會逐漸萌生「群體智慧」，不同文化傳統、不同宗教信仰、不同意識形態的民族就人類共同的、新的價值體系逐步達成共識，由內而外引發文明的重構，重塑文明的秩序。在這個時代，科技與人文精神交相呼應，主權區塊鏈引領純科技文明走向綜合性的數字文明，促進文明的跨越，實現文明的重塑。在這個時代，文明的融合成為時代的潮流，一種以應對人類共同挑戰為目的的全球價值觀已然成型，基於數字貨幣、數字

社會、數字秩序建構的數字文明新時代呼之欲出。

　　如果說，互聯網與區塊鏈融合形成的互鏈網和物聯網與區塊鏈結合形成的物鏈網共同構建的是一條通往數字文明的高速公路，那麼，大數據就是行駛在這條路上的一輛輛車，塊數據就是這些車形成的車流，數權法就是根據目的地指引車流的導航儀，區塊鏈則是讓這些車在高速公路上合法和有序行駛的規則和秩序。展望未來，數字世界治理和文明融合共生是一項複雜的系統工程，既需要硬性的法律，也需要柔性的倫理。在這條路上，新科技革命猶如一把火，如果沒有文明互鑒與文明融合的加持，如果沒有新權利觀和新倫理觀的支撐，它會把整個世界燒成灰燼。數字文明是一種共享文明、向善文明、全球文明，是人類文明發展的歷史趨勢。讓我們攜起手來，懷抱數字責任，擁抱數字文明，以全人類命運與共的視野與遠見，共同構建新的全球框架和全球體系，開闢治理新境界，創造美好新未來。

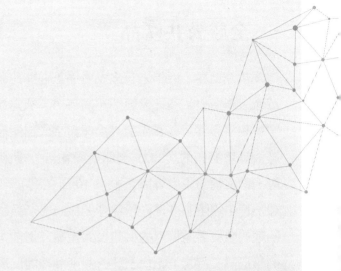

Chapter

1

超公共產品

過去的「上網」、現在的「上雲」、未來的「上鏈」，都將是新經濟發展的必備元素，互聯網、雲計算、區塊鏈是基礎的基礎，也將是貫穿在所有的新基建、新業態、新動能和新經濟中的基本元素。

——數字經濟學家、權威區塊鏈專家、

中國通信工業協會區塊鏈專委會共同主席　于佳寧

全球公共產品

當今世界，百年未有之大變局正在加速演進，全球正在經歷新一輪科技革命、產業變革和社會轉型。同時，不穩定性、不確定性更加突出，信任赤字、和平赤字、發展赤字、治理赤字成為擺在全人類面前的嚴峻挑戰。世界經濟論壇發布的《2021 全球風險報告》指出，國家間關係破裂、數字不平等、數字權力集中等將是未來 10 年位列前十的全球風險。[1]全球問題需要全球治理，國際制度是全球治理的核心，一系列多邊主義的制度安排就是全球治理的參與者向世界提供的公共產品。目前，少數西方國家一連串不負責任的「退群」行為，正使全球公共產品功能出現加速衰退的趨勢。正如以色列歷史學家尤瓦爾‧赫拉利所言，「如果我們選擇各自為政，那麼新冠病毒的危機將會更加漫長，未來或許會出現更嚴重的災難。如果我們選擇全球大團結，不僅能戰勝這次的冠狀病毒，還能戰勝未來所有侵害人類的傳染病和危機」[2]。面對全人類共同的威脅，我們比以往任何時候都更加需要新型全球公共產品，一種受益者可以延伸至所有國家、人民和世代的公共產品，一種驅動未來世界的力量。

一　信仰、貨幣與規則

當下，突如其來的新冠病毒還在肆虐全球，人類陷入了一場影響範圍之廣、危害程度之深、衝擊力度之強均前所未有的全球性危機，生活在地球上

1　World Economic Forum. "The global risks report 2021". World Economic Forum. 2021. https://www.weforum.org/reports/the-global-risks-report-2021.

2　Yuval Noah Harari. "The world after coronavirus". Financial Times. 2020. https://www.ft.com/content/19d90308-6858-11ea-a3c9-1fe6fedcca75.

的每一個個體與國家都可能成為這場危機的犧牲品。危機的根本原因在哪裏？不在於經濟實力的強弱與科技競爭力的高低，而在於內生性的價值扭曲，在於忽視了共識的重要性，全球化在自保與壁壘、私利與鬥爭的作用下出現逆流。聯合國教科文組織總部大樓前的石碑上鐫刻著這樣一句話，「戰爭起源於人之思想，故務須於人之思想中築起保衛和平之屏障」，便指出了問題的實質。如何「築起保衛和平之屏障」？怎樣醫治已經侵蝕了全球的「疾病」？思考建立基於不同信仰的思維共識，恐怕是我們目前能找到的特殊藥方。信仰、貨幣與規則是一種全球思維共識，是人類構建現代文明和社會格局的三大基石。信仰作為人類追求超越自我的精神狀態和意識，是一個社會群體必須存在的基本要素，指導人類通過不懈努力在規則化的世界中去實現自己的目標。如果說信仰是人類本能進化的內心選擇，那麼貨幣就是人類憑空創造出來的身外之物。貨幣從一開始的物物交換、紙幣交易，到現在的電子無紙化交易，構成了人類社會有序並行的重要支撐條件。貨幣是不可或缺的，規則也無處不在。規則包括具有強制力的社會通用運行規則之法律，也有人際約定俗成的風俗習慣，以及各行各業所需要遵守的職業行為準則。規則就像一堵牆，除了有限制人類行為的表面作用，還有促進人類社會合作發展的深層要義。人類社會能夠走到今天，很重要的一條就是講究合作。人類單打獨鬥對付不了老虎、豹子等獨行猛獸，更妄談對付狼群、獅群等「結幫」動物。尼安德特人的體格、個體能力都比我們智人要強，智人能夠發展至今，關鍵因素便是懂得合作。可以說，人類的合作範圍越寬、越廣，人類進步的速度就越快，人類基於規則的合作迸發出的能量就越大。

　　信仰。人與自身、自然的關係，是文明演化的兩大驅動力。這兩大關係蘊含著兩個方面，一方面是物質性的相互影響與制約作用，另一方面是意識及其能動作用，也就是信仰。沒有信仰，人類就只是一攤毫無靈魂的肉體，國家也只是一台冰冷的「機器」。如果沒有建立對共同世界的基本認識，便

很難形成超越經濟、文化、政治等多種因素的共識,全球公認的「遊戲規則」更無從談起[3]。「人類從來就不是純粹的物質存在與物欲存在,它還是一種不斷反省自身存在意義的倫理存在。」[4]倫理與信仰都是個體通過內心的自律實現外在的行為約束。信仰是自由的,究其本質,人類有思想意識的能動性。而且人類自知其有意識,不論任何時間、地點、人員或組織都不能強迫他人順從或皈依某種信仰,更不能以信仰為藉口對他人使用野蠻手段。不同信仰間應該通過對話協商促進相互瞭解,尋找共性、消除隔閡、化解誤會,這也是全球公共產品的共識性基礎。在人類文明從遠古時期的破碎孤立到近代逐漸發展為共同體的過程中[5],信仰逐漸演化為一種人類做出決定的權利與承擔後果的責任相互平衡的「風險共擔」機制[6]。按照德國社會學家烏爾里希•貝克和英國社會學家安東尼•吉登斯的看法,當代人類文明正在從工業文明向風險文明過渡,風險的全球化、多元化使文明與信仰面臨跳躍式發展的嚴峻局面,也給人類高效率、高質量供給全球公共產品提出了嚴峻挑戰。尤其是隨著數字科技的迅猛發展、數據要素的快速流動,人類交往的程度不斷加深,廣度迅速擴展,文明的世界性影響急劇擴大,滋生了生態信仰、生命信仰、數字信仰等新興信仰。如今,膚色、國籍、民族、文化背景各異的人,都不可避免地被捲入這股勢不可擋、來勢洶洶的數字全球化浪潮之中,人類共同關注的核心議題逐漸轉向具有人類學性質的信仰。未來,數

3　Wieland J. "Global standards as global public goods and social safeguards" //Josef Wieland. *Governance Ethics: Global Value Creation, Economic Organization and Normativity*. Boston, MA: Springer. 2014, Vol.48.pp. 65-72.

4　劉魁:《全球風險、倫理智慧與當代信仰的倫理化轉向》,《倫理學研究》2012 年第 3 期,第 25 頁。

5　豐子義:《全球化與文明的發展和建設》,《山東社會科學》2014 年第 5 期,第 5 頁。

6　〔美〕納西姆•尼古拉斯•塔勒布:《非對稱風險:風險共擔,應對現實世界中的不確定性》,周洛華譯,中信出版社 2019 年版,第 261 頁。

字技術將不斷衝破各種範式，無常、無序、混沌、變量將不斷增加，彌漫、分散、無序不會停滯，知識和技術的更新換代將真正日新月異，甚至呈現「時新日異」的局面。那時，對人類最大的考驗便是信仰。信仰是自控能力的真正源泉，一種約束人類僭越的根本性精神觀念，讓人類節制其物欲與貪欲，使社會保持一種精神理性，也為人類生存提供一種長久之道，幫助人類認識自身在浩瀚宇宙中的恰當位置。

　　貨幣。貨幣是人類歷史上偉大發明，是重要連接協作工具，本質是一種「社會關係」。沒有貨幣，就不易實現從個體、群體、國家到整個人類的順暢連接。隨著數字技術和數字經濟蓬勃發展，社會公眾對零售支付便捷性、安全性、普惠性、隱私性等方面的需求日益提高。不少國家和地區的中央銀行或貨幣當局緊密跟蹤金融科技發展成果，積極探索法定貨幣的數字化形態，法定數字貨幣正從理論走向現實。從經濟學角度而言，貨幣是從商品交易過程中分離出來固定充當一般等價物的商品。貨幣出現後，經濟機制才得以運行起來。人類在經濟往來過程中，通過一定的結算平臺、結算方式、結算中介實現貿易的跨境流動，產生貨幣國際化需求。從點對點的國家間交易，到蜘蛛網式的全球貿易體系，再到生產要素在世界範圍內跨境流動的全球化體系，極大地拓展和深化了貨幣國際化的內涵與外延。「國際貨幣體系作為國際貨幣關係領域的一種規則、協定或慣例，具有全球公共產品的特徵。」[7]美國作為國際貨幣體系的主導者，對國際貨幣體系的部分規則具有相當的制定權與話語權，獲得了提供這一公共產品的大部分收益，使其在國際金融領域擁有壟斷性的全球權力。然而，國際貨幣體系作為一種全球公共產品，越來越需要發達國家與發展中國家通力合作，平衡各供給主體間的利益。

7　杜朝運、葉芳：《集體行動困境下的國際貨幣體系變革——基於全球公共產品的視角》，《國際金融研究》2010 年第 10 期，第 22 頁。

規則。「人類在組織自己的社會生活時，必須有一定的規則。規則包括成文的法規和人們的行事習慣、倫理道德、價值體系。」[8]規則文明是促進人類物質文明和精神文明發展的邏輯基礎，也是一種符合歷史發展規律的衍生次序。如果沒有這一套規則體系，就不可能使前兩種文明得到保護和發展。規則也是一種「底線思維」[9]，是保證人類社會不致崩潰、人類文明不致坍塌的底線。全世界要在一個世界市場和地球社會中生活，就需要一套全球化的倫理道德、社會規則、文明秩序。目前，各種國際組織往往作為國際交往規則的象徵而存在，也就是我們所說的全球公共產品。「聯合國是國際政治規則的載體，世界銀行是國際金融規則的載體，世界貿易組織是國際經濟規則的載體。」[10]規則已經成為一種相對獨立意義的社會存在，推動著制度文明、政治文明等人類文明的進步，同時又推動著人類與天地、與眾生、與自身的融合，不僅讓精神能夠對規則有一種更強有力的支持，而且能幫助人類更注重生命的豐盈。2018 年 11 月，習近平主席在亞太經合組織工商領導人莫爾茲比港峰會上指出，「以規則為基礎，加強全球治理，是實現穩定發展的必要前提。規則應該由國際社會共同制定」[11]。全球化是大勢所趨，世界上任何國家都無法回到封閉狀態。封閉狀態一經打破，人類自我意識的覺醒、思想的交流、社會的變革將成為一種常態。人類社會必須以全球意識、全球思維、全球主義、全球責任等為價值基點，積極參與制定並尊重和遵守各種全球性規則，使之成為更多滿足人類基本需要、凝聚社會廣泛共識、促進世界和諧發展的全球公共產品。

8　趙誠：《全球化和規則文明》，《中共中央黨校學報》2007 年第 5 期，第 96 頁。

9　何懷宏：《人類還有未來嗎》，廣西師範大學出版社 2020 年版，第 136 頁。

10　陳忠：《「規則何以可能」的存在論反思》，《東南學術》2004 年第 3 期，第 19 頁。

11　習近平：《同舟共濟創造美好未來 —— 在亞太經合組織工商領導人峰會上的主旨演講》，新華網，2018 年，http://www.xinhuanet.com/world/2018-11/17/c_1123728402.htm。

二 重新定義公共產品

公共產品最初源於公共經濟學領域，非排他性與非競爭性作為其技術本質，實際上是滿足社會共同需要的產物。進一步講，它是為滿足社會共同需要的制度設計、決策機制而建構的一種「基礎設施」（見表 1-1）。早在近 300 年前，英國著名哲學家、經濟學家、歷史學家大衛・休謨就曾注意到，「某些任務的完成對單個人來講並無什麼好處，但對於整個社會卻是有好處的，因而只能通過集體行動來執行」[12]。全球化程度的加深使得全球公共資源——全球公域（global commons），如網絡空間、外太空、公海等對人類社會的生存發展越來越重要，公共產品的應用領域也在不斷拓展（見表 1-2）。然而，相關國際規則體系、制度機制卻呈現混亂衝突的局面，這些全球性問題具有一定的正外部性，極易出現「搭便車」（free ride）行為，產生集體行動的困境[13]，使得單個國家不願也無力解決全球性問題，需要全球共同合作。世界日益聯結為一個有機整體，主權國家內公共產品的受益範圍開始向區域和全球擴展[14]，開創了公共產品研究的新領域——全球公共產品。全球公共產品不僅是供求關係的體現，還是防範化解矛盾與風險的一種結果[15]，

12　〔英〕大衛・休謨：《人性論》，關文運譯，商務印書館 1983 年版，第 578-579 頁。

13　集團越大，它越不可能提供最優水平的集體物品，而且很大的集團在沒有強制或獨立的外界激勵的條件下，一般不會為自己提供哪怕是最小數量的集體物品。這是因為：一方面，集團越大，增進集團利益的人獲得的集團總收益的份額就越小，就越不可能出現可以幫助獲得集體物品的寡頭賣方壟斷的相互作用。另一方面，集團成員的數量越大，組織成本就越高，這樣在獲得任何集體物品前需要跨越的障礙就越大。（〔美〕曼瑟・奧爾森：《集體行動的邏輯：公共物品與集團理論》，陳郁、郭宇峰、李崇新譯，格致出版社 2018 年版，第 45-46 頁。）

14　公共產品可以分為全球、區域、國家和地方四個層次，前兩者是國際公共產品，後兩者是國內公共產品。（查曉剛、周錚：《多層公共產品有效供給的方式和原則》，《國際展望》2014 年第 5 期，第 97 頁）

15　劉尚希、李成威：《基於公共風險重新定義公共產品》，《財政研究》2018 年第 8 期，第 6 頁。

「只有通過發達國家與發展中國家的合作和集體行動才能充分供應此類物品」[16]，我們稱之為全球公共產品（見表 1-3）。全球公共產品通過互動合作、對話協商，從全球的不確定性來觀照公共產品的確定性和過程性，成為改變世界的重要力量。

表 1-1　關於「公共產品」的不同定義

年份	研究者	定義
1954	保羅・薩繆爾森（Paul A.Samuelson）	公共產品是指每個人消費這種產品或服務不會導致別人對該產品或服務獲得消費的減少。它是以整個社會為單位共同提出的需要，如國防、公路、法律、環境等。
	理查德・阿貝爾・馬斯格雷夫（Richard Abel Musgrave）	一種純粹的公共物品在生產或供給的關聯性上具有不可分特徵，一旦它被提供給社會的某些成員，在排斥其他成員對它的消費上就顯示出不可能性或無效性。
1956	查爾斯・蒂布特（Charles Tiebout）	公共產品是一種能夠被生產出來，但卻無法對消費者進行合理收費的產品。
1980	安東尼・阿特金森（Anthony B. Atkinson）約瑟夫・斯蒂格利茨（Joseph E. Stiglitz）	公共產品是指在對該商品的總支出不變的情況下，某個人消費的增加並不會使他人的消費以同量減少。
1989	巴澤爾（Y.Barzel）	公共產品是淨收益為負、產權界定不可行或沒有效率、人們選擇不界定產權的物品；私人產品是存在淨收益、產權界定可行或有效率、人們選擇界定產權的物品。

16　World Bank Development Committee. "Poverty reduction and global public goods: Issues for the World Bank in supporting global collective action". World Bank. 2000, pp. 6, http//siteresources.worldbank.org/DEVCOMMINT/Documentation/90015245/DC-2000-16(E)-GPG.pdf,16-11-2011.

年份	研究者	定義
1995	曼瑟・奧爾森 （Mancur Olson）	任何產品，如果一個集團中的某個人能夠消費它，它就不能適當地排斥其他人對該產品的消費，則該產品是公共產品。
1999	布魯斯・金格馬 （Bruce R. Kingma）	公共產品是被不只一個人消費的商品，只被一個人消費的商品叫私人物品。
1999	詹姆斯・布坎南 （James M. Buchanan, Jr.）	公共產品是指任何集體或社團因為任何原因，決定通過集體組織提供的商品或服務。
2002	喬治・恩德勒 （Georges Enderle）	從經濟倫理的角度提出更廣義地理解公共物品，即把它理解為社會和個人生活以及追求經濟活動的可能性的條件，並用非排斥原則和非敵對原則定義公共產品。
—	維基百科	公共產品是經濟學中商品的一種分類，從需求角度而言，具有「非競爭性」，或稱「非獨享性」、「非競用性」、「非敵對性」、「共享性」；從供給角度而言，具有「非排他性」，即不能夠排除個人使用，或個人可從未付費中獲益，一個人使用不會降低其對他人的可利用性，或該商品可同時被多人使用，與海洋中的野生魚類種群這樣的共有商品形成對比，後者不是排他性的，但是在一定程度上是有競爭性的。

表 1-2　公共產品概念的發展脈絡

年份	研究者/機構	概念演進
1739	大衛・休謨 （David Hume）	在《人性論》中，提出著名的公共草地積水例子，認為集團共同消費的物品單純依靠個人無法達到公共利益的最大化。
1776	亞當・斯密 （Adam Smith）	在《國富論》中，將產品分為公共產品與私人產品，認為政府必須承擔提供國防、司法和公共工程等產品的職責，並對公共產品進行初步分類。

年份	研究者/機構	概念演進
1954	保羅・薩繆爾森（Paul.A.Samuelson）	在《公共支出的純理論》中，將公共產品明確定義為每個人的消費不會減少任意其他人對這種物品的消費的物品，對公共產品的三個基本特徵予以界定，即效用的不可分割性、消費的非競爭性和受益的非排他性。
1965	曼瑟爾・奧爾森（Mancur Olson）	在《集體行動的邏輯》中，將公共的或集體的物品定義為集團中任何個人的消費都不妨礙同時被其他人消費的物品，並從國際公共產品的角度分析國際合作激勵的問題，提出「國際集體產品」的概念，拓展公共產品應用領域。
1973	查理斯・金德爾伯格（Charles P. Kindleberger）	在《1929-1939 年世界經濟蕭條》中，將公共產品理論比較全面地引入國際關係領域，認為國際經濟體系的穩定運轉需要某個國家來承擔「公共成本」，國際領域與一國國內開放的市場經濟一樣，也存在公共產品。國際關係領域的公共產品主要有三大類：一是建立在最惠國待遇、非歧視原則和無條件互惠原則基礎上的自由開放貿易制度；二是穩定的國際貨幣；三是國際安全的提供。
1981	羅伯特・吉爾平（Robert Gilpin）	在《世界政治中的戰爭與變革》中，公共產品的觀點被羅伯特・吉爾平發展成「霸權穩定論」，認為霸權國家通過為國際社會提供安全、金融、貿易和國際援助等國際公共產品，獲得其他國家對國際秩序的認同，從而實現體系內的穩定和繁榮。
1998	陶德・桑德勒（Todd Sandler）	在《全球性和區域性公共產品：集體行動的預測》中，提出「區域性國際公共產品」概念，並指出區域性公共產品是在一個更有限的地理範圍內所產生的非競爭性和非排他性收益。
1999	英吉・考爾（Inge Kaul）	在《全球公共產品：21 世紀的國際合作》中，將公共產品應用領域拓展至全球範圍，較為完整地給出全球公共產品的定義，即那些能使多國人民受益而不只是某一人口群體或某一代人受益的產品，並且在現在和將來都不會以損害後代人的利益為代價來滿足當代人需要的公共產品。

年份	研究者/機構	概念演進
2000	世界銀行 （The World Bank）	將全球公共產品定義為那些具有很強跨國界外部性的商品、資源、服務以及規章體制、政策體制，它們對發展和消除貧困非常重要，也只有通過發達國家與發展中國家的合作和集體行動才能充分供應此類物品。
2012	斯科特‧巴雷特 （Scott Barrett）	在《合作的動力——為何提供全球公共產品》中，從是否需要國際合作這一功能性要件出發，將全球公共產品分為五類，即單一最大努力型、最薄弱環節型、聯合努力型、相互限制型、協調型。

表 1-3　全球公共產品的分類

分類	領域	舉例
基礎設施類	道路基礎設施、交通基礎設施、通信設施、互聯網設施、軟件平臺	「一帶一路」、跨境橋梁與管線電網、機場航線網絡、國際通信衛星、國際郵政服務
制度類	各類產品標準的制定	通信標準、衛生標準、政府數據統計標準
制度類	人類國際合作決策機制	聯合國、世界銀行、國際貨幣基金組織、二十國集團、亞太經合組織、經濟合作與發展組織、世界貿易組織、亞洲基礎設施投資銀行
文化類	理念	人類命運共同體、亞洲新安全觀
文化類	知識	非商業知識、專利知識
治理類	全球經濟治理	全球金融穩定、全球貿易體制
治理類	全球環境治理	控制溫室氣體排放、保持生物多樣性、臭氧層保護
治理類	全球網絡治理	聯合國互聯網治理論壇、國際互聯網協會、國際互聯網工程任務組、信息社會世界峰會
治理類	全球安全治理	世界和平、打擊全球恐怖主義和跨國犯罪
治理類	全球衛生治理	新冠疫苗、控制傳染性疾病傳播、醫學研究

公共性。公共性是全球公共產品的基本屬性與治理目標，所有個人、社會組織、國家等都屬於公共性的範疇。公共性是一個與「他人」聯繫在一起的概念。在一個多人構成的社會中，每一個人的生活都有賴於「他人」提供的產品和服務。這是一種建立在不同分工相互依賴、相互合作之上的「一般性法則」，遵循這種法則的無數個體行動的結果就是全球性的集體行動。近年來，核戰爭、網絡戰、金融戰、非主權力量等複合型公共危機的全球性擴散，使得公共性的邊界變得十分模糊，尤其是國際與國內、私人與公眾、和平與戰爭的邊界正在消融。[17]世界秩序與國際關係、國家行為構成一幅極其複雜的圖景，以主權國家為中心的單一治理主體已經不適應當前的世界性問題，由此產生集體行動的困境，需要公共性基礎更為廣泛的全球公共產品，形成一種全球對話協商的結果。[18]正如亞里士多德所言，「人們關懷自己的所有，而忽視公共的事務，對於公共的一切，他至多只留心到其中對他個人多少有些相關的事務」[19]，體現了無法共同解決全球性問題的悲劇結果。這源於以主權國家為代表的多元供給主體以追求國家利益最大化為目標，難以準確地瞭解和接受他國的價值偏好，全球主義、多元主義、文明兼容與自由包容等面臨各種衝擊，導致公共產品的公共性缺失。而全球公共產品通過跨國的民主協商與合作形成新的政治權威，具備相當的公共性，有效彌補了缺失的公共性。

　　非排他性。「非排他性指不需要支付成本也能夠從某物品的消費中得到

17　Eriksson J, Giacomello G. "The information revolution, security, and international relations: (IR) Relevant Theory". *International Political Science Review*, 2006, Vol.27, p. 227.

18　Jenks B. "The United Nations and global public goods： historical contributions and future challenges" //Carbonnier G. *International Development Policy: Aid, Emerging Economies and Global Policies*. London: Palgrave Macmillan. 2012, p. 32.

19　〔古希臘〕亞里士多德：《政治學》，吳壽彭譯，商務印書館 1983 年版，第 48 頁。

好處，或者要讓某個不付費者不消費某物品是困難的，或者即便能夠做到也會成本高昂」[20]，具有技術意義上的不可拒絕性。「雖然在技術上可以實現排他性原則，但是排他的成本極高。」[21]換言之，集體中的任何人對公共產品的消費不因思想、意識形態、倫理、階級立場的不同而被排除在外[22]。全球公共產品的供給主體以霸權國家、新興大國、國際組織等為主[23]，主權國家不具備解決全球性問題的全部能量與利益[24]，尤其是它們中的許多顯然還沒有適應時代和環境的變化，也沒有做好與一個需要國際共同管理的世界打交道的準備[25]。「至少從短期來看，全球聯邦主義很難會成為治理經濟全球化的方式。」[26]特別是新冠肺炎疫情暴發以來，國家間的力量對比發生巨大變化，使得全球公共產品的供給與消費在一定程度上出現收縮，不僅影響了正常的全球經濟發展秩序，還可能引發世界秩序的重構。

非競爭性。非競爭性指一個人在消費某物品的同時，並不妨礙另一個人的消費。[27]隨著消費者的增加，公共產品的邊際成本不僅不會增加，反而會

---

20 李增剛：《全球公共產品：定義、分類及其供給》，《經濟評論》2006 年第 1 期，第 131 頁。

21 秦穎：《論公共產品的本質——兼論公共產品理論的局限性》，《經濟學家》2006 年第 3 期，第 77 頁。

22 Olson M. *The Logic of Collective Action: Public Goods and the Theory of Groups*. Cambridge: Harvard University Press. 1965, p. 14.

23 李增剛：《全球公共產品：定義、分類及其供給》，《經濟評論》2006 年第 1 期，第 137 頁。

24 劉貞曄：《國際多邊組織與非政府組織：合法性的缺陷與補充》，《教學與研究》2007 年第 8 期，第 59 頁。

25 Rothkopf D J. "Cyberpoliti: The changing nature of power in the Information Age". *Journal of International Affairs*, 1998, Vol.51, p. 358.

26 〔美〕約瑟夫・S・奈、〔美〕約翰・D・唐納胡主編：《全球化世界的治理》，王勇等譯，世界知識出版社 2003 年版，第 59 頁。

27 Samuelson P A. "The pure theory of public expenditure". *The Review of Economics and Statistics*, 1954, Vol.36, p. 387.

逐漸減少，甚至趨於零。比如，任何一個人都可以得到國防保護，無論其是否為此付出成本，國家都會一如既往地提供國防這一公共產品。換言之，如果一個消費者的消費導致另一個消費者無法消費，那麼我們就稱之為公共產品的競爭性。為了提升自身的國際影響力與吸引力，新興國與霸權國在世界無政府狀態下，會競相推出全球公共產品，以捍衛其國際地位。尤其是當兩者供給的全球公共產品在功能、性質與對象等方面具有一定的相似性時，全球公共產品的供給側就會充滿不確定性與競爭性。長此以往，全球公共產品供給可能會陷入無序的失控狀態，引發全球性危機。

反脆弱性。德國著名哲學家尼采有句名言：「殺不死我的，只會讓我更強大。」「黑天鵝之父」納西姆・尼古拉斯・塔勒布將反脆弱性定義為喜歡壓力、傷害、混亂、事故、無序的一種特徵，它能夠接受不可預測的後果以及一切不確定性，在經歷各種失敗與攻擊後，生存能力反而快速提升。換言之，反脆弱性讓全球公共產品在經歷秩序失衡、風險失範、衝擊失序後突圍受益、茁壯成長。全球公共產品之所以具備跨越地理範圍與時間代際的能力，究其根本源於反脆弱性。只有具備反脆弱性的公共產品才能成為全球公共產品。全球公共產品在被消費與使用的過程中，不斷地自我更新與升級完善，變得越發強大穩固。這源於供給主體在複雜變化的環境中不得不提高全球公共產品對抗風險的堅韌性、可塑性與包容性，以最大限度滿足消費者的基本需要，提高全球治理的合法性。未來，唯一確定的，就是不確定性。不確定性是世界的普遍規律與科學的核心。當我們一心尋求穩定，得到的不過是表面的秩序與平穩；而當我們擁抱隨機性與脆弱性時，卻能夠直擊核心、把握要害、掌握局面。任何一個國家與民族、個體與社會都不可能不面臨或者獨自面臨全球性風險的衝擊，這個充滿隨機性、不確定性、不可預測性的世界並非如我們想像的那麼堅固，全球公共產品的反脆弱性能夠幫助我們應對未知的風險與挑戰。然而，在逃避脆弱性的恐懼以及對秩序的渴求中，部

分人類建立的系統往往會打亂事物的隱性邏輯，導致「黑天鵝」恣意起飛，「灰犀牛」橫衝直撞。全球範圍內尚未建立解決和管理這些問題的機構與機制，使得許多原本簡單的問題變得越來越複雜，解決問題的成本也越來越高，從客觀上要求我們提供新型全球公共產品。

三 新型全球公共產品

我們面臨一個錯綜複雜、充滿挑戰的世界。一方面，需要共同應對不斷增多的問題，諸如不斷惡化的生態環境、迅速蔓延的流行疾病、消磨身心的難民危機，以及貿易保護主義和單邊主義等全球治理的「憂思」。另一方面，國家走向封閉、民族趨於排他、文明愈加衝突，使得少數國家提供全球公共產品的積極性大幅下降。聯合國（UN）、世界貿易組織（WTO）、世界衛生組織（WHO）等國際組織的權威性受到大國挑戰，協調組織能力和約束力被削弱，這些傳統全球公共產品在面臨新型全球治理問題時顯得束手無策。傳統的互聯網空間已經超越本國的主權責任範圍，成為一種具備「公共核心」意義的全球公共產品，推動著傳統意義上的數字產品[28]向數字公共產品發展。而區塊鏈作為一種直接表達制度本體的技術創新，即不經由任何代理，通過技術手段直接表達的制度形態，以其信任性、安全性、不可篡改性，提高了全球公共產品供給的效率和效能，讓更多有實力的大國與新興國家能夠積極主動地參與全球公共產品供給。數字時代的發展既給人類經濟社會發展帶來新的空間，同時也增加了新的不平等與混亂。新一代數字公共產品就是解決網絡安全、氣候變化、水政治等新的跨國性、全球性非傳統國際

---

28 數字產品指信息內容基於數字格式，能通過電子運送的產品。數字產品的首要特徵是數字化。數字產品邊際成本為零、原始成本快速下降、互聯網為數字產品提供平臺等原因決定了數字產品「免費」（焦微玲、裴雷：《數字產品「免費」的原因、模式及盈利對策研究》，《現代情報》2017 年第 8 期，第 27-28 頁）。

問題的關鍵。未來，新型全球公共產品將重構新一代全球治理體系、制度體系、價值體系，給人類文明帶來不可估量的影響。

超主權時代。隨著全球化和數字化發展進程的加快，人類社會跨國交易活動日益常態化、規範化、制度化，國家逐漸失去享有特權的主權機構地位，變為諸多行為主體當中的一員，一起參與到這個複雜性頻繁湧現的數字社會中去，這種對國家權力發生的「侵蝕」現象，我們稱之為「超主權現象」[29]。如果說人類基於牛頓力學形成了一種標準化、有效性、終局性的行為模式，那麼崛起中的量子力學技術將給人類認知與行動模式帶來翻天覆地的變化，重塑國家治理理念與行動方案。[30]正如以往歷次工業革命一樣，以互聯網、大數據、區塊鏈為代表的數字革命突破極地、深海、太空等物理界限，使傳統國家主權向內部和外部擴散，加劇了主權的不平等，再次把全球化推向一個全新發展階段。全球生產關係和上層建築也將發生變革，其具體變革形式便是醞釀建立強有力的超主權機制（見表 1-4），即為解決全球性治理問題所實施的跨國家、跨民族、跨領域的創新機制。2008 年金融危機爆發後，20 國集團峰會應運而生，世界各國領導人通過這一超主權機制制定新規則、建立新秩序、推動再平衡。以聯合國、亞太經合組織、G20 峰會為代表的超主權機制和體系建設逐漸成為新時期世界運行的本質特徵和中心議題，全球正在進入一個前所未有的超主權時代，需要新型全球公共產品來維護世界秩序，這是各主權國家談判、協議以及監督執行的結果。在超主權時代，世界權力轉移的方式不再是以往的戰爭暴力，新型全球公共產品的有

---

29 無論是國際和平與安全等高階政治議題，還是世界經濟、人權保護和環境問題等所謂低階政治議題，「冷戰」後的國際舞臺都廣泛存在著一種超越國家主權的內在治理邏輯。

30 任劍濤：《曲突徙薪：技術革命與國家治理大變局》，《江蘇社會科學》2020 年第 5 期，第 75 頁。

效供給將成為獲得世界領導地位的重要方式[31]，推動世界各國提供更多新型全球公共產品，使全球公共產品的供給達至一種林達爾均衡狀態。如果沒有這些新型全球公共產品，人類安全和未來發展將會變得難以捉摸。

表 1-4　全球化背景下的超主權機制

主要分類	舉例
綜合性機制	聯合國
經濟類機制	世貿組織、IMF、世界銀行
區域性機制	歐盟、北美自由貿易區、亞太經合組織
專業性機制	國際能源組織、石油輸出國組織
行業性組織	國際鋼鐵協會
國際標準、認證組織	ISO 14000
峰會論壇	G20 峰會

數字公共產品。「數字公共產品」一詞在 2017 年 4 月就出現了。2018年至 2019 年，聯合國在秘書長數字合作高級別小組會上呼籲建立廣泛的多方利益攸關方聯盟，大力發展數字公共產品，創造一個更加公平的世界。2020 年 6 月，聯合國發布「數字合作路線圖」報告，首次對數字公共產品[32]

31　Henehan M T, Vasquez J. "The changing probability of international war, 1986-1992". // Raimo Vayrynen ed. *The Waning of Major War: Theories and Debates*. London and New York: Routledge. 2006, p. 288.

32　數字公共產品指如果要實現增加互聯網連接的好處，所有行為體，包括會員國、聯合國系統、私營部門和其他利益攸關方，都必須推廣遵守隱私和其他適用國際和國內法律、標準和最佳做法且無害的開源軟件、開放數據、開放人工智能模型、開放標準和開放內容（聯合國秘書長報告：《數字合作路線圖：執行數字合作高級別小組的建議》，聯合國官網，2020 年，https://www.un.org/zh/content/digital-cooperation-roadmap/）。

進行定義，明確其具有非競爭性、可複製性與正外部性等特徵。[33]2021 年 9 月，聯合國貿易和發展會議發布《2021 年數字經濟報告》進一步強調，數字公共產品以及具有公共產品性質的數據，對釋放數字技術的全部潛力至關重要。[34]歷史已經向我們表明，重大的技術變遷會導致社會和經濟的範式轉換[35]，甚至倫理的變遷。5G、區塊鏈、邊緣計算等技術均發軔於互聯網空間，兼具疆域意義的國家主權與不受疆域限制[36]的持久張力推進互聯網逐漸發展為第五空間[37]。從產生時的自我管理（self-regulation）模式[38]到各主權國家紛紛關注互聯網治理，互聯網空間逐漸演變為人類生活的重要場域。如果說公共產品是市場得以存在和正常運行的基本條件，那麼數字身分、數字貨幣、數字基建等數字公共產品則提供了一種共享的基礎設施，突破了國家、

---

33 數字公共產品的非競爭性是指消費主體對數字公共產品的使用不會提高其他消費主體使用產品的邊際成本，其空間和時間上均有非競爭性，同一時空可有多人使用同一數字公共產品。可複製性指所有數字公共產品的最大價值在於它們可以被方便地共享、複製、存儲和傳輸，數字公共產品生產的邊際成本很低甚至趨於零，以數字公共產品為主的數字經濟擁有巨大的規模效應（張帆、劉新梅：《網絡產品、信息產品、知識產品和數字產品的特徵比較分析》，《科技管理研究》2007 年第 8 期，第 252 頁）。正外部性指數字公共產品的邊際價值跟隨其使用量的擴大而提高，並不斷自我強化。消費者消費數字公共產品所獲得的效用，隨著購買這種產品的其他消費者數量的增加而不斷增加，也就是我們通常所說的梅特卡夫法則。

34 United Nations Conference on Trade and Development. "Digital economy report 2021: Cross-border data flows and development for whom the data flow". UNCTAD. 2021. https://unctad.org/system/files/official-document/der2021_en.pdf.

35 〔英〕喬治・扎卡達基斯：《人類的終極命運——從舊石器時代到人工智能的未來》，陳朝譯，中信出版社 2017 年版，第 296 頁。

36 楊峰：《全球互聯網治理、公共產品與中國路徑》，《教學與研究》2016 年第 9 期，第 51 頁。

37 張曉君：《網絡空間國際治理的困境與出路——基於全球混合場域治理機制之構建》，《法學評論》2015 年第 4 期，第 50 頁。

38 Meehanp K A. "The continuing conundrum of international Internet jurisdiction". *Intl & Comp. L. Rev*, 2008, Vol.31, p. 353.

地區、集團等界限，超越了傳統的主權限制，強化了全球的剛性治理能力[39]。換言之，數字公共產品在消費側體現的非排他性與非競爭性，順應了人類對公共產品的消費從國家層面到全球層面的發展趨勢。我們更傾向於稱之為透明化、共享性、多樣性。2021 年 4 月，習近平主席在博鰲亞洲論壇開幕式上指出，「多樣性是世界的基本特徵，也是人類文明的魅力所在」[40]。開放合作和互利共贏的理念不僅是區塊鏈的共識基礎，更是推動數字公共產品發展的重要路徑，極大地突破了傳統競爭的線性思維方式。如果說全球公共產品是人類超越時空範圍通過大協作不斷創造的正向價值，那麼數字公共產品就是人類創造的新型成果與時代容器，它精準地刻畫出數字秩序的演進過程，重構人類的文明與未來。

全球公共產品供給中的大國角色。作為新型全球公共產品的發起方，中國積極主動地把提高全球公共產品的供給能力視為引領全球治理變革的契機[41]，通過多邊主義機制，不僅提出了人類命運共同體等「潤物細無聲」的價值類全球公共產品，而且正在以實際行動為大變局時代的全球治理提供更多中國方案（見表 1-5），承擔起超越狹隘利益邊界的全球責任。數字絲綢之路、國家大數據中心、天眼「FAST」和《全球數據安全倡議》等都是典型的數字公共產品，中國以新興供給者身分賦予全球治理更大的確定性和建設性因素。我們將迎來一個全球化的數字世界，無論是消費者還是供給者，

39　張晉銘、徐艷玲：《智能革命時代人類命運共同體的構建意蘊》，《東南學術》2021 年第 3 期，第 54-63 頁。

40　習近平：《同舟共濟克時艱，命運與共創未來——在博鰲亞洲論壇 2021 年年會開幕式上的視頻主旨演講》，新華網，2021 年，http://www.xinhuanet.com/mrdx/2021-04-21/c_139896352.htm。

41　2014年8月，習近平主席在蒙古國國家大呼拉爾發表的重要演講明確表示：「歡迎大家搭乘中國發展的列車，搭快車也好，搭便車也好，我們都歡迎。」（習近平：《守望相助，共創中蒙關係發展新時代》，《人民日報》2014 年 8 月 23 日，第 2 版。）

都必須開發好、利用好數字公共產品。不可否認的是，全球化總是伴隨著失衡與重構、脫鉤與突圍的故事，大國博弈不斷加劇，供給角色也在不斷變化。中國有效供給的全球公共產品是避免全球資源被部分國家，根據其既得利益來制定與調整遊戲規則[42]的重要保障。以全球公共產品為基礎設施的世界新秩序，又反過來增加了全球公共產品的供給，使世界出現除聯合國分類[43]之外的新型全球公共產品，成為人類世界不可分割的一部分。現在，人類生活於同一地球，彼此共擔風險、共享機遇、相互依賴。未來，世界將繼續融合，彼此間的聯繫將更加緊密，國際合作將比過去更為重要，全球化本身已經演變為一種世界性公共產品。

表 1-5　2012 年以來中國供給的主要全球公共產品

	競爭性強	競爭性弱
優先性強	安全類公共產品 （上海合作組織升級、夥伴關係網絡等）	發展類公共產品 （主導「一帶一路」倡議、優化 G20 等多邊機制）
優先性弱	價值類公共產品 （人類命運共同體、亞洲新安全觀等）	規則類公共產品 （亞投行、亞金協等區域金融制度）

資料來源：曹德軍：《論全球公共產品的中國供給模式》，《戰略決策研究》2019年第 3 期，第 11 頁。

當今世界依然處於不規則、不安全、不穩定的動盪狀態中，全球公共產品讓這個失控的世界變得更為有序、安全、穩定。這種基於多邊主義的共生

42　胡代光：《經濟全球化的利弊及其對策》，《參考消息》2000 年 6 月 26 日，第 3 版。
43　聯合國《執行聯合國千年宣言的行進圖》報告指出，在全球領域，需要集中供給 10 類公共產品：基本人權、對國家主權的尊重、全球公共衛生、全球安全、全球和平、跨越國界的通信與運輸體系、協調跨國界的制度基礎設施、知識的集中管理、全球公地的集中管理、多邊談判國際論壇的有效性。

新秩序實則有著更高的目標：確保全人類的自由，並鼓勵我們參與共同的鬥爭。這些努力都是為了提供最根本與最基礎的全球公共產品——世界和平。正如杜魯門在 1945 年聯合國會議閉幕式上提到的，「我們已經測試了這場戰爭中的合作原則，並發現它是有效的」。當世界受到一顆巨大的小行星威脅時，世界各國會通過合作將它帶入安全的軌道。倘若全球大多數國家都如美國「退群」、英國「脫歐」般不負責任，將會導致全球治理體系瓦解和崩潰。各主權國家參與國際合作的力量與質量將影響甚至決定全人類的安全、健康和幸福，並集中體現為提供全球公共產品的能力，而「區塊鏈通過廣泛共識和價值共享，推動人類社會在數字文明時代形成新的價值度量衡，催生新的誠信體系、價值體系、規則體系」[44]，為全球公共產品的供給提供技術支持、思維支持、模式支持和制度支持。「在全球化時代，大國崛起的模式不再是世界大戰，而是通過供給全球公共產品、提供高質量社會服務而獲得認可。在世界科技日新月異形勢下，中國不僅需要繼續提供傳統公共產品，還應該著眼未來供給新型全球公共產品。」[45]美國未來學家、《連線》雜誌創始主編凱文・凱利曾說，創新往往發生在邊緣地帶。數字公共產品正在邊緣興起。越是邊緣的地方，越會成為新型全球公共產品的沃土。「科學真正的、合法的目標說來不外乎是這樣：把新的發現和新的力量惠贈給人類。」[46]數字公共產品也不外乎是這樣，給人類文明帶來深刻的技術變遷、思維變遷與行為變遷，成為一種改變未來世界的新力量。

44 大數據戰略重點實驗室：《主權區塊鏈 1.0：秩序互聯網與人類命運共同體》，浙江大學出版社 2020 年版，第 49 頁。

45 許晉銘：《全球公共產品供給的理論深意》，《中國社會科學報》2018 年 9 月 13 日，第 4 版。

46 〔英〕培根：《新工具》，許寶騤譯，商務印書館 1984 年版，第 58 頁。

互聯網革命

　　作為 20 世紀最偉大的發明之一，互聯網改變了人類世界的空間軸、時間軸和思想軸。沒有一種科技發明能如此深刻地改變人類世界。電燈改變了照明，電話改善了溝通，汽車縮短了距離……但都沒有互聯網那樣無遠弗屆地滲透到人類社會生活的每一寸肌理。這不再是一個彼此隔離的時代，而是一個相互連接的時代，「國家、機構和個體從來沒有如此緊密地連接在一起」[47]。互聯網自誕生之日起就憑其全球化發展的強大內生動力，以一種全球公共產品的形式迅猛發展。無論處於一個國家還是整個國際的框架下，以開放性、自由性、平等性、廣泛性、連接性、全球性、免費性等為特徵的互聯網所帶來的文明進步和矛盾衝突無疑都是顛覆性的。

一　連接：互聯網的本質

　　人類經歷了工業技術（Industry Technology）和信息技術（Information Technology）時代，正在步入智能技術（Intelligence Technology）時代。第一次 IT 革命實現了機器輔助的體力工作，第二次 IT 革命實現了機器輔助的信息工作，第三次 IT 革命實現了機器輔助的智能工作。人類之所以能夠屹立於食物鏈的頂端，不是因為人類是最強壯的，而是學會了相互協作，彼此連接後產生了群體智能。「我們的生命形式、社會世界、經濟體和宗教傳統都展示著極其複雜的關聯性。」[48]正如阿根廷作家豪爾赫・路易斯・博爾赫斯

47　Goldin I. *Divided Nations: Why Global Governance is Failing, and What We Can Do about It*. Oxford: Oxford University Press. 2013，S.5.

48　〔美〕艾伯特-拉斯洛・巴拉巴西：《鏈接：商業、科學與生活的新思維》，沈華偉譯，浙江人民出版社 2013 年版，第 7 頁。

（Jorge Luis Borges）所言，萬物相互聯繫，沒有人是一座孤島，大多數事件和現象都與複雜宇宙之謎的其他組成部分或相互關聯、或互為因果、或相互作用。我們生活在一個小世界裏，互聯網世界的萬事萬物都是相互連接的。無連接，不互聯。互聯網經歷了從桌面互聯（Internet 1.0）到移動互聯（Internet 2.0）再到泛在互聯（Internet 3.0）的發展歷程，「互聯網的演進，也是連接的演進，互聯網應用的起伏跌宕，在很大程度上也是連接模式的更迭」[49]。凱文·凱利在《失控》中提出了一個思想，他認為互聯網的特性就是所有東西都可以複製，這就會帶來如他在詮釋智能手機為代表的移動技術兩個特性——隨身而動和隨時在線——那樣，人們需要的是即時性連接體驗。這個思想觀點，有助於幫助我們理解「連接」的本質特徵。今天，人們已經習慣於在線連接去獲取一切，如電影、音樂、出行等等，人們不再為擁有這些東西去付出，相反更希望可以通過連接去獲得。選擇後者是因為更為便捷、成本更低、價值感受更高。連接大於擁有，互聯網令「連接」帶來的時效、成本、價值已然超出「擁有」帶來的一切。亨利·福特「讓每個人都能買得起汽車」的理想在今天完全可以演化為「讓每個人都能使用汽車」，「連接」汽車的價值遠大於「擁有」汽車。

連接是社會網絡的核心。互聯網的本質是連接一切，其核心價值也在於連接一切。在互聯網沒有出現之前，資源被快速優化組合的方式是通過貨幣以各種金融工具來實現。貨幣本身就是對資源的一種標記和衡量。各種傳統金融工具通過對貨幣交易、流轉的管理達到資源優化配置的目的。這些操作使我們避免了物物交換的不便和尷尬，也讓社會化大分工合作成為可能。而現在，包括貨幣在內的所有資源都在數字化，然後基於互聯網的連接性進行更為快捷、更為複雜的優化配置和價值發揮。無論是 B2B、B2C、O2O 還

49　彭蘭：《連接與反連接：互聯網法則的搖擺》，《國際新聞界》2019 年第 2 期，第 21 頁。

是 P2P 等，其核心都在於「2」，也就是連接。人們通過彼此間的連接形成或近或遠、或強或弱的聯繫，這種關係本身便可成為網絡社會中的重要組成部分，與身處關係網中的每個個體相互作用。「在虛擬共同體中，成員之間因為共同的目的，在技術工具的支撐下連接為一體，形成小規模的社會網絡。在這個共同體的網絡關係中，成員之間通過『鉸鏈式的聯繫』緊密結合在一起，關係本身比成員或個體更重要。」[50]互聯網用「連接一切」的方式改變了人類的生產方式、生活方式、交往方式以及思維方式。而在這一過程中的力量集中體現為凱文・凱利所說的，互聯網時代「最核心的行為就是把所有的東西都聯結在一起。所有的東西，無論是大是小，都會在多個層面上被接入龐大的網絡中。缺少了這些巨大的網絡，就沒有生命、沒有智能，也沒有進化」[51]。互聯網讓人人相連、物物相連、業業相連成為可能，因連接而成網，把一切連接在一起時，也把一切變成了節點。「基於互聯網的聯結關係，使得所有與之相連的節點都作為一種關係存在，個體的價值取決於其在網絡中所處的位置以及與之相連的其他節點。」[52]在「連接」的作用下，互聯網不斷構建人與人、人與物、人與社會、人與場景等多種關係，成為一種改變世界的巨大力量。「人類連接在一個巨大的社會網絡上，我們的相互連接關係不僅僅是我們生命中與生俱來的、必不可少的一個組成部分，更是一種永恆的力量。」[53]沒有連接，我們將無法訪問網絡這個巨大的數據庫；

50　蕭珺：《跨文化虛擬共同體：連接、信任與認同》，社會科學文獻出版社 2016 年版，第 16-17 頁。

51　〔美〕凱文・凱利：《失控：全人類的最終命運和結局》，東西文庫譯，新星出版社 2010 年版，第 298 頁。

52　吳小坤：《重構「社會聯結」：互聯網何以影響中國社會的基礎秩序》，《東岳論叢》 2019 年第 7 期，第 35 頁。

53　〔美〕尼古拉斯・克里斯塔基斯、〔美〕詹姆斯・富勒：《大連接：社會網絡如何形成的以及對人類現實行為的影響》，簡學譯，中國人民大學出版社 2013 年版，第 1 頁。

沒有連接，網絡將變成互聯世界的信息廢墟。

連接是全球互聯的通道。過去幾百年席捲全球的工業化浪潮是在流水線分工基礎上發展起來的，這個時期各種分門別類的科學知識也得以不斷豐富和發展，而所有這些背後都離不開分工思維的影響。互聯網的出現讓整個世界變得更加扁平，以其獨特的勾連方式將原本散落在世界各個角落、不同國度、不同膚色、不同信仰的人連接起來。「互聯網能讓國家和社會之間相互賦權並創造新的基礎結構。」[54]在「冷戰」時期，全球安全被普遍認為是最重要的「公共品」，但在 21 世紀，最為重要的公共品是基礎設施。「全球基礎設施的發展正使得世界從割離走向互聯，從民族分隔走向融合。基礎設施就像是將地球上一切組織聯繫在一起的神經系統，資本和代碼就是流經神經系統的血細胞。互聯程度的加深弱化了國家概念，形成了整體大於部分之和的全球化社會。正如世界曾從垂直整合的帝國體系走向扁平的獨立民族國家體系，現在世界正慢慢步入全球網絡文明體系，在這樣的世界體系中，地圖上連通線的重要性要遠遠超過傳統地圖上的國界線。」[55]當前，全球化已然進入了全新發展階段——超級全球化，一幅全世界範圍內互聯互通的超級版圖正在形成。美國戰略專家帕拉格·康納在《超級版圖》一書中對未來國家競爭圖景進行了預測，他認為，傳統上衡量一個國家戰略重要性的標準在於其領土面積和軍事實力，但今天這個標準正在發生變化，一個國家的實力要看它通過連接所能發揮的作用大小，也就是互聯互通的程度。

連接是文明大廈的基座。互聯網的精髓在於「互聯」二字，以全連接和零距離突破時間和空間，重構我們的思維模式。「文明社會的核心在於，人

54　鄭永年：《技術賦權：中國的互聯網、國家與社會》，丘道隆譯，東方出版社 2014 年版，第 15-19 頁。

55　〔美〕帕拉格·康納：《超級版圖：全球供應鏈、超級城市與新商業文明的崛起》，崔傳剛、周大昕譯，中信出版社 2016 年版，第 5 頁。

們彼此之間要建立連接關係。這些連接關係將有助於抑制暴力，並成為舒適、和平和秩序的源泉。人們不再做孤獨者，而變成了合作者。」[56]進入網絡時代，全球化不斷向縱深方向發展，人們欣喜地發現「自我變大了，世界變小了」。個體在網絡時代獲得了以往任何時代都未曾實現的自主性和流動性，與此相應，在自主和流動中尋求連接也成為人們最深的渴望。從農業社會到工業社會再到信息社會，各個階段的組織形式和時代特徵都在不斷變化（見表 1-6）。從某種意義上說，人類社會的發展史，就是一個不斷擴大連接種類和連接範圍的過程。「如果說部落時代是靠血緣連接建立了社會網絡的信任，農業時代是靠熟人關係建立了社會網絡的信任，那麼工業時代就是靠契約建立了社會網絡的信任。對應地，計算機之間的連接關係，從物理連接的本地外設，到局域網連接的熟人，再到互聯網連接的陌生人，也走過了類似的過程。」[57]數十萬年來，人類一直生活在共同的血緣、地區和信仰等組成的熟人社會中，現在突然住到了「地球村」，說著不同語言、擁有不同宗教信仰和文化傳統的陌生人，也需要彼此合作，信任危機和身分焦慮也就隨之產生了。可以肯定的是，未來的每一次重塑都會以更多的連接與更少的分立為特徵，邊界不是風險和不確定的解藥，更加連通才是。以高質量的網絡和連接開創新文明，文明大廈的基座才會越築越牢。

56　〔美〕尼古拉斯・克里斯塔基斯、〔美〕詹姆斯・富勒：《大連接：社會網絡是如何形成的以及對人類現實行為的影響》，簡學譯，中國人民大學出版社 2013 年版，第 313 頁。

57　何寶宏：《風向》，人民郵電出版社 2019 年版，第 157 頁。

表1-6 文明社會的三個階段

主要方面	農業社會	工業社會	信息社會
主導經濟模式	農業	工業	信息產業
發軔點	植物栽培/動物圈養	蒸汽機	電腦
生產形式	手工生產	機械化流水線	系統化網絡
組織形式	分散合作	分工	連接
社會積累	文化	知識	數據
時代特徵	依賴	分工	連接
面臨問題	生產力水平低	非人性化	隱私安全/信息壟斷

資料來源：參見梁海宏：《連接時代：未來網絡化商業模式解密》，清華大學出版社 2014 年版，第 10-11 頁。

互聯網革命給我們帶來了重新認識人類社會的視角，一是節點，二是連接。個人、組織、企業、國家等這些實體形成的節點，通過聊天、交易、上網等方式把一個個獨立的島嶼編織成彼此互通的立體網絡，這些過程都可以視為連接。當我們回顧人類社會的技術演化歷史時，不難發現，節點成為演化過程中的關鍵突破口，例如印刷術、電視機、計算機等引發生產變革的發明。節點的進化會促進連接的升級，例如互聯網、物聯網的出現等，都是建立在新節點的普遍運用之上。而連接方式的升級，反過來又會促進節點的進化，例如當前在互聯網影響下出現的雲計算、人工智能等。「從這個角度觀察，過去 60 年左右，人類首先在節點上取得突破，而大概在 30 年前進入了連接技術的突破階段。未來 30 年，我們很可能會在節點上實現重大的突破，也就是說，作為一種深度連接方式的互聯網革命，會反過來推動節點性技術的突破。」[58]

---

58 梁春曉：《互聯網革命重塑經濟體系、知識體系與治理體系──對信息技術革命顛覆性影響的觀察》，載信息社會 50 人論壇主編：《重新定義一切：如何看待信息革命的影響》，中國財富出版社 2018 年版，第 17 頁。

二　無界、無價與無序

　　當前，我們的世界正前所未有地被互聯網「滲透」，以至於我們可能無法確切知道其所有特性、潛力與隱患。除了依賴以外，互聯網還帶來了諸如隱私消亡、監視社會、網絡戰爭等威脅。網絡空間的虛擬性、公共性和無界性使網絡安全具備數字公共產品的基本特性，難以逃避外部性和搭便車問題，網絡空間治理處於一種混亂和無序的狀態。不管何地何人皆可在網上發表任何信息，而不用考慮其真實性、準確性。「在這片荒原上，缺少知識、培訓、遠見、智慧的人們通過鼠標和按鍵在到處傳播錯誤和誤導性的信息。」[59]互聯網放大了信息與噪音之間的對立，信息瘟疫與現實社會的病毒感染有其相似之處，用戶被某些信息所「感染」，然後攜帶這些有害信息通過互聯網向他人傳播。「萬維網之父」蒂姆・伯納斯・李曾在英國《衛報》上發表文章稱，自己對如今互聯網的發展趨勢感到越來越焦慮。垃圾信息、情緒操控、網絡極化、假新聞、僵尸帳戶、隱私侵害，「個人數據信息不再受自己控制」。他指出，「去中心化」是自己在設計萬維網結構之初時，最重要的核心準則，但現在，互聯網卻變得中心化、孤島化，這不是技術問題，而是社會問題。互聯網帶來了超越空間的數據傳遞、共享與價值交換、增值，當互聯網衝破不可拷貝的禁錮後，人們在沉浸於信息自由傳遞的美好之時，又不得不面臨互聯網無界、無價、無序帶來的困擾，這是信息互聯網的本質特徵。

　　互聯網沒有邊界，是「無限」的。全球互聯，網絡無界。互聯網發展是無國界、無邊界的，就像電沒有邊界一樣。無界網絡以強大的互聯網設備為依托，任何人、物或資源無論何時何地、何種終端都可以進行可靠、便利、

59　〔奧〕多麗絲・奈斯比特、〔美〕約翰・奈斯比特：《掌控大趨勢：如何正確認識、掌控這個變化的世界》，西江月譯，中信出版社 2018 年版，第 256 頁。

高效的連接。互聯網打破時空的限制，虛擬與現實、數字與物質的邊界正日漸消融，數字空間成為人類生活的新空間、新場域。與現實空間相比，數字空間具有時間的彈性化、即時化、可逆化與空間的壓縮化、流動化、共享化特徵。數字空間的出現，使人類世界出現了現實與虛擬雙向度的空間結構形式。數字世界反映了網絡開放性、共享性的本質力量，使人類走向無邊界社會。在無邊界社會中，所有權越來越弱化，越來越趨於共有與共享。要素流動越來越快，帶來的創新頻率越來越高。組織形式越來越有彈性，人與組織的關係從交換關係轉變為共享關係。[60]美國互聯變動趨勢專家、揚基集團總裁艾米莉‧內格爾‧格林在《無界》一書中，向我們介紹了跨部門、跨組織、跨領域成為未來組織發展新趨勢的「無界時代」。網絡科技的普及已經將許多由自然條件限制而帶來的組織內部以及組織與組織之間有形的界限打破，並重新組合，促使組織呈現出更多的無界化特徵。隨著無界網絡不斷成長，以及數據量持續擴增，資源就會向少數平臺集中。一旦這種優勢獲得確立，其增長性是沒有節制的。當互聯網巨頭憑藉無邊界的網絡效應和規模效益成為超級平臺時，無論是試錯成本還是邊際成本都是最低的，在給人們創造美好的同時，也帶來了機會成本、博弈成本的增高，而這背後是社會成本的增高，當新的社會成本增高並出現不確定時，風險社會指數就會增高。此時，數字競爭就會呈現「內捲化」格局，平臺二選一、獨家交易權、數據拒接入、大數據殺熟等涉嫌壟斷的問題劇增。超級平臺利用手中掌握的數據，或通過壟斷，或通過共謀，或通過其他情景，把我們聚攏在一個任由它們擺布的虛擬物聯網世界中。因而，世界各國「網絡主權」隨即興起，沒有國家希望自己的網絡市場被巨頭完全支配，抵制互聯網巨頭就成了一種新潮流。

60　龍榮遠、楊官華：《數權、數權制度與數權法研究》，《科技與法律》2018 年第 5 期，第 22 頁。

互聯網沒有價格，是「免費」的。互聯網有價值，但沒有價格——就像空氣一樣，有使用價值，但沒有價值，所以不能體現為價格。免費是互聯網思維的一個主要特徵，這也符合馬克思主義所主張的按需分配原則。傳統意義上的按需分配最難實現的就是界定「需」，以及在資源有限的條件下避免按需分配所帶來的無節制消費所造成的浪費。互聯網可以很好地解決這一矛盾。目前，按需分配尚未能普及到各個領域，但在信息傳播領域已經實現了很大程度上的按需分配。例如，你需要一個電子郵箱，就可以免費獲得一個；你需要一個微信帳號，就可以免費得到一個。甚至可以做到全城免費WiFi，作為公共產品由政府向大家提供。互聯網時代的思想家、預言家、《連線》雜誌前主編克里斯·安德森在《免費》一書中講述了互聯網的免費。他認為，互聯網革命促進了微處理器、網絡寬帶和存儲的有機融合，使三者的成本急速降低。互聯網以極低的成本接觸到數以億計的用戶，當一種互聯網軟件以趨近於零的生產成本和同樣趨近於零的流通成本抵達海量用戶時，其價格自然也就順理成章地趨近於零。因此他提出了這樣一種觀點，免費是數字化時代的獨有特徵。當前，我們正在創造一種新型的「免費」模式，這種新型的「免費」將產品和服務的成本壓低至零，這種模式給商業競爭格局和人類帶來一種巨大的顛覆。經濟學裏有一個法則：在一個完全競爭的市場裏，一個產品的長期目標價格趨向於該產品的邊際成本。邊際成本表示一般而言，隨著產量的增加，總成本相應遞減，邊際成本下降，這就是規模效應。規模效應在工業經濟時代得到了充分的驗證，規模越大，均攤在單個產品上的成本就越低。而互聯網產品的成本結構比較特殊，生產第一份產品需要投入很高的研發和創造成本，但第一份產品出來後，複製的成本極低。也就是說，互聯網產品具有很高的初始成本和極低的邊際成本，當互聯網產品達到一定的銷量後，可以認為邊際成本是零。這就是數字時代真正的免費。

互聯網沒有秩序，是「混沌」的。喬布斯曾說，「電腦是人類所創造的最非同凡響的工具，它就好比是我們思想的自行車」，自行車是流浪和叛逆的工具，它讓人自由地抵達沒有軌道的目的地。在電腦的胚胎裏成長起來的互聯網，是一個四處飄揚著自由旗幟的混沌世界。[61]互聯網的無序是與生俱來的，與無界、無價有直接關係，這是互聯網帶給我們的最大麻煩。互聯網就像一匹野馬一樣快速地奔跑在沒有疆界的原野，如果再沒有繮繩，後果不堪設想。要讓野馬變良駒，就要更加強調有序，強調用規則解決互聯網的連接、運行和轉化等問題。人類可以通過互聯網快速生成信息並將其複製到全世界每一個有網絡的角落，但其始終無法解決價值轉移[62]和信用轉移的問題。互聯網通過技術手段消除了信息的不對稱，包括空間上的信息不對稱、時間上的信息不對稱和人與人之間的信息不對稱，使得資訊獲取、溝通協作和電子商務等的效率急速提升，逐漸打破建立在信息不對稱基礎上的效率窪地，甚至把人類帶入到一個「信息過剩」的時代。簡單地說，互聯網解決了信息的不對稱問題，但並沒有解決價值的不對稱和信用的不對稱等問題。網絡的進化遵循增長→斷點→平衡的發展路徑：首先，網絡會呈指數級增長；接著，網絡會達到斷點，這時它的增長已經超過負荷，其容量必須有所降低（輕微或顯著）；最後，網絡會達到平衡狀態，會理智地在質量上（而不是數量上）增長。[63]當前，人類社會的需求不斷擴展，人類本性中暗含的對秩

61　吳曉波：《騰訊傳 1998-2016：中國互聯網公司進化論》，浙江大學出版社 2017 年版，第 16 頁。

62　所謂的價值轉移，簡言之，我們要將一部分價值從 A 地址轉移到 B 地址，那麼就需要 A 地址明確地減少這部分價值，B 地址明確地增加這部分價值。這個操作必須同時得到 A 和 B 的認可，結果還不能受到 A 和 B 任何一方的操控，目前的互聯網協議是不能支持這個動作的，因此，價值轉移需要第三方背書。例如，在互聯網上 A 的錢轉移到 B，往往需要第三方機構的信用背書。

63　〔美〕杰夫・斯蒂貝爾：《斷點——互聯網進化啟示錄》，師蓉譯，中國人民大學出版社 2015 年版，第 20 頁。

序的需求越來越迫切。一方面體現在信息互聯網、價值互聯網的邊界仍將隨著技術的變革不斷延伸；另一方面人類對更高一層的需求如對信任與秩序的需求與日俱增。

三 互聯網治理與秩序互聯網

當前，世紀大疫情與百年大變局相互交織，正在催化新舊世界秩序的過渡和交替。就像 2008 年國際金融危機曾經改變了世界格局一樣，工業時代歷經百年形成的經濟格局、利益格局、安全格局和治理格局因為新冠肺炎疫情的蔓延而加速變革，2020 年成為人類從工業文明邁向數字文明的重要分水嶺。當來勢洶洶的新冠肺炎疫情遇上數字時代，「雲生活」也進入高光時刻，超過 9 億中國網民成為真正意義上的「雲居民」[64]。與此同時，網絡犯罪也進入高發期和多發期。互聯網具有虛擬性與匿名性、跨國界與無界性、開放性與交互性等天然特性，這為犯罪分子匿名實施網絡攻擊、網絡詐騙、網絡傳銷等違法犯罪活動提供了可能的「溫床」。網絡極化、信息瘟疫、虛擬暴力、震網病毒、維基解密、稜鏡門、五眼聯盟等一系列事件再次將「互聯網全球治理」這一議題推至風口浪尖。網絡空間和現實世界一樣需要規則和秩序。當前，網絡空間存在規則不健全、秩序不合理、發展不均衡等問題，同時還面臨結構畸形、霸權宰制、制度貧乏的現實困境，推進全球互聯網治理體系變革的聲音日益高漲。「互聯網不是法外之地，國際社會需要公正的互聯網治理法治體系。」[65]互聯網也像生命體一樣有相同的進化過程：

---

64 中國互聯網絡信息中心（CNNIC）發布第 47 次《中國互聯網絡發展狀況統計報告》指出，截至 2020 年 12 月，我國網民規模達 9.89 億，占全球網民的五分之一，互聯網普及率達 70.4%。

65 支振鋒：《互聯網全球治理的法治之道》，《法制與社會發展》2017 年第 1 期，第 91 頁。

出生、成長、成熟興盛、退化衰落及轉型重生。[66]

　　網絡空間急需一張秩序之「網」。與物理空間一樣，人類在網絡空間中開展活動、賡續文明的同時，也面臨著資源分配、利益分割、秩序建立和權力博弈等問題。互聯網革命加劇了人類社會的脆弱性，對安全、穩定的網絡環境更加依賴。由於全球性互聯網制度缺失，網絡生態環境持續惡化，治理出現碎片化、集團化趨勢，治理赤字不斷擴大。目前來看，互聯網領域從觀念到實踐都呈現出一種混亂的「元狀態」。全球互聯網治理赤字不斷擴大的根源在於全球性制度缺失，網絡空間清晰或模糊的規範、規則很少，並且當前的規範、規則主要根植於國家層次。[67]既有治理制度主要是區域性、軟法性和技術性的，而缺乏全球性、硬法性的制度。「區域規則制定的活躍態勢與全球性緩慢進展形成了鮮明反差」[68]，「在可預見的時間內不太可能會出現單一的總體性機制」[69]。在全球化演變和發展中，一些地區性、功能性的互聯網治理規範難以有效應對不受疆域限制的互聯網空間的無序和混亂等問題。主權國家在全球互聯網治理的公共產品供給中，通過讓渡一定利益努力促成全球互聯網治理的集體行動，但這種集體行動往往存在困境，面臨著互聯網治理的公地悲劇。目前，網絡空間治理的必要性和迫切性急劇上升，全球網絡空間缺乏全球性的共識與規則，導致網絡空間出現了極大的安全隱患，全球網絡治理機制亟待建立。全球網絡治理已經成為一個「全球公共產

66　〔美〕珍妮弗・溫特、〔日〕良太小野編著：《未來互聯網》，鄭常青譯，電子工業出版社 2018 年版，第 136 頁。

67　Stoddart K. "UK cyber security and critical national infrastructure protection". *International Affairs*, 2016, Vol.92.pp.1079-1105.

68　戴麗娜：《2018 年網絡空間國際治理回顧與展望》，《信息安全與通信保密》2019 年第 1 期，第 23-31 頁。

69　〔美〕約瑟夫・奈：《機制複合體與全球網絡活動管理》，《汕頭大學學報（人文社會科學版）》2016 年第 4 期，第 95 頁。

品」，需要全球各國一致的努力、一致的行動，建立共同的治理規則和監管制度，明確各自享有的權利和承擔的責任。如果這個機制不建立、不完善，就會出現安全風險、倫理危機和「劣幣驅逐良幣」等問題。回顧歷史，人類活動空間的拓展通常都伴隨著「技術創造空間、先者霸占空間、繼者爭奪空間、協商建立秩序、共同維護空間」這樣一個過程。

全球公共產品需要全球共同治理。互聯網是全球性基礎設施，要想其正常發揮功能必須進行合理的治理。互聯網全球治理理應在聯合國框架下制定各方面普遍接受的網絡空間國家行為規則。在保護互聯網的公共核心[70]方面，必須頒布國際規則，該國際規則必須保護互聯網的核心，其中包括主要的協議、基礎設施，這些都是全球性的公共產品，各國有責任使它免受不正當的干預。[71]互聯網治理[72]是一個綜合體系、複雜議題和全球話題，其核心前提預設是，互聯網是一種全球公共產品，需要各國一道，加強國際合作，促進網絡命運共同體的建設。習近平主席在致第六屆世界互聯網大會的賀信中指出，「發展好、運用好、治理好互聯網，讓互聯網更好造福人類，是國

---

70 《歐盟網絡安全法案》在前言中指出：「互聯網公共核心是指開放互聯網的主要協議和基礎設施，是一種全球公共產品，保障互聯網的功能性，使其正常運行，歐洲網絡與信息安全局支持開放互聯網公共核心的安全性與運轉穩定性，包括但不限於關鍵協議（尤其是 DNS 域名系統、BGP 邊界網關協議、IPv6）、域名體系的運行（例如所有頂級域的運轉）、根區的運行。」《歐盟網絡安全法案》所提「全球公共產品」概念，符合習近平主席所提「網絡空間命運共同體」主張。

71 〔荷〕丹尼斯：《對作為全球公共產品的網絡進行治理》，《中國信息安全》2019 年第9 期，第 36 頁。

72 《信息社會突尼斯議程》第 34 條將互聯網治理界定為：由政府、私營部門和民間團體通過發揮各自的作用，制定和秉承統一的原則、規範、規則、決策程序和計劃，確定互聯網的演進和使用形式（WSIS, "Tunis Agenda for the Information Society". World Summit on the Information Society. 2005. https://www.itu.int/net/wsis/docs2/tunis/off/6rev1.html）。

際社會的共同責任」[73]。全球治理理論[74]已成為理解我們時代核心問題的一個重要視角，而以互聯網治理推動全球治理是我們這個時代的核心問題之一。全球互聯網治理體系的形成與發展本質上是國際社會在處理互聯網治理問題中提供公共產品的過程，其「公共性」在於全球互聯網在長期發展中由於國際網絡行為規範的缺失造成了日益嚴峻的形勢，產生了全球範圍內集體性的公共需求和利益訴求。「全球互聯網是這樣一種兼具商品、資源、服務的跨國性公共產品，而全球互聯網治理體系正是為了保證人類社會能夠擁有自由開放、共建共享的互聯網空間環境的一種政策體系，同樣也是一種全球公共產品。」[75]集體行動困境是當前全球治理問題的核心與實質，即如何在全球範圍內通過多元主體合作解決全球公共產品供給不足的問題。互聯網作為全球性公共產品，必須突破由少數西方發達國家憑藉其已有優勢壟斷全球治理體系的規則制定權和國際話語權，而應通過建立一種各主權國家間以平等協商為基礎的全球性互聯網治理規則，構建起一個多邊、民主、透明的國際互聯網治理體系，實現互聯網資源共享、責任共擔、合作共治，讓互聯網更好造福人類。

秩序互聯網是未來互聯網的發展趨勢。在互聯網的發展中，許多發展趨勢和途徑受到了質疑，但是其核心思想——互聯網的必要性——沒有被質疑過。互聯網最佳的未來不是不朽的或者一成不變的，而是去質疑人們目前所擁有的互聯網是否是我們所能做到的最好的，並且思考互聯網時代結束後人

---

73 潘旭濤：《發展好、運用好、治理好互聯網》，《人民日報海外版》2019 年 10 月 21 日，第 1 版。

74 人類政治過程的重心正在從統治（government）走向治理（governance），從善政（good government）走向善治（good governance）（俞可平：《全球治理引論》，《馬克思主義與現實》2002 年第 1 期，第 20 頁）。

75 楊峰：《全球互聯網治理、公共產品與中國路徑》，《教學與研究》2016 年第 9 期，第 52 頁。

們生活的替代選擇。[76]當前，開展一場廣泛而深刻的互聯網變革比過去任何時候都顯得更加必要和迫切。互聯網已成為各種力量博弈的場域，而這個場域對秩序的呼喚，以及由此折射的現實世界中秩序與責任的缺失顯得愈發凸顯。秩序是互聯網的生命，沒有規則和秩序，互聯網將在無序中毀滅。秩序互聯網把技術規則與法律規則結合起來實現信用和秩序的共享，秩序互聯網是互聯網的未來，是互聯網的高級形態。「互聯網的進化，在微觀上是無序雜亂的，但在宏觀上表現出令人詫異的方向性，如同經濟學裏『那只看不見的手』，商業活動在微觀上是無序的，但在宏觀視野裏，卻出現了平衡力量。」[77]如果說信息互聯網解決了無界問題，價值互聯網解決了無價問題，那麼，秩序互聯網則是解決了互聯網的無序問題。現有互聯網的底層邏輯將被秩序互聯網顛覆，數字社會價值體系也將會重塑，從而構建起一個規則主導的、可信的數字世界，使數字空間實現從無序到有序、從無價到確權、從無界到可控的轉變。基於秩序互聯網，我們將迎來一個全新的數字星球，在這個新的世界裏，無論是個人、企業還是國家都必須從舊的經驗中覺醒以跟上時代的變換，讓自己成功「移民」到新的星球。

未來將更加撲朔迷離，卻也更加讓人期待。美國著名建築學家路易斯·康說：「這個世界永遠不會需要貝多芬第五交響曲，直到貝多芬創作了它。現在我們離開它無法生活。」進入互聯網新時代，我們面臨更多的未知，如果只有一件事情是已知的話，那就是我們會創造出更多的、人們離開了它就無法生活的東西。

---

76 〔美〕珍妮弗·溫特、〔日〕良太小野編著：《未來互聯網》，鄭常青譯，電子工業出版社 2018 年版，第 39 頁。
77 劉鋒：《互聯網進化論》，清華大學出版社 2012 年版，第 196 頁。

區塊鏈思維

　　人類社會經歷的每一次飛躍，最核心的不是物質催化，甚至不是技術更新，其本質是思維的迭代。思維的升級是社會發展的重要動力，掌握和運用科學思維尤為關鍵。正如互聯網不純粹只是一種技術，也代表了一種思維模式，即互聯網思維模式一樣，區塊鏈也不僅僅是一種技術，更多也代表了一種思維模式，即共識、共治、共享的思維模式。區塊鏈是互聯網之後人類又一次數字空間大發現，其不僅是一種提高社會效率的技術工具，而且是構建未來的基礎設施，更重要的是，區塊鏈思維應該成為我們一切數字思維的起點。區塊鏈這個層面的價值，其產品形態表現為公共產品或公共服務。區塊鏈與互聯網的融合將重構新一代網絡空間，讓我們進入一個全新的時代，這是一個解構、顛覆與重構的時代。

一　重構：鏈網融合創新

　　區塊鏈究竟是什麼？這是很多人的疑問。關於這個問題的答案眾說紛紜，有人說區塊鏈是一種信任機器，有人說區塊鏈是價值互聯網，還有人說區塊鏈就是一種分布式的共享帳本。中國人民銀行在《區塊鏈技術金融應用評估規則》中首次闡述了區塊鏈的定義，即「一種由多方共同維護，使用密碼學保證傳輸和訪問安全，能夠實現數據一致存儲、防篡改、防抵賴的技術」。關於區塊鏈，可以從兩個概念入手：一是「鏈」的概念，如供應鏈、食物鏈、生物鏈等，這些鏈的共性就是把屬性相同或相關的東西用一個共同的紐帶串接在一起。區塊鏈其實也是一種鏈條。二是「區塊」的概念，「區塊」實際上是一個帳本的檔案，上面記錄著「鏈」上產生的各種交易信息。從區塊和鏈的概念來說，區塊鏈的實質就是一個由人來制定協議規則，由分

布式網絡的各個節點來執行規則，共同維護網絡狀態的一個檔案庫。區塊就是帳頁，鏈就是把帳頁連接成冊的裝訂線，再加上騎縫章，使之不能被篡改。與傳統帳本相比，區塊鏈有更神奇的地方，帳本上的交易能夠自動地驗證，帳本的狀態能夠自動地確認，形成共識。帳頁上的交易都能夠向前追溯，具有透明性和可審計性。[78]從技術層面看，我們可以簡單地認為，區塊鏈是一個分布式共享帳本，是基於算法和代碼的規則共識。從本質上說，區塊鏈是建構數字世界的新工具。

區塊鏈是解構價值的新工具。「物理第一性原理」[79]作為量子力學的一種求解工具，在我們經濟社會生活中有著特殊的意義。區塊鏈正是「物理第一性原理」應用於生產關係解構的最佳工具。目前，我們人類應用於生產生活的各種組織關係非常複雜，從合夥關係到公司制企業再到各種行業聯盟，從政黨到國家再到各種國際組織；同時，為了使資源在生產關係主體之間流通，並維護各主體之間關係的秩序，人類還設計了各類商業模式、制度和法律，創造了大量為了維護模式、制度和法律運行的第三方機構，比如法院、銀行、券商、交易所、保險公司、會計師事務所、律師事務所等。這種中心化的資源調度和權力分配制度消耗了大量資源，但是區塊鏈出現以前，這種井然有序的組織方式和規範嚴整的社會秩序是極有必要的，因為目前的組織形式是在當前生產力水平下，能夠確保信任有效傳遞的持續帕累托改進後的

---

78 武卿：《區塊鏈真相》，機械工業出版社 2019 年版，第 3-4 頁。
79 「物理第一性原理」原指根據原子核中的質子和外圍電子的互相作用的基本運動規律，運用量子力學原理，從具體要求出發，直接求解各種微觀物理現象的算法。之所以稱之為「第一性原理」，主要是因為進行物理第一性計算的時候，除了使用電子質量、質子質量以及恆定不變的終極常數——光速，不使用其他任何的經驗參數。通過「物理第一性原理」算法，我們不僅可以解構所有的微觀物理現象，甚至只要有足夠的算力，還可以解構和解釋所有的宏觀物理現象，比如地震、爆炸、閃電，甚至恆星的毀滅和誕生。

進化結果。但是，在區塊鏈時代，傳統的社會契約形式將被顛覆。區塊鏈以點對點信任直接傳遞和強制信任化的功能，實現了生產關係的解構。其解構原理非常類似於「物理第一性原理」對宏觀物理現象的解構，任何尺度的宏觀物理現象，不管是山崩地裂，還是日月運行，都可以用最基本的質子和電子間的關係來解釋。在區塊鏈時代，任何經濟行為，不管是股票發行還是破產清算，任何組織形式，不管是創業合夥還是跨國企業，都將被區塊鏈解構，解構為最基本的人和人之間的經濟行為。[80]區塊鏈的誕生改變了消費者、勞動者、創造者、所有者和組織者五類價值創造者的生產關係，這是人類有史以來第一次用技術改變生產關係，改變了人們對貨幣、身分、秩序的認知。可以說，區塊鏈是一種解構價值、傳遞價值、重建信任的工具。區塊鏈與互聯網互成鏡像，巴比特創始人長鋏認為，「區塊鏈的邏輯可能跟互聯網不僅是平行世界，他們是鏡像關係」。所謂鏡像，指的是對比關係，而互聯網與區塊鏈之間的一個對比就是互聯網是做信息的傳輸協議，而區塊鏈是做價值的傳輸協議。進一步說，互聯網實現了信息的高效傳輸，區塊鏈則實現了價值的量化互聯。

區塊鏈是建構平等的新工具。當我們習以為常的中心化生產關係被區塊鏈以「物理第一性原理」解構後，如何重新建構新的生產關係變得至關重要。在區塊鏈時代，解構後的個體將以「元胞自動機」[81]的方式重新建構，

---

80 黃步添、蔡亮編著：《區塊鏈解密：構建基於信用的下一代互聯網》，清華大學出版社2016年版，第186-189頁。

81 元胞自動機是由「計算機之父」馮·諾依曼作為一種並行計算的模型而提出的，其定義是：在一個由元胞組成的元胞空間上，按照一定局部規則，在時間維上演化的動力學系統。具體來說，構成元胞自動機的部件被稱為「元胞」，每個元胞都具有一個狀態，並且這個狀態屬某個有限狀態集中的一個，例如「生」或「死」、「1」或「0」、「黑」或「白」等。這些元胞規則地排列在被稱為「元胞空間」的空間格網上，它們各自的狀態隨著時間而變化，最重要的是，這種變化根據一個局部規則來進行更新，也

並且實現生產關係的徹底進化，人和人的關係也將隨之重新定義。這種通過元胞和元胞之間點對點的關係，並且遵循一定規則互相作用的動力學模型，非常類似於在區塊鏈上的人和人之間互動的網絡動力學模型。基於元胞自動機模型的生產關係建構，同傳統的生產關係組織方式最大的區別，就在於是否存在一個以資源配置為功能的權力和信任中心，來主導經濟生態圈的演化。[82] 從工業化時代的資源導向，到互聯網時代的需求導向，再到區塊鏈時代的價值導向，是商業文明的主導權從官方組織到市場組織再到每個個體的一步步交割。過去，我們建立了太多以利益為目的的「圍牆」：人與人之間彼此不信任的「圍牆」、公司與公司之間彼此欺詐算計的「圍牆」、國家與國家之間高關稅貿易保護的「圍牆」。數字文明的成果應該惠及每一個人，拆掉「圍牆」，鏈接個體。尤瓦爾·赫拉利在《今日簡史》中提到，點對點的區塊鏈網絡和比特幣等加密貨幣，可能會讓貨幣體系徹底改變，激進的稅制改革也難以避免。其實不僅是貨幣體系的稅制需要改變，基於區塊鏈的經濟模型和商業模型也會改變。通過區塊鏈可以建造一個合理分配資源的協議，當技術發展到網絡可以由機器和算法來操作時，區塊鏈就可以做到對網絡的統一管理。也就是說，區塊鏈未來可能會在網絡管理方面起到重要作用。迄今為止，人類發明創造的所有技術都是用來提高效率的。只有區塊

就是說，一個元胞下一時刻的狀態取決於本身狀態和它的鄰居元胞的狀態。元胞空間內的元胞依照這樣的局部規則進行同步的狀態更新，大量元胞通過簡單的相互作用而構成動態系統地演化。這些元胞的地位是平等的，它們按規則並行地演化而不需要中央的控制。在這種沒有中央控制的情況下，它們能夠有效地「自組織」，因而在整體上湧現出各種各樣複雜離奇的行為。這就啟發了我們集中控制並不是操縱系統實現某種目的的唯一手段。元胞自動機是一種非常神奇的動力學模型，它既簡單又複雜——規則簡單，主體明確，卻又可以演化出非常複雜的動力學系統。

82 黃步添、蔡亮編著：《區塊鏈解密：構建基於信用的下一代互聯網》，清華大學出版社 2016 年版，第 186-189 頁。

鏈，用去信任的方式，建立人和人之間的相互信任；用去中心的方式，企圖直接建立人和人之間的平等地位。區塊鏈中各節點具有相對平等性，能夠保障各參與方在利益分配中的相對公平。區塊鏈是減少不平等的有效工具，這是區塊鏈最讓人興奮的能力。區塊鏈帶來了一個全新的時代，一個不需要中心化樞紐管理節點、全民共同參與維護環境、智能合約參與的全民平等時代。區塊鏈是一場消除世界不平等的自我救贖運動，讓人無比期待。

區塊鏈是重構秩序的新工具。「社會秩序一旦被打破，就會傾向於重造」[83]，區塊鏈的核心價值源於其本質實現的是關係的重構。人類社會的發展正面臨著日益增長的不確定性，這是人類社會秩序發生重構的原因所在。數字時代的到來推動了三元空間的形成，而隨著人們對三元空間的愈加瞭解，就會發現影響世界運行與發展的因素與關係愈多，這將使人類社會正常秩序賴以維持的複雜性和關係，也變得愈加難以被清晰地表達與把握，從而進一步加大了對三元空間中人類秩序的重構進行理解與預測的難度。認識和理解當前世界秩序，可能需要追溯到二戰末期和結束之後的四次重要會議：布雷頓森林會議奠定了全球貨幣金融秩序的基礎，雅爾塔會議奠定了全球地緣政治秩序的基礎，聯合國成立會議奠定了國際法秩序的基礎，梅西會議奠定了世界科技秩序的基礎。這四次會議奠定了世界秩序架構。[84]進入 21 世紀，世界秩序開始受到多重衝擊，已經呈現解構的態勢。例如，2001 年「9．11」恐怖襲擊事件、2008 年國際金融危機和 2020 年新冠肺炎疫情，讓以聯合國、世界銀行、國際貨幣基金組織、世界貿易組織等為代表的國際組織影響力逐漸衰落，從不同方面影響了戰後所形成的國際秩序。當前，我們

---

83 胡泳、王俊秀主編：《連接之後：公共空間重建與權力再分配》，人民郵電出版社 2017 年版，第 41 頁。

84 朱嘉明：《區塊鏈和重建世界秩序——在 2020 全球區塊鏈創新發展大會上的演講》，江西贛州，2020 年 8 月 14 日。

需要思考的不是如何簡單地補救戰後的世界秩序，而是需要改造甚至重構世界秩序，以適應進入 20 世紀 20 年代的人類社會。區塊鏈將成為重構世界秩序的新基礎結構，這是因為，從理論和技術層面上說，區塊鏈具備以下四個基本功能：其一，區塊鏈可以提供國際秩序重構的社會基礎。以可編程社會為基礎，以區塊鏈作為「信任網絡」驅動力，可以建立一種新的社會關係和國際關係。其二，區塊鏈可以提供國際秩序重構的個體基礎。其中，涉及社會成員的數字身分、信任計算，構造個體與個體基於技術支持的新型信任體系。其三，區塊鏈可以提供國際秩序重構的法律基礎。通過推動智能合約代替傳統合約，實現區塊鏈代碼仲裁等實踐，「代碼即法律」普遍化。其四，區塊鏈可以提供國際秩序重構的經濟基礎。通過區塊鏈重構產業鏈、供應鏈、價值鏈和金融鏈，加速價值安全和高速交易與傳遞，形成新型數字資產和數字財富體系，完成傳統經濟向數字經濟的轉型。[85]

二　共識、共治與共享

　　思維是隱藏在技術背後，比技術更重要的範式。區塊鏈不僅是一種技術，更代表一種理念，一種全新的思維模式。區塊鏈思維是通往數字世界的通行證，是提前觸摸未來的一份行動指南，被稱作「互聯網思維的升級版」，集中了區塊鏈的所有特點和優勢，體現了共識、共治、共享的思維觀。區塊鏈思維以去中心化為特點，每個節點都是建立在一種基於統一規則的「憲法」基礎上，所以每個節點之間具有相同的責任和義務，大家都能夠將自己的交易記錄分享給系統網絡中的其他節點，並能夠對記錄的交易內容達成一致意見，這體現的就是區塊鏈的一種共識、共治、共享的思維。區塊

85　朱嘉明：《區塊鏈和重建世界秩序——在 2020 全球區塊鏈創新發展大會上的演講》，江西贛州，2020 年 8 月 14 日。

鏈思維是一種促進人類大規模協作的思維。這裏說明一下，不是因為有了區塊鏈，才有了這些思維，而是因為區塊鏈的出現和發展，這些思維得以集中爆發。

　　區塊鏈思維的靈魂是共識思維。共識是區塊鏈世界的核心詞匯，區塊鏈思維是以共識為基石來構築的，出發點和落腳點都是共識。區塊鏈能夠順暢運行，有賴於區塊鏈上的分布式網絡各個節點上的參與者共同遵從一定的共識機制。共識機制可以被看作是區塊鏈運行的一條命脈。區塊鏈本身是去中心化的，因此在區塊鏈系統中不存在權威組織。共識機制可以說是實現人類組織體系革新的一個巨大突破，它與以往的金字塔體系截然不同，但也不同於平臺壟斷體系，它所形成的就是共識組織。人類紛爭、世界動盪、國際矛盾本質是共識的流失、撕裂和瓦解，社會文明、經濟繁榮、公民幸福本質是共識的凝聚、達成和升華。今天，逆全球化思潮愈演愈烈，貿易保護主義興風作浪，實際上是主要經濟體之間缺乏利益共識。區塊鏈思維需要共識思維鑄造其經脈靈魂，遵從共識思維堪比亞當・斯密所提出的「看不見的手」，它只需每個個體秉持理性追求共識就能使得社會大發展。全球公共衛生危機——新冠肺炎疫情——的發生更加凸顯了共識思維的重要性，只有凝聚人類是一個休戚與共的命運共同體這個「共識」意識，才能為人類闖過「至暗時刻」指明方向。[86]根據美國社會學家愛德華・希爾斯的「共識理念」，共識的達成需要以下三個條件：一是規則認同，團體成員共同接受法律、規則和規範；二是機構認同，團體成員一致認可實施這些法規的機構；三是身分認同，有了團體意識，成員才會承認他們的共識是公平達成的。可以說，區塊鏈對人類認知模式最大的影響，是將「共識」作為一種思維方式提煉出來，並再一次驗證了這種思維可以不斷使人類達到協作的新高度——即使沒

86　黃莉：《區塊鏈思維賦能基層治理》，《紅旗文稿》2020 年第 24 期，第 30 頁。

了中心，依然可以建立起生命力強大的協作系統。

　　區塊鏈思維的基礎是共治思維。船槳劃得整齊一致，大船才能行穩致遠。區塊鏈思維是以「共享價值鏈」為主要特徵的「眾治共贏模式」。人類在進化的過程中，打敗其他物種，戰勝自然界的種種考驗，最終站在了食物鏈的頂端，靠的就是人與人之間的協作共贏。眾治共贏思維把所有的利益主體都綁在一起，形成利益共同體，它是雙贏思維的擴展。要求在處理雙邊和多邊關係、系統與外部環境之間關係時，通過「1+1>2」的機制，共同「把蛋糕做大」，在不損害第三方利益、不以犧牲環境為代價的前提下，各方均取得更好的結果。通過眾治共贏思維建設全球新生態，回歸區塊鏈價值初心，跨國界、跨種族、跨信仰，最終實現「人人參與，人人獲益」[87]。面對部分西方國家的逆全球化浪潮和日趨脆弱的全球治理體系，構建人類命運共同體、實現共建共治共享是解決全球治理難題的理想方案。區塊鏈作為未來的重要技術，可以為「人類命運共同體」理念和全球共治思想提供技術支撐。在區塊鏈的多中心框架下，彙聚全球多方力量，形成主權國家、非政府組織、民間企業等多元主體參與的全球治理新體系，共同參與全球治理體系改革和建設，最終實現全球共治。《貴陽區塊鏈發展和應用》創造性地提出了「主權區塊鏈」的理論。主權區塊鏈與其他區塊鏈一樣，具有去中心化、多方維護、交叉驗證、無須中介、全網一致、不易篡改等特點。但不同的是，在治理層面，它強調網絡空間命運共同體間尊重主權，在主權經濟體框架下進行公有價值交付，而不是超主權或無主權的價值交付；在網絡結構上，它強調網絡的分散多中心化，技術上提供網絡主權下各節點的身分認證和帳戶管理能力；在數據層面，它強調基於塊數據的鏈上數據與鏈下數據的融合，而不是限於鏈上數據；在應用層面，它強調經濟社會各個領域的廣泛

87　黃莉：《區塊鏈思維賦能基層治理》，《紅旗文稿》2020 年第 24 期，第 30-31 頁。

應用，基於共識機制的多領域應用的集成和融合，而不是限於金融應用領域。主權區塊鏈底層技術設計的基礎，即是區塊鏈的「共治」思維。主權區塊鏈是在主權國家的基礎上通過多方共同參與形成的整體性架構，將成為未來主權國家推動區塊鏈發展的重要形態。主權區塊鏈將作為全球治理的數字基礎設施，結合技術規則和法律規則完成「區塊鏈＋治理」工作。同時「主權區塊鏈只是區塊鏈發展的中間形態，將來在主權區塊鏈的基礎上會進一步發展出超主權區塊鏈甚至全球區塊鏈」[88]，在全球治理中發揮重要功能。

區塊鏈思維的本質是共享思維。區塊鏈是全人類共享的思維模式，本質上是一個去中心化的共享數據庫：第一，帳本共享。區塊鏈是一個所有節點都可以共享的帳本，這個帳本被同步運行在世界各地所有參與網絡的計算機當中。而共享所帶來的革命性變化，就是這個帳本無法被任何人銷毀、篡改，不可偽造、全程留痕、可以追溯、公開透明、集體維護，因為沒有人可以同時攻擊分散於世界各地的所有計算機。第二，理念共享。理念共享在區塊鏈的共識機制中得到最有力的體現。共識機制相當於國家的法律法規，法律維持了整個國家的正常運轉。在區塊鏈的世界中，共識機制就是利用代碼和算法來保證區塊鏈世界中的各個節點的正常運行。所有認同這個理念的節點，可以選擇隨時加入，也可以隨時退出。第三，信任共享。區塊鏈技術的偉大之處在於去中心化和去信任，它可以在一個完全陌生的網絡環境裏，通過代碼促成交易。在沒有中心機構的信任背書下，所有參與的網絡節點，可以通過區塊鏈的代碼和加密技術，產生信任共享。第四，規則共享。互聯網明顯的中心化特徵，使既有規則也完全是由中心節點來維護，監管失靈、暗箱操作等問題難以避免。而在區塊鏈體系內，規則是由所有參與者共同維

---

88 高奇琦：《主權區塊鏈與全球區塊鏈研究》，《世界經濟與政治》2020 年第 10 期，第 70 頁。

護，各參與方都會根據規則來獨立地驗證數據。每一位參與者都會獨立地驗證其接收到的數據，並判斷其是否違反規則。如果核實數據是有效的，那麼參與者就會接受這份數據，並將其轉發給其他人，只有當相關參與者同意後，新數據才能被視為有效數據，並被加入最終的區塊鏈共享帳本中。第五，數權共享。基於區塊鏈的規則，只有數據的有效性得到大部份參與者的認同，其才可被確認。通過權限分享的形式，每個參與者突破以往單一的角色身分，同時作為數據提供方、驗證方和使用方，以創造者、監督者和使用者三重身分共同參與維護區塊鏈數據的安全和有效性。因此，沒有任何機構可以完全擁有數據的控制權限。第六，算力共享。以比特幣區塊鏈為例，基於其 Pow（工作量證明）的共識機制，要求全球所有參與者必須付出相應的計算資源，來獲取區塊鏈貨幣，這也在一定程度上有效利用了網絡節點中閒置的算力資源。[89]也就是說，算力共享使被閒置的計算資源通過區塊鏈的共享機制轉移給有真正需求的用戶群體，實現算力資源的高效便捷運用。

法國哲學家帕斯卡說：「人只不過是一根蘆葦，是自然界最脆弱的東西。之所以我們人類能夠打敗各種比我們強大得多的野獸，最終在自然界崛起，很大程度上靠的就是人與人之間形成了集體，一塊協作共贏。」正如有學者指出的那樣，「耕牛時代的精神是分散封閉，機械時代的精神是集中壟斷，數字時代的精神是開放共享、扁平關聯和協同互利」。區塊鏈的基因就是共識、共治、共享，這些基因才是區塊鏈與各領域融合過程中真正的力量之源。

89　OK 區塊鏈工程院：《春風化雨萬物生，區塊鏈下的新型共享經濟》，金評媒，2018年，http：//www.jpm.cn/article-60648-1.html。

三 區塊鏈：一種超公共產品

作為最為典型的顛覆性科技代表，區塊鏈正在引領全球新一輪科技革命和產業變革，正在引發鏈式突破。科技進步日新月異，區塊鏈必將迎來更加高級的發展形態，並越來越顯示出智慧特徵，越來越體現出價值，越來越彰顯出顛覆意義。可以預見，以人工智能、量子信息、移動通信、物聯網、區塊鏈為代表的新一代信息技術加速突破、增強和賦能，物理世界和數字世界更加交融和並行，物理世界、人的二元世界將變成人、物理世界、數字世界的三維空間。當前，區塊鏈在理論建模、技術創新、場景應用等方面呈現出整體演進、群體突破、跨界融合的發展態勢，推動各領域從數字化、網絡化向智能化加速躍升，對經濟發展、社會進步、全球治理等方面產生重大而深遠的影響。正如數字經濟之父唐·塔普斯科特所言：「區塊鏈技術將會在未來的社會中產生廣泛而深遠的影響，它將會成為未來幾十年裏影響力最大的黑科技。」互聯網為我們帶來了一個不規則、不安全、不穩定的世界，區塊鏈則作為一種超公共產品讓這個世界變得更有秩序、更加安全和更趨穩定，為萬物互聯時代提供一個安全、可控、有序的基礎設施，也為其提供一套完整的規則。

區塊鏈是一種思維範式。尤瓦爾·赫拉利在《人類簡史》中闡釋人類發展的歷史時表達了這樣的觀點：人類從弱小的動物逐漸進化，直至成為這個星球的「上帝」，正是靠著思維的一點點演進，逐漸統治了整個地球。智人之所以在進化中領先於猩猩，是因為相比於單純的生物進化，智人還疊加了一種思維進化，即「先想到才做到」，並以此推動了人類的第一次認知革命。正是以進化的思維為土壤，人類開始實現溝通、交換、協作，建立組織、國家、宗教，進而抵達食物鏈的頂端。因而，從歷史的角度看，思維的進化才是決定人類發展的關鍵因素。在幾十萬年後的今天，人類正在由二元

世界體系邁向三元世界體系。我們欣喜地看到，一種新的思維方式正在萌生，並將助力解鎖未來網絡時代價值的無限可能，這就是「區塊鏈思維」，它是一種面向未來的思維方式，一種範式革命，即思想、理論、體系、組織、技術、體制、機制、制度、管理、效率等綜合因素疊加，相互交結化學反應的積極結果。由工業革命開啟的工業化進程重塑了人類社會，影響和塑造了人類社會 200 多年來的學科體系、知識體系和話語體系，區塊鏈思維的意義不亞於 200 多年前的工業革命。在區塊鏈思維的影響下，工業革命以來形成的社會結構、組織形式、政治形態和治理模式都將被重塑。區塊鏈是一種集成技術、一場數據革命、一次秩序重建，更是一個時代的拐點。區塊鏈可能是人類歷史上第一個影響到生產關係、貨幣金融、治理體系、法律制度等方方面面的新基建。

區塊鏈是一種基礎設施。全球公共產品是現有的可擴展性最好、最有用、最可靠和最持久的基礎設施。被譽為「互聯網之父」的美國研究創新聯合會主席兼首席執行官羅伯特・卡恩認為，到 2025 年，全球可能會進入全數字時代。如果再往前看的話，未來將成為數字物品的時代。區塊鏈正在成為全數字時代的底層基礎設施，「鏈網」將作為路網、水網、電網、氣網之後的第五張基礎設施網（見圖 1-1）。

新基建浪潮下的區塊鏈，必將助力我們從「連接」時代邁向「鏈接」時代。2018 年 12 月，中央經濟工作會議提出加快新型基礎設施建設。2020 年 4 月，國家發改委重新定義了新型基礎設施的概念[90]，明確將區塊鏈納入數

---

90 新型基礎設施是以新發展理念為引領，以技術創新為驅動，以信息網絡為基礎，面向高質量發展需要，提供數字轉型、智能升級、融合創新等服務的基礎設施體系，其包括三個方面的內容：一是包括以 5G、物聯網、工業互聯網、衛星互聯網為代表的通信網絡基礎設施，以人工智能、雲計算、區塊鏈等為代表的新技術基礎設施，以數據中心、智能計算中心為代表的算力基礎設施等在內的信息基礎設施。二是以深度應用互聯網、大數據、人工智能等技術為基礎支撐傳統基礎設施轉型的融合基礎設施。三是能夠支撐科學研究、技術開發、產品研製的具有公益屬性的創新基礎設施。

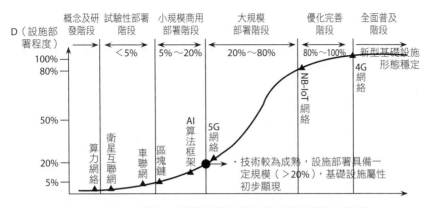

圖 1-1　從信息技術向新型基礎設施演進的發展階段示意圖

資料來源：牟春波、韋柳融：《新型基礎設施發展路徑研究》，《信息通信技術與政策》2021 年第 1 期，第 45 頁。

字經濟下新技術基礎設施的重要組成部分。2021 年 6 月，工信部、中央網信辦發布《關於加快推動區塊鏈技術應用和產業發展的指導意見》，提出構建基於標識解析的區塊鏈基礎設施。當一種技術成為新基建範疇，意味著它具有相當大的公共產品屬性。「區塊鏈是更有效的數據要素載體、創新性的融資支撐平臺、極具包容性的新型基礎設施。區塊鏈不僅具備了數字經濟基礎設施公共物品的基本屬性，同時還將推動傳統產業數字化轉型，有效降低交易成本，提高全要素生產率，可成為新型基礎設施建設中的發力點。」[91]中國信息通信研究院在《區塊鏈基礎設施研究報告（2021）》中也指出，區塊鏈技術具備基礎設施屬性，包括為社會運轉提供基礎性的信任管理能力、面向公眾提供公共普惠性的價值傳遞能力、與其他信息技術配合為各行各業賦能增效。區塊鏈具有新型基礎設施特點，包括新型基礎設施範疇持續拓展

91　渠慎寧：《區塊鏈：新型基礎設施建設的發力點》，《科技與金融》2020 年第 7 期，第 41 頁。

延伸、技術迭代升級迅速、持續性投資需求大、互聯互通需求更高、安全可靠要求更高、對技能和創新人才要求大等特點。區塊鏈不像工業互聯網、人工智能、物聯網、5G 等是明確目的、垂直性的技術，區塊鏈是橫向的、鏈接性的技術，這些新基建是一種基礎設施，而區塊鏈是這些基礎設施的基礎設施。區塊鏈將成為一種非常重要的底層技術，並越來越多地與新技術結合。很多地方政府工作報告中都有一條，企業的「上雲率」是多少，相信再過 5 年或者 10 年，將會出現「上鏈率」是多少的提法。[92]區塊鏈是一項我們都可以使用的數字公共事業。[93]區塊鏈協議（用於構造和傳送信息的規則集）具有公共性、開放性、透明性、安全性、自治性、可信賴等特徵，如果一個協議在去信任化、無需許可、可信中立性這些方面表現越好，就越有可能發展成為全球性平臺。這是一個以公鏈為主導的新時代，當公鏈成為區塊鏈發展的主導時，它才真正回到了正確的軌道，這就是區塊鏈的本義。當區塊鏈從聯盟鏈向公共鏈演進時，將有可能成為一種基礎設施和一項公共事業。區塊鏈的核心在公共領域，是公共鏈，因為只有當區塊鏈轉化為公共鏈，它才不會成為一個創造財富的工具，也不會成為互聯網的守護者，而是真正成為一個新時代到來的新動力。

---

92 2020 年 4 月，中國區塊鏈網絡基礎設施 BSN 宣布正式進入國內商用階段，提供跨雲服務、跨門戶、跨底層架構、跨公網、跨地域、跨機構的區塊鏈網絡服務。2020 年 8 月，BSN 在海外亦正式進入商用。截至 2020 年 11 月，BSN 在全球部署了 131 個公共城市節點，橫跨六個大洲，其目的與互聯網一樣，旨在降低整個區塊鏈行業應用的開發、部署、運維、互通和監管成本。國家層面支持的區塊鏈服務網絡 BSN 已與包括 Tezos、NEO、Nervos、EOS、IRISnet 和以太坊在內的 6 條公共鏈展開合作，中國區塊鏈基礎設施正走向世界。

93 公共事業即「眾人之事」，公眾對公共產品和公共服務需求與偏好的多元化趨勢，決定了公共事業內容的廣泛性、主體的多元性、方式的多樣性以及監管的複雜性。因其性質上的「公共性」的特點，導致相關參與方眾多、相關利益方多元、相關關係者複雜、相關方目標不同……所以公共事件的有效治理在全球都是一項幾乎不可能完成的任務。

區塊鏈是基於數字文明的超公共產品。區塊鏈是一個大規模的協作工具，這個工具可以為我們展現一個無限廣闊的全球互聯世界，讓原來根本不敢想像的事情變為可能，大規模全球協作將成為新的思維方式和工作、生活方式，全球化協作社區將得以形成，全球大協作時代即將到來。[94]人類已經擁有了一個開放平等、協作分享的互聯網作為信息傳遞基礎設施，那麼也必然需要一個與之匹配的價值傳遞體系。區塊鏈已經從一種單純的金融技術脫胎而出，廣泛應用於社會治理及各行各業，並且開始成為新的社會信用機制和全球治理框架的一部分。區塊鏈是一場前所未有的「治理革命」，就像早期的互聯網改變了數據和通信一樣，區塊鏈正在革新全球治理的各個方面和重塑全球公共服務的形象。區塊鏈正在成為一種全球性的運動。正如互聯網是一個「全球」系統一樣，區塊鏈也是一種全球性平臺，也即一種全球性公共產品。這種公共產品既超越特定的地域、邊界、時空和群體，又強調區域間的共同合作、共同提供、共同建構和共同秩序，它不同於工業文明時代的純公共產品或準公共產品，但又具有市場制度下公共產品的特質和屬性，我們把它叫作基於數字文明的超公共產品。區塊鏈是通向數字文明的一把鑰匙，是未來數字化大發展必不可少的基礎工具。區塊鏈的誕生為世界帶來無限可能。萬物皆可上鏈，基於鏈上人人都可創立一個映射現實世界的數字鏡像世界。數字文明是社會未來發展的必由之路，正如凱文·凱利所言，區塊鏈會成為數字文明的基石，它打破了整個人類千百年來建立起的信任方式，為數字化轉型提供了新的思路。

區塊鏈的偉大不僅僅在於其技術和算法的精妙，更在於其與生俱來的經濟學和社會學價值，它將重新定義商業模式和組織形態，重新定義整個世界，成為數字時代又一次劃時代的創新。縱觀人類發展的整部歷史可以發

94　武卿：《區塊鏈真相》，機械工業出版社 2019 年版，第 48 頁。

現，我們的社會經歷了持續快速的變革，從數萬年的漁獵社會，到數千年的農耕社會，到數百年的工業社會，到僅有幾十年歷史的信息時代，到現在剛發展幾年的數字時代。馬克思說過一句名言：「蒸汽、電力和自動紡織機甚至是比巴爾貝斯、拉斯拜爾和布朗基諸位公民更危險萬分的革命家。」巴爾貝斯、拉斯拜爾和布朗基，這三個人都是 19 世紀法國著名的革命家。馬克思的意思非常明顯，生產力的變革是一切生產關係革命的基礎。世界經濟論壇創始人克勞斯·施瓦布說：「自蒸汽機、電和計算機發明以來，人們又迎來了第四次工業革命——數字革命，而區塊鏈技術就是第四次工業革命的成果。」只有保持全球公共產品的可持續供應，全球問題才能得以有效治理，世界秩序才能得以穩定發展，各國利益才能得以充分保障，人民福利才能得以不斷提升。區塊鏈作為一種可信數字基礎設施和超公共產品，必將持續地突破時空的約束而達成對舊有時空秩序的消融與瓦解，並在這一消解過程中重構新的時空運行秩序。

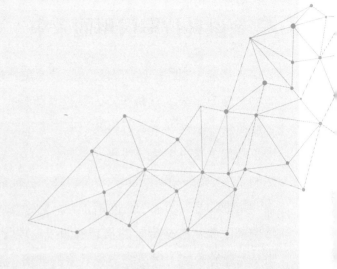

2

數字貨幣

我們已經進入 21 世紀的第三個十年。沒有人可以真正預期在第三個十年會有怎樣的事件影響和改變世界的經濟、政治、社會和生態平衡。但是，人們可以肯定的是，人類的經濟活動還要繼續，貨幣在未來十年沒有可能消失，只是貨幣在未來十年會有重大改變，所有的端倪在 21 世紀的第二個十年，特別是最近的兩三年已經全面顯現。

——著名經濟學家、橫琴數鏈數字金融研究院學術與技術委員會主席
朱嘉明

金融科技與信用的未來

　　貨幣是人類的一項偉大發明，是人類社會生產力水平提高和社會進步的產物。數千年來，貨幣作為人類經濟活動的「血液」，經歷了從天然貝殼到金屬鑄幣、紙幣等千姿百態的物理形態演變，並伴隨人類走過了漫長的遠古蠻荒時代、農耕文明時代和工業文明時代。當人類進入發展史上最為跌宕起伏的 21 世紀，隨著互聯網、大數據、區塊鏈等金融科技的快速發展，新技術開始推動著貨幣形態走向電子化、數字化，美國經濟學家弗里德曼關於計算機字節成為未來貨幣的猜想逐漸成為現實。[1]當前，以區塊鏈為核心的貨幣革命已經吹響了變革經濟與社會的號角。信用是人類社會運行的潤滑劑，通過變革系統信任架構和社會信用體系，區塊鏈實質上建構了一個全新的信用社會。「區塊鏈技術本質上就是一種信用技術，通過機制有效地解決了社會上的信任問題，嵌入社會信用制度當中，有利於社會信用制度進一步完善的技術基礎。」[2]基於這種新的貨幣形態和信任機制，區塊鏈必將重構社會信任制度和社會經濟體系，更好地實現貨幣作為人類社會「血液」的循環傳導功能。

---

1 米爾頓・弗里德曼（Milton Friedman，1912-2006），美國著名經濟學家，芝加哥大學教授、芝加哥經濟學派領軍人物、貨幣學派的代表人物，1976 年諾貝爾經濟學獎得主、1951 年約翰・貝茨・克拉克獎得主。弗里德曼被廣泛譽為 20 世紀最具影響力的經濟學家及學者之一。其曾經寫道，誰知道未來的貨幣會演化成何種形式？會是計算機字節嗎？並對貨幣未來形態提出了猜想。

2 陸岷峰：《關於區塊鏈技術與社會信用制度體系重構的研究》，《蘭州學刊》2020 年第 3 期，第 83 頁。

一　從貝殼到數字貨幣

　　從古至今，貨幣在人類的生活中一直扮演著至關重要的角色，使用貨幣的歷史產生於物物交換的時代，遠早於國家的出現。從一開始的以物換物，到以貝殼等物品作為實物貨幣，再到金屬貨幣的誕生，最後發展到如今的信用貨幣，貨幣的材質一直隨著社會的進步而改變。隨著數字科技的不斷發展和應用，世界對於數字貨幣的研發進入以密碼學原理為基礎的加密數字貨幣時代。「1000 年前交子的發明，是人類貨幣史上的突變，是一次偉大革命，開啟了人類最早的信用貨幣體系試驗；1000 年之後數字貨幣的崛起，又是人類貨幣史上的一次偉大革命，必將加速人類數字經濟時代的到來。」[3]從貨幣職能看，逐漸囊括了價值尺度、流通手段、貯藏手段、支付手段和世界貨幣，貨幣作為一般等價物的觀念得到普遍認同。從貨幣形態看，大致經歷了「實物貨幣—金屬貨幣—信用貨幣—數字貨幣」幾個階段，貨幣形態的每一次變化都標記出人類文明進程的重要轉折點。從貨幣形態的演變趨勢看，隨著商品生產流通的發展和經濟發展水平的提高，貨幣的形態也不斷從低級向高級演變。

　　實物貨幣。貨幣是商品交換的產物，或者說是商品經濟發展到一定階段的產物。在遠古時期，人們通過物物交換來滿足日常需求，不管是「兩隻羊換一頭牛」，還是「三條魚換一柄石斧」，都不存在「貨幣」意識。進入農耕文明社會後，隨著人類逐漸學會新石器等各種技術，物質資料也越來越豐富，從商品世界中分離出來的、作為其他一切商品價值的統一表現的特殊商品，如貝殼、牛羊、寶石、鹽等「一般等價物」就成了原始貨幣。因此，貨幣最初是為了滿足交換而產生的，這是貨幣最本質的功能，即作為交換的工具。不管是貝殼、果實，還是牛角、羊角，雖然可以換來一頭豬或一條魚，

3　朱嘉明：《從交子到數字貨幣的文明傳承》，《經濟觀察報》2021 年 3 月 1 日，第 33 版。

但它們本身的實用價值很低或根本沒有。可見，貨幣並非要具備實用價值才能成為貨幣。一般價值形式轉化為貨幣形式後，有一個漫長的實物貨幣形式占據主導地位的時期。實物貨幣是貨幣形式發展的初始階段，但其具有不穩定、範圍有限、缺乏統一的價值衡量標準等缺陷，或體積笨重而不便攜帶；或質地不勻而難以分割；或容易腐爛而難以儲存；或大小不同而難以比較。這使得實物貨幣出現了普遍的質劣化現象，終究難以為繼。

金屬貨幣。隨著冶金技術的提升，貨幣的形態開始從牲畜、貝殼等「自然產物」過渡到金、銀、銅等貴金屬。在人類 5000 多年的貨幣歷史中，貴金屬作為貨幣占據的時間跨度最長，其中以黃金和白銀最為典型。貴金屬成分穩定，易於保存攜帶，特別適合作為「貨幣」流通使用，正如馬克思所說：「貨幣天然不是金銀，但金銀天然是貨幣。」隨著商品的交易範圍擴大，跨區域甚至跨國家間的交易出現，貴金屬貨幣的重量和成色要求更權威的證明，於是國家開始管理和鑄造貨幣，並以國家信譽為背書。弗里德曼認為，這就是觀念的力量，「貨幣是大家共同且普遍接受的交易媒介」。金屬冶煉技術的出現和發展是金屬貨幣被廣泛使用的物質前提，金屬貨幣的價值穩定、容易分割、方便存儲等顯著優勢，卻是實物貨幣所無法比擬的。正因如此，在人類社會發展的漫長歷史中，以金銀為代表的貴金屬被賦予了貨幣的價值功能。同時，它們的稀缺性使其不僅成了人類物質財富的重要表徵，也成了人類追逐和積累財富的重要手段。

信用貨幣。雖然金銀作為貨幣有著許多優點，但由於進一步分割的難度大，它逐漸無法適應現代經濟生活的需求。信用貨幣產生於金屬貨幣流通時期，信用貨幣可以無限分割，較好地解決了流通需求，進而逐漸取代金屬貨幣。早期的商業票據、紙幣、銀行券都是信用貨幣。在我國北宋時期，出現

了世界上最早的紙幣——交子[4]。紙幣顯示出金銀無法比擬的優勢，它製作工藝簡單、成本低，更加容易保管、攜帶和運輸，紙幣的出現是貨幣發展的必然形態。信用貨幣初期可以兌現成金屬貨幣，逐步過渡到部分兌現和不能兌現。但在信用貨幣的發展過程中，往往由於政府濫發貨幣導致通貨膨脹，一方面破壞了信用貨幣的可兌現性，另一方面也促進了信用貨幣體系的發展和完善。20 世紀 30 年代，世界各國紛紛放棄金屬貨幣制度體系，不兌現的信用貨幣體系開始登上歷史舞臺。然而，其最大的弊端是政府為了刺激經濟而無節制地印發貨幣。從金屬貨幣過渡到國家信用貨幣以來，貨幣發行紀律一直被人們所詬病。

數字貨幣。貨幣經歷了漫長的迭代，才形成了如今便捷易流通的紙幣。但紙幣本身也具備一些缺陷，比如：紙幣是紙質印刷品，很容易受到損壞；紙幣本身沒什麼價值，完全靠國家背書支撐，容易濫發貶值，並引發通脹危機等。隨著全球互聯網和電子商務的興起，電子支付成為新一代網絡原住民的重要支付方式。紙幣遭遇了電子支付的衝擊，電子支付具有方便快捷、零損耗等優點，日益侵蝕著紙幣的使用空間。電子貨幣作為現代經濟飛速發展和金融科技持續革新的結果，也是貨幣支付手段職能不斷演變的結果，在某種意義上代表了貨幣未來的發展趨勢。「虛擬貨幣與電子貨幣最重要的區別就是發行者不同，虛擬貨幣是非法幣的電子化，可以簡單理解為是一些虛擬世界中流通的貨幣，是互聯網社區發展的產物。」[5]隨著移動互聯網、雲計

---

4 交子，是世界最早使用的紙幣，最早出現於四川地區，發行於 1023 年的成都。最初的交子實際上是一種存款憑證。宋朝時，成都地區出現了為不便攜帶巨款的商人經營現金保管業務的「交子鋪戶」。存款人把現金交付給鋪戶，鋪戶把存款數額填寫在用楮紙製作的紙卷上，再交還存款人，並收取一定的保管費。這種臨時填寫存款金額的楮紙券便被稱為交子。交子是世界上首次用紙幣取代金屬貨幣作為經濟交易媒介，成為人類經濟史和貨幣金融史上最為主要的創新事件。

5 虛擬貨幣通常依靠參與者之間的算法協議維持體系運轉，其價值來源於參與者對技術的信任和信賴。因此，一些國家在立法或政府部門發布的公告中，將虛擬貨幣界定為存在於網絡空間中的一種「財產性價值」或「虛擬商品」。

算、區塊鏈等技術的疊加，在全球支付方式發生深刻變革的背景下，貨幣形式變得更加數字化、智能化和多元化。數字貨幣是價值的數字化表示[6]，通常被公眾所接受，並可作為支付手段，也可以電子形式轉移、存儲或交易。數字貨幣與電子貨幣、虛擬貨幣等概念有本質的區別（見表 2-1）。「數字貨幣」已不僅是一個概念，還在逐漸變成一種需求，儘管數字貨幣發行還面臨著很多問題，但是它的魅力仍然難以阻擋。數字貨幣的出現預示著貨幣即將進入新的歷史階段，迎來新的發展形態。

表 2-1　電子貨幣、虛擬貨幣和數字貨幣比較

	電子貨幣	虛擬貨幣	數字貨幣
發行主體	金融機構	網絡運營商	不定/貨幣當局
適用範圍	不限	網絡環境	不限
發行數量	法幣決定	發行主體決定	數量一定/不定
貨幣價值	與法幣對等	與法幣不對等	與法幣不對等/對等
貨幣保障	政府信用	企業信用	網民信念/政府信用
交易安全性	較高	較低	較高
交易成本	較高	較低	較低
典型示例	銀行卡、公交卡等	Q幣、論壇幣等	比特幣、央行數字貨幣、天秤幣、萊特幣等

資料來源：根據公開資料整理。

6　按照國際貨幣基金組織（IMF）定義，廣義數字貨幣指一切價值的數字表示（He D, Habermeier K F, Leckow R B, et al. "Virtual currencies and beyond: Initial considerations". IMF Staff Discussion Note, 2016, Vol.16, p.42）．

二 金融科技顛覆歷史

進入數字時代，以 5G 為代表的移動通信技術、大數據、雲計算、人工智能、區塊鏈在金融領域融合應用，金融科技創新正在改變著人類社會的金融活動方式及國際貨幣體系，並推動全球金融治理體系的變革。金融始終是信息技術應用的領先者和前沿領域，貨幣交易支付結算是其中的一大重要領域。尤其是近年來，貨幣交易支付加快從有形的現金交易支付方式向數字化的非現金交易支付方式演進，貨幣支付和清算模式也在不斷發生變化，貨幣形態改變的趨勢日益明顯。未來，數字貨幣的發展離不開金融科技。包括大數據、雲計算、人工智能和區塊鏈等具體金融科技的「硬」技術創新，以及具體技術路徑選擇等，都將影響甚至是決定數字貨幣的邏輯架構、支付模式、服務手段、組織模式和運行效率等諸多方面。不難看出，在貨幣形態從物理有形到電子化無形、貨幣支付從現金到非現金的演進過程中，金融科技進步始終是最重要的驅動力量。

金融科技的崛起。FinTech（金融科技）一詞由花旗銀行董事長約翰・里德（John Reed）在「智能卡論壇」上首次提及。[7]全球金融穩定委員會（FSB）將金融科技界定為「金融與科技相互融合，創造新的業務模式、新的應用、新的流程和新的產品，從而對金融市場、金融機構、金融服務的提供方式形成非常大的影響」。中國人民銀行發布的《金融科技（FinTech）發展規劃（2019-2021 年）》指出，「金融科技是技術驅動的金融創新，旨在運用現代科技成果改造或創新金融產品、經營模式、業務流程等，推動金融發展提質增效」。金融科技是指一系列能潛在促使金融服務供給轉變的數字技術，金融科技能催生新的（或調節現有的）商業模式、業務應用、業務流程

7　Puschmann T. "Fintech". *Business & Information Systems Engineering*, 2017, Vol.59, pp.69-76.

和產品。[8]浙江大學國際聯合商學院院長、浙江大學互聯網金融研究院院長賈聖林教授認為，金融科技通常指現有的金融機構利用數字技術降低成本、減少金融市場摩擦以及增加收入。而科技金融指科技公司開始提供金融產品，作為業務邊界的延伸和拓展。隨著金融科技的迭代升級，金融科技的內涵與邊界也在不斷拓展。目前全球的金融科技產業包括互聯網銀證保、新興金融科技、傳統金融科技化、金融科技基礎設施這四大方面內容[9]。縱覽全球金融科技發展歷程，大致可將其分為金融科技 1.0（金融 IT 階段）、金融科技 2.0（互聯網金融階段）、金融科技 3.0（智能金融階段）。隨著金融科技的深度應用，各大創新型金融產品開始出現，2009 年比特幣誕生，自此全球金融科技邁向 3.0 階段。中國金融科技實屬後起之秀，起源於 1988 年，相比國際上晚了近 30 年。2012 年，中國率先提出了「互聯網金融」一詞，自此中國金融科技步入高速發展階段，萌生了大量新的機構和產品。儘管全球金融科技的 1.0 和 2.0 階段均起源於英美兩國，但中國金融科技已經逐步實現從「中國模仿」到「模仿中國」的跨越式發展，甚至開始逐漸超越英美。從賈聖林教授團隊發布的金融科技發展指數（FinTech Development Index，簡稱 FDI）看，中國、美國、英國位列全球 FDI 總排名前三，產業、用戶和生態排名也均位列全球前五，是當之無愧的金融科技發展三巨頭。而從發展模式來看，三國恰好代表了市場拉動、技術驅動、規則推動這三大金融科技發展模式，各領風騷，為全球各國金融科技發展提供了相應的

8　Feyen E, Frost J, Gambacorta L, et al. "Fintech and the digitaltrans-formation of financial services: Implications for market structure and public policy", BIS Paper, 2021.

9　互聯網銀證保是指通過互聯網以純線上的方式完成傳統銀行、證券和保險業務的業態；新興金融科技包含第三方支付、網貸、眾籌等業態；傳統金融科技化是指銀行、證券、保險、基金和信託等傳統金融機構利用技術所進行的數字化轉型；金融科技基礎設施則是以上金融科技業態和相關應用的支撐，既包括交易所、徵信等金融支撐，也包括人工智能、大數據、雲計算等技術支撐。

標杆。可以預見的是，未來科技創新必將成為推動金融創新與變革的核心驅動力，成為所有金融服務的底盤。

　　金融科技重構貨幣金字塔。「數字貨幣作為金融科技的重要創新產物之一，對整個金融業及其監管領域都產生了較為深遠的影響」[10]。特別是區塊鏈技術為去中心化的信任機制提供了可能，具備改變金融基礎架構的潛力。按照美國經濟學家明斯基[11]的表述，現代信用貨幣體系是一個金字塔（見圖 2-1），頂部的是政府（央行與財政部）負債，是安全性最高的本位幣（基礎貨幣），中間是銀行負債（銀行存款或廣義貨幣），再下一層是其他企業和個人的負債。銀行的特殊性是其享有政府的支持，表現為央行用其負債（準備金）提供中央清算服務，央行作為最後貸款人向銀行提供流動性支持，還有財政部或央行參與的存款保險機制。區塊鏈對金融服務模式可能產生顛覆式影響，從下往上衝擊現有的金融模式，甚至改變現有的貨幣金字塔結構。在金融科技的支持下，特別是近幾年第三方支付系統快速擴張，如微信支付、支付寶已改變了人們的生活，第三方支付和銀行的關係微妙：一方面移動支付鏈接眾多小商家和消費者，起到拓展金融服務的作用，銀行也間接受益；另一方面第三方支付機構在零售支付上成為銀行的重要競爭對手。[12]目前的第三方支付平臺接入銀行系統的支付體系，最終結算還是依賴現有的中心化機制。隨著規模不斷擴大，在途資金和存入資金的安全成為系統性風險

10　巴曙松、張岱晃、朱元倩：《全球數字貨幣的發展現狀和趨勢》，《金融發展研究》2020 年第 11 期，第 4 頁。

11　海曼・明斯基（Hyman P. Minsky，1919-1996），出生於美國伊利諾伊芝加哥的經濟學家，曾為華盛頓大學聖路易斯分校經濟學教授。他的研究試圖對金融危機的特徵提供一種理解和解釋。他有時候被形容為激進的凱恩斯主義者，而他的研究也受寵於華爾街。明斯基是金融理論的開創者，是當代研究金融危機的權威。他的「金融不穩定性假說」是金融領域的經典理論之一，被人們不斷完善和討論。

12　彭文生：《金融科技的貨幣含義》，《清華金融評論》2017 年第 9 期，第 97 頁。

問題。但從長遠看，更安全的第三方支付系統會增加其對銀行系統的競爭壓力。第三方支付系統只是金融科技挑戰現有金融模式的一個方面。支付主要是貨幣的經濟流動，支付方式的變化不僅是貨幣進化的重要體現，也是推動貨幣進化的重要動力。區塊鏈改變了貨幣記錄和交易執行的方式，分布式記帳使用分布式核算和存儲，不再需要建立一個可信的第三方機構，讓支付體系去中心化成為可能，最終撬動形成金融領域的新革命。金融科技創新不僅為數字貨幣構建提供了技術支持，還為數字貨幣發行和流通提供了日益完善的金融基礎設施條件。

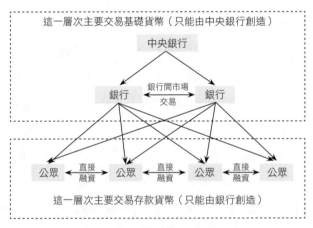

圖 2-1　信用貨幣金字塔

金融科技顛覆傳統金融模式。金融科技能夠有效降低交易成本，改善市場信息不對稱、市場不完全和負外部性等問題，有助於減少金融摩擦。一是金融科技改變了傳統金融資源的供給方式和需求特徵，形成集群效應並使金融資源配置更加高效合理。一方面金融科技通過收集海量數據並整合成數字信息，利用大數據技術分析客戶偏好、需求等，提供定制化金融產品和服務；另一方面利用龐大的資產負債表拓展金融板塊，進而實現產品規模化發

展。二是金融科技利於重塑信用環境，緩解中小微企業融資難、融資貴等難題。隨著大數據、區塊鏈、人工智能等底層技術的加速迭代以及在各類金融業務場景的深度融合，金融科技可在貸款監督與貸後管理過程中發揮重要作用，從而重塑風控環境和信用環境，提高中小微企業的融資效率。三是金融科技提高了金融服務的可得性和普惠性。金融科技可以降低服務成本，為傳統金融難以覆蓋的長尾群體和小微企業提供金融支持，具有普惠性。但金融科技同樣也帶來新的風險，引發信用風險隱患，「金融科技基於業務形態的多樣性與跨區域的特點，會脫離以地域為限制的傳統金融監管的制約」[13]。金融科技是促進狹義銀行發展，還是促進金融的混業經營，增加金融不穩定風險，關鍵在於金融監管是否合理。為應對金融科技發展帶來的挑戰，防控金融風險，需要重新審視現有的金融結構，在監管層面未雨綢繆，區分金融的公用與風險事業屬性，促進金融機構聚焦主業。[14]需要說明的是，金融科技的本質仍然是金融。數字技術只是金融創新的支撐，不能改變任何傳統金融的服務宗旨及安全原則，金融科技仍需遵循相應的金融監管原則和規範。

三　從金本位到區塊鏈

概而言之，貨幣本位發展的基本進程包括三大階段：金本位、布雷頓森林體系[15]過渡時期和牙買加體系（見表 2-2）。歷史上，人類從早期的物物交

13　何德旭、余晶晶、韓陽陽：《金融科技對貨幣政策的影響》，《中國金融》2019 年第 24 期，第 62 頁。

14　彭文生：《金融科技的貨幣含義》，《清華金融評論》2017 年第 9 期，第 97 頁。

15　1944 年 7 月，西方主要國家代表在聯合國國際貨幣金融會議上確立了該體系，因為此次會議是在美國新罕布什爾州布雷頓森林舉行的，所以稱之為「布雷頓森林體系」。布雷頓森林體系是以美元和黃金為基礎的金匯兌本位制，其實質是建立一種以美元為中心的國際貨幣體系，基本內容包括美元與黃金掛鈎、國際貨幣基金會員國的貨幣與美元保持固定匯率（實行可調整的固定匯率制度）。布雷頓森林貨幣體系的運轉與美元的信譽和地位密切相關。在布雷頓森林體系下，美元與黃金掛鈎，各國貨幣與美元掛鈎，美元成為主導性的世界貨幣。至此，美元成了全球貨幣體系中的「名義錨」，並在戰後相當長一段時間內促進了全球經濟和貿易的復蘇與繁榮。

換中發明了貨幣，先後經歷了從金本位制（商品本位）到紙幣本位（信用本位）的轉變，從固定匯率到浮動匯率的轉變。20 世紀 70 年代布雷頓森林體系崩潰後，國際貨幣制度演變成了被戲稱為「沒有體系」的牙買加體系[16]。隨著區塊鏈技術及數字貨幣的誕生，貨幣的本質和特徵在進一步演變，貨幣制度也面臨著挑戰與變革，牙買加體系可能隨時面臨坍塌，各主權國家在盼望中積極尋找新的更穩定、更合理的國際貨幣體系，這不僅僅是國際法的議題，也是全人類在經濟全球化背景下迎接貨幣一體化的準備。從貨幣的演進過程看，社會的發展是推動貨幣的外延不斷擴大與形式不斷演進的一個重要因素，而科技的進步是推動貨幣變革的又一重要因素。數字貨幣便是技術創新融合所推動形成的一種貨幣形態。事實上，無論是金屬貨幣、商品貨幣、信用貨幣還是數字貨幣，所有的貨幣均是協議本位，即貨幣是持有者之間的一種合約。但不同於傳統的貨幣形式，數字貨幣可以是基於法幣的合約，也可以是基於一攬子資產儲備的合約，還可以是基於共識算法的智能合約。因而構建一種成熟、穩定、可靠的數字貨幣體系是未來世界貨幣體系的發展方向。基於區塊鏈思想構建的法定數字貨幣體系正在顛覆貨幣的信用本質，將成為人類貨幣史上的一次革命性變革和新的里程碑。

---

16 1976 年 4 月，國際貨幣基金組織理事會通過了《IMF 協定第二修正案》，國際貨幣體系進入了新的歷史階段——牙買加體系。在牙買加體系下，黃金與貨幣徹底脫鈎，各國在取得基金組織的同意下可以實行浮動匯率，並擴大了特別提款權的作用，將其作為主要的國際儲備。牙買加體系是對《國際貨幣基金協定》進行一系列修訂後產生的，它直接脫胎於布雷頓森林體系。

表 2-2　近代以來的國際貨幣體系

國際貨幣體系	貨幣錨	幣值穩定	國際計價、結算與儲備	經濟繁榮標誌
金本位制	黃金	休謨機制	黃金	美國經濟崛起
布雷頓森林體系	美元	其他貨幣與美元掛鉤 美元與黃金掛鉤	馬歇爾計劃 道奇計劃 美元黃金窗口	日德經濟奇跡
牙買加體系	美元為主導的貨幣籃子	廣場協議 盧浮宮協議 通脹目標制	石油美元	新經濟

資料來源：金色財經。

　　金本位制。所謂金本位制，即以黃金作為一個國家的基本通貨和法定的計價結算貨幣（本位幣）的貨幣制度。最早實行金本位制的國家是英國，其於 1816 年頒布了《金本位制度法案》，從法律的形式承認了黃金作為貨幣的本位來發行紙幣。到 19 世紀後期，德國、瑞典、挪威、荷蘭、美國、法國、俄國等主要西方國家相繼施行金本位制，由此金本位製成為世界普遍認可的主要貨幣制度。黃金有自由鑄造、自由兌換、自由輸入輸出等特點。在金本位制下，各國以一定量的黃金為貨幣單位鑄造金幣，作為本位幣，金幣可以自由鑄造和熔煉，具有無限的法定償付能力，同時可以限制其他鑄幣的鑄造和償付能力，輔助貨幣和紙幣也可自由兌換金幣或等值黃金，黃金成為唯一的準備金。在這種制度下，貨幣價值和匯率都相當穩定，金本位制消除了黃金、白銀複本位下存在的價格混亂和貨幣流通不暢的劣勢，保證了世界市場的統一和外匯市場的相對穩定。20 世紀初，第一次世界大戰爆發，戰爭嚴重摧毀了主要參戰國的經濟體制，英國失去了世界第一經濟強國的地

位，世界貨幣體系受到嚴重衝擊，世界範圍內的通貨膨脹、生產停滯嚴重地衝擊了金本位制。到 20 世紀 30 年代，全球經濟危機爆發後，各國紛紛加強貿易管制，禁止黃金自由貿易和進出口，開放的黃金市場失去了存在的基礎，倫敦黃金市場關閉，金本位制徹底崩潰。

信用本位制。金本位制的崩潰使國際貨幣體系陷入了無序與混亂。一戰後，人類社會正式從金本位制過渡到信用貨幣體系。黃金主要承擔支付手段的功能，被視為商品貨幣，而各國政府發行的法定貨幣則為標準信用貨幣，以負債（儲備資產）作為信用背書（見圖 2-2）。在信用貨幣制度下，政府的作用得到了增強，美元以國家實力為後盾，與石油掛鉤，凸顯商品貨幣價值，進一步強化了公共部門在貨幣發行中的絕對主導地位。貨幣體系的演變也折射出和反映了以財政和貨幣為雙塔體系的經濟政策變遷。二戰後，美國成為全球最強大的國家，布雷頓森林會議建立了以美元為中心的國際貨幣體系，但由於美國逐漸難以支撐以規定數量的美元兌換黃金的承諾，全球發生了數次黃金搶購風潮，直至布雷頓森林體系瓦解，全球範圍內的黃金非貨幣化改革逐漸開始。布雷頓森林體系崩潰以後，國際金融秩序再次陷入動盪，直至 1976 年達成牙買加協議。牙買加體系是以美元為主導的多元化國際儲備體系，可供全球各國選擇的國際儲備不單只是美元，還可以是歐元、日元和英鎊等國際性貨幣。從此，世界進入完全的信用貨幣時代。在信用貨幣體系下，銀行資產創造負債，具體而言是通過貸款等資產擴張形式創造存款——信用貨幣制。布雷頓森林體系解體後，美國綜合國力雖然較戰後初期顯著下降，但由於市場選擇和路徑依賴，美元仍是現代國際貨幣體系的支柱，也是當前國際貨幣體系的最大爭議點。

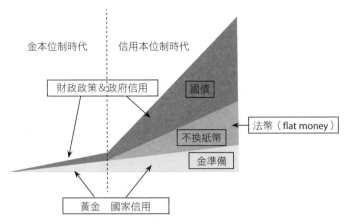

圖 2-2　金本位制和信用本位制的貨幣體系比較

資料來源：數字資產研究院：《Libra：一種金融創新實驗》，東方出版社 2019 年版，第 3 頁。

區塊鏈下的「國家信用＋技術信用」貨幣制度。加拿大經濟學家英尼斯指出：「信用本身就是貨幣。信用而非金銀是所有人都在追求的一種財產，對其獲得也是商業追求的目標和對象。」2008 年全球金融危機以來，隨著世界經濟與金融格局的發展變化，特別是美元作為最主要世界貨幣的單極貨幣體系帶來的全球金融體系不穩定性日益突出，法幣體系的弊端開始逐步顯露，人們對政府超發貨幣的擔憂迭起。金融危機的爆發引發了人們對央行聲譽和整個金融體系信用中介功能的質疑。奧地利經濟學派思想[17]抬頭，貨幣「非國有化」的支持者不斷增多。在此環境下，以區塊鏈及比特幣為代表的

17　奧地利經濟學派（Austrian School）是一種堅持方法論的個人主義的經濟學派，源自 19 世紀末的奧地利，延續至 20 世紀的美國等地。奧地利經濟學派認為，只有在邏輯上出自人類行為原則的經濟理論才是真實的。由於許多奧地利經濟學派所主張的政策都要求政府減少管制、保護私人財產、並捍衛個人自由，因此，主張自由放任的自由主義、自由意志主義和客觀主義團體都經常引用奧地利經濟學派思想家的作品。

不以主權國家信用為價值支撐的去中心化、可編程貨幣「橫空出世」。任何貨幣都是基於信用的存在，以比特幣為代表的加密數字貨幣的成功也正因此。比特幣發明了一套新的不受政府或機構控制的電子貨幣系統，並表明去中心化、不可增發、無限分割是比特幣的基本特點。其中，區塊鏈技術是支持比特幣運行的基礎，其以不可偽造、全程追溯、集體維護、不能濫發、不可「雙花」[18]等全新特性改造傳統法幣體系。「區塊鏈技術不僅是一種技術創新運動，而且使得社會生活方式發生了重大變革，因此被視為開啟『新信任時代』的一種顛覆性技術」[19]。而主權區塊鏈與私權區塊鏈最大的不同之處又在於通過國家主權的介入增加了國家信用。在數字經濟發展大趨勢下，數字貨幣不僅本身是重要的數字經濟活動，更重要的是當資產數字化、商品和服務等經濟活動價值計量的數字化都離不開數字貨幣時，數字貨幣還是未來重要的數字經濟基礎設施，是關鍵生產要素的重要組成部分。區塊鏈試圖從技術的角度解決陌生人之間的信任與大規模協作問題，被認為是繼血親信用、貴金屬信用、央行紙幣信用之後人類信用進化史上的第四個標誌。印刷機將知識共享帶給全世界，而區塊鏈是推動信用社會的「蒸汽機」，讓人類加速邁向信任社會。毫無疑問，支撐和驅動貨幣發展的區塊鏈技術已成為貨幣史上一個重要的轉折點，貨幣形態變革的大門已悄然打開。

---

18 比特幣資產重複使用涉及一個名詞叫「雙花」，也叫「多重支付」。現實生活中不可能發生，每一個交易背後都由銀行等權威中心機構在記帳，要麼確認了交易，要麼失敗，不會一份錢花兩次。雙花就是一份錢被花兩次，這是數字貨幣領域最大的難題。在區塊鏈的世界裏，是由分布式、協同維護的數據庫網絡組成，背後依托的是一大批的礦工在記帳，其目的就是去中心化地完成點對點交易，比特幣的革命性就在於避免了「雙花」問題。

19 張成崗：《區塊鏈時代：技術發展、社會變革及風險挑戰》，《人民論壇·學術前沿》2018年第12期，第37頁。

第二節

數字貨幣錨

從歷史發展來看，1944 年布雷頓森林體系的建立是第一個全球貨幣體系錨[20]，可以概括為美元與黃金掛鈎、各國貨幣與美元掛鈎固定匯率制度。1971 年，隨著布雷頓森林體系解體，第二次全球貨幣體系錨可以概括為以美元為中心，與歐元、英鎊、日元共同構成的貨幣籃子。[21]2008 年全球金融危機後，單極貨幣體系帶來的全球金融不穩定性引發了國際貨幣體系第三次尋錨。在此過程中，數字貨幣和數字支付被寄予厚望，也被認為是世界貨幣尋找金融科技錨的前奏。其中最具代表性的：一是以區塊鏈為核心技術的加密數字貨幣——比特幣的橫空出世；二是由臉書（Facebook）發行的以一攬子銀行存款及短期國債為信用基礎、採用獨立協會治理的迪姆幣（Diem）；三是由央行負責管理、以國家信用為背書、具有無限法償性的央行數字貨幣呼之欲出。三種數字貨幣分別代表著民間、跨國企業巨頭、國家政府三方隔空交匯，正在世界範圍內掀起一場數字貨幣領域的「新貨幣戰爭」。當下，各國應充分認識貨幣錨定物的形成機制及其對貨幣品質的重要性，積極推動

---

20 錨是船隻停泊時用來固定自身方位的工具，將船隻上用鏈子拴著的這個巨大的金屬爪形物丟入海中合適的錨地，就能讓船隻不再任意漂泊，這對於船隻的安全有著非常重要的作用。貨幣錨是個經濟學的概念，是貨幣發行的參照基準，中央銀行可根據貨幣錨來判斷貨幣政策是否合理。貨幣錨的存在，是為了讓貨幣平穩運行並服務於經濟，而不是給經濟帶來動蕩與混亂。良好的貨幣錨，是經濟穩定發展的重要前提之一（劉華峰：《尋找貨幣錨》，西南財經大學出版社 2019 年版，第 5 頁）。

21 1976 年，牙買加體系正式形成後，全球貨幣體系找到了新的錨。在該體系下，全球主要國家的貨幣均與黃金脫鈎，並使用浮動匯率，美元仍作為國際貨幣體系中的主導貨幣，與歐元、日元等貨幣組成貨幣籃子，成為許多發展中國家和新興市場國家的貨幣錨；為維持貨幣價值的穩定，歐美主要經濟體實行貨幣「通脹目標制」。在這一時期，全球經濟維持了較低的通脹水平，信息技術產業也開始興起，經濟呈現較高的增長速度。

法定數字貨幣重塑現有信用體系，並對數字貨幣進行錨定後，通過適當的貨幣政策維護貨幣的品質和全球經濟的穩定。

一 比特幣：一個點對點的電子現金系統

2008 年全球經濟危機，美國增發美元加劇了「通貨膨脹」，在此背景下，比特幣的概念被提出。這個時間點並非巧合，而是因為「20 世紀 90 年代後金融創新的發展塑造起一個複雜且非理性的金融體系，而銀行和貨幣在財富的狂歡中出現異化」[22]。一個身分不明的人或群體以「中本聰」的名義，在加密郵件列表中發表了一篇題為《比特幣：一個點對點的電子現金系統》的曠世論文，創造出了比特幣這種虛擬貨幣系統，這套數字貨幣系統整合了 P2P、密碼學、經濟學等多學科技術手段，目的就是如何讓比特幣成為一套沒有發行機構、去中心化的貨幣，實現去中心化的價值轉移。這意味著真正意義上能夠形成自身生態閉環的數字貨幣——比特幣——誕生，私人數字貨幣發行和區塊鏈技術興起的序幕正式拉開。該數字貨幣系統不同於以往以主權國家、金融機構為中心的貨幣系統，而是通過技術手段本身就實現信用的建立。「貨幣的變革與迭代不以人的意志為轉移，不以法律是否認可為轉移，它是人類自主選擇與貨幣自由競爭的自然結果。」[23]這就是比特幣存在的邏輯起點，是比特幣之所以能夠成為貨幣的根本，從而開啟了數字貨幣的新紀元。「如今，因為比特幣誕生，多元的數字貨幣體系加速度形成，正在改變傳統法幣體系的絕對壟斷之格局，並且推動了影響人類數千年的黃金價值的進一步衰落與終結」[24]。

---

22 楊東、馬揚：《與領導幹部談數字貨幣》，中共中央黨校出版社 2020 年版，第 19 頁。
23 何建湘、蔡駿杰、冷元紅：《爭議比特幣：一場顛覆貨幣體系的革命》，中信出版社 2014 年版，第 33 頁。
24 朱嘉明：《從交子到數字貨幣的文明傳承》，《經濟觀察報》2021 年 3 月 1 日，第 33 版。

區塊鏈引發貨幣革命。比特幣是一種運用區塊鏈技術，由開源軟件生成的虛擬數字貨幣，具有去中心化、全球流通、可追溯等特點，這與日常生活中被廣泛使用的電子貨幣和虛擬貨幣存在巨大差異。不同於傳統貨幣由集中式的央行或主權國家認可的少數幾家銀行根據一定經濟規則發行，也不同於信用貨幣體系下由央行和央行許可的商業銀行通過資產擴張的方式創造廣義貨幣，比特幣完全是一種獨特創造的發行機制。比特幣是區塊鏈至今較為成功的商業應用，被喻為「數字黃金」，對人類的現有貨幣體制造成了強有力的衝擊。無論比特幣最終是否能夠成功，也無論比特幣的價格是會上升到一個令人咋舌的高度，抑或一文不值，都不能忽視它對人類社會所產生的深遠影響。「比特幣最重要的意義在於為人類開創了一個新的貨幣時代，是繼以商品為基礎和以政治為基礎之後的第三個貨幣時代，即以數學加密為基礎的貨幣時代。」[25]比特幣之所以能夠變革貨幣體系，根本在於比特幣創造了一種新的信任體系。「現行信用體系的不斷發展為維護貨幣品質提供了可能，即通過未來數字貨幣對信用體系的重塑來確定貨幣錨定物，從而維護貨幣品質。」[26]基於區塊鏈的比特幣不僅引發了新一輪貨幣革命，更基礎、更重要的是區塊鏈正在重新構築經濟和社會所依賴的信任基石。比特幣代表的數字貨幣得以發明和發展，形成傳統實體經濟和數字經濟並存，而且數字經濟開始改造傳統實體經濟的局面。

　　比特幣生態圈。比特幣從誕生、發展、流通以及獲得社會接納，是一個看似簡單卻漫長的過程。在這個過程中，有形形色色的組織和個人扮演了重要角色，最終推動一段虛擬代碼，成為今日名副其實的「數字黃金」。同

25　陳鵬：《區塊鏈的本質與哲學意蘊》，《科學與社會》2020 年第 3 期，第 104 頁。

26　陳享光、黃澤清：《貨幣錨定物的形成機制及其對貨幣品質的維護——兼論數字貨幣的錨》，《中國人民大學學報》2018 年第 4 期，第 91 頁。

時，它也打造了一個完整的比特幣生態圈。比特幣生態系統內的參與者，大體可以分為三類：開發者、礦工、用戶。整個比特幣生態圈可分為發行、流通支付、交易投資三大產業群（見圖 2-3）。「比特幣的發行就是不同節點間算力的競爭，隨著比特幣挖掘難度的提高，比特幣系統的整體算力也在不斷提高。比特幣的有限性及其高度缺乏彈性的供應是推動其價格上漲和交易量暴漲的主要因素，而比特幣價格又與比特幣挖礦行業的整體發展有關。」[27] 系統算力總量、單位算力成本、比特幣價格決定挖礦收益，反過來也決定了比特幣挖礦行業的發展狀況。由於比特幣產出是恆定的，對單個挖礦單位來說，算力占比決定能挖到的比特幣數量占比，在比特幣產生量穩定的情況下，降低挖礦成本（如提高礦機效率、降低電費）可以提高挖礦的收益。總體來看，比特幣的價格與系統總體算力增長仍呈高度正相關，而隨著系統總體算力的不斷上升和比特幣挖礦難度的增加，挖礦成本也不斷增加，而這又反過來會推高比特幣的價格。目前，比特幣的應用場景越來越豐富，歸結起來主要有三個用途：跨境轉帳、購買商品或服務、投資。2021 年 6 月，薩爾瓦多以「絕對多數」投票贊成正式通過法案，使比特幣在該國成為法定貨幣，這意味著薩爾瓦多成為史上第一個正式將比特幣定為法定貨幣的國家。[28]薩爾瓦多之所以將比特幣作為法定貨幣，是由於該國的經濟主要依靠現金和匯款（海外打工或移民寄回的錢）。該國有 70%的居民沒有銀行帳戶，而比特幣能夠更加便捷地為居民提供金融服務。

---

27 黃光曉：《數字貨幣》，清華大學出版社 2020 年版，第 46 頁。

28 薩爾瓦多共和國（簡稱薩爾瓦多），是一個位於中美洲北部的沿海國家，也是中美洲人口最密集的國家。2021 年 6 月，總統納伊布·布克爾（Nayib Bukele）發布了一份法案文件，旨在讓比特幣成為一種具備解放力量的不受限制的法定貨幣，未來可自由交易。比特幣在金融基礎設施落後的薩爾瓦多不再只是單純的炒作標的，而是成為一種低成本的金融基礎設施，融入薩爾瓦多居民的生活中。但是，世界銀行表示，鑑於環境和透明度方面的缺陷，其無法幫助薩爾瓦多實現將比特幣作為法定貨幣的計劃。

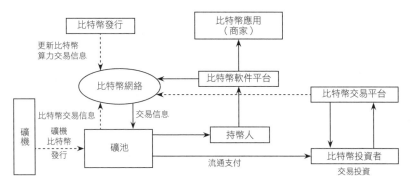

圖 2-3　比特幣生態圈及產業群

資料來源：黃光曉：《數字貨幣》，清華大學出版社 2020 年版，第 46 頁。

比特幣的迷思。比特幣作為一種貨幣現象，它是開創性的，其去中心化思想、分布式網絡架構和發行交易機制等都對數字貨幣甚至是金融發展產生了深刻變革，但其局限性也顯而易見。根據比特幣的原理，由於其發行主要取決於數學算法和計算算力，缺乏經濟理論支撐和現實經濟連接，因此幣值很容易受外界各種偶然事件影響，貨幣價格波動性巨大[29]。顯然，在現實經濟世界中，如果一種貨幣在短期內暴漲暴跌，無論是從價值儲藏還是從支付角度來看，都將被民眾和企業所拋棄。「無錨定私人數字貨幣沒有明確的發行人，也沒有價值錨，因此很難發揮貨幣的三大基本職能，即作為記帳單

29　據比特幣論壇 BitcoinTalk 記載，歷史上第一筆以比特幣支付的交易是用 1 萬個比特幣購買價值 25 美元的披薩，發生在 2010 年 5 月 18 日，即比特幣誕生 16 個月之後。2013 年 10 月 31 日，比特幣價格首次超過 200 美元。2017 年 2 月，比特幣價格首次突破 1000 美元。2018 年 11 月 25 日，比特幣價格跌破 4000 美元大關，後穩定在 3000 多美元。2019 年 4 月，比特幣價格再次突破 5000 美元大關，創年內新高。2020 年 2 月，比特幣價格突破了 10000 美元。2020 年 3 月 12 日，比特幣遭遇黑色星期四，從 8000 美元跌至 3150 美元。2021 年 3 月 12 日，比特幣價格再創新高達到 60000 美元。2021 年 5 月 19 日，比特幣價格暴跌 40%，最低達 3 萬美元。

位、交易媒介和價值貯藏工具。」[30]比特幣等第一代數字貨幣價格的暴漲暴跌進一步為其招來更多批評，致使其在數字資產與數字貨幣的天平上進一步滑向數字資產，使其成為名副其實的投資和投機工具，甚至被批評為洗錢工具。比特幣等第一代數字貨幣價格暴漲暴跌固然受諸多因素影響，但根本原因還是在於其發行設計機制。缺乏穩定的幣值、交易效率低、系統穩定性弱等，都是制約第一代私人發行數字貨幣成為「現實貨幣」的重要因素[31]。比特幣在網絡世界產生和交易，不受地域限制，很容易成為全球投機者追逐的目標，這也是比特幣的風險所在。隨著越來越多的商業交易開始使用比特幣進行支付，越來越多的貨幣兌換開始通過比特幣進行交易，政府也不得不考慮對比特幣進行監管。2013 年 12 月，中國人民銀行、工業和信息化部、中國銀行業監督管理委員會、中國證券監督管理委員會、中國保險監督管理委員會聯合印發的《關於防範比特幣風險的通知》明確，「比特幣不具有與貨幣等同的法律地位，不能且不應作為貨幣在市場上流通使用」。2021 年 5月，國務院金融穩定發展委員會特別強調，「打擊比特幣挖礦和交易行為，堅決防範個體風險向社會領域傳遞」。近年來，關於無錨定私人數字貨幣特別是以比特幣為代表的加密貨幣究竟是一個巨大的投機泡沫還是一場貨幣革命的爭議不斷升級，引發了國際社會的高度關注和監管政策的密集出臺（見表 2-3）。

---

30 劉東民、宋爽：《數字貨幣、跨境支付與國際貨幣體系變革》，《金融論壇》2020 年第
    11 期，第 4 頁。
31 彭緒庶：《數字貨幣創新：影響與應對》，中國社會科學出版社 2020 年版，第 64 頁。

表 2-3 加密貨幣監管政策

國家/組織	發布時間	加密貨幣監管政策
歐盟	2020 年 9 月	歐盟委員會（European Commission）發布提案，提議在歐盟 27 個成員國中制定一套涵蓋所有數字資產交易或發行的法規。據悉，歐盟加密資產市場（MiCA）草案將為加密資產（加密貨幣、證券代幣和穩定幣）提供法律確定性。
G20	2020 年 1 月	金融穩定委員會（FSB）運營委員會會議在瑞士巴塞爾召開，各個機構負責人就非銀行金融機構的風險評估及與穩定幣相關的風險應對方案進行了討論。FSB 強調，在將穩定幣納入全球金融體系之前，應對穩定幣進行風險評估並事先制定相關監管方案。考慮到穩定幣對貨幣政策和 AML 等帶來的影響，有必要加強與國際貨幣基金組織和國際反洗錢機構金融行動特別工作組的合作。
國際證監會	2020 年 3 月	國際證監會組織（IOSCO，全球穩定幣監管問題研究及監管政策建議工作的參與者之一）發布了《全球穩定幣計劃》，報告認為全球性穩定幣可能屬證券監管範疇，全球性穩定幣將非常有可能受要證券法的約束。
印度	2020 年 8 月	印度法院解除了對加密貨幣全面禁令 5 個月後，印度政府正在考慮一項新的禁止加密貨幣的法律，屆時或將不允許在印度使用加密貨幣。
美國	2020 年 7 月	美國貨幣監理署（OCC）高級副審計長兼高級法律顧問喬納森・古德（Jonathan Gould）表示，銀行可以為客戶提供數字貨幣托管服務，包括持有加密貨幣的密鑰。
	2020 年 8 月	美國證券交易委員會（SEC）宣布對《證券法》進行修訂，該修正案允許在個人 401（k）計劃中更大程度地包含加密貨幣，並提供個人投資組合的多元化。
	2020 年 10 月	美聯儲與美國財政部金融犯罪執法網絡（FinCEN）近日邀請公眾對擬議的加密貨幣新規則發表評論。根據新提議的規則，虛擬資產將被定義為「貨幣」，包括「可兌換的虛擬貨幣」（CVC）和作為法定貨幣的數字資產。

國家/組織	發布時間	加密貨幣監管政策
加拿大	2020 年 6 月	加拿大新法案生效，加密貨幣交易所和加密貨幣支付運營商被歸類為提供金融服務的機構，加密貨幣在加拿大開啟合法化程序。
烏克蘭	2020 年 5 月	烏克蘭數字化轉型部發布了「虛擬資產」新法律草案（On Virtual Assets），旨在確定加密資產在該國的法律地位、流通規則和發行規則。
日本	2020 年 5 月	日本對《支付服務法》（Payment Service Act，PSA）和《金融工具與交易法》（Financial Instruments and Exchange Act，FIEA）進行修正，旨在加強對加密資產投資者的保護。

資料來源：杭州區塊鏈技術與應用聯合會、數秦研究院、火鳥財經：《2020 年杭州區塊鏈產業白皮書》，網易網，2021 年 3 月 1 日，https：//hznews.hangzhou.com.cn/cheng shi/content/2021-02/27/content_7917271.html。

二 迪姆幣：一種金融創新實驗

2019 年 6 月，美國臉書（Facebook）公司發布天秤幣（Libra，現已改名為 Diem[32]）白皮書，宣稱要「建立一套簡單的、無國界的貨幣和為數十億人服務的金融基礎設施」，核心即是被業界稱為迪姆幣（Diem）的新型加密貨幣。Diem 旨在基於 Facebook 生態建立超主權私人加密貨幣，此舉引發了世

---

32 Diem 的前身是 Facebook 旗下的「天秤幣」（Libra）項目。Diem 一詞，不僅是對 Libra 區塊鏈的重命名。其開發人員旨在改變天秤幣計劃，以加快監管審批流程，名稱的更改只是這些更改的一部分。開發人員認為 Libra 名稱僅適用於該項目的早期迭代，將 Libra 更名為 Diem 後，主要變化之一就是降低了 Facebook 在該項目中的角色重量。立法者希望該項目能與社交網絡區分開，具有組織獨立性，從而贏得足夠的信任，獲得監管部門的批准。如果能立刻採用 Diem，將為市場和個人用戶均帶來一些顯著優勢。Diem 的推出標誌著加密貨幣使用新時代的來臨，Facebook 擁有數十億全球用戶，這些用戶都會突然成為加密貨幣用戶。參見 Hamilton D. "What is Diem?（Formerly Facebook』s Libra Project）——A detailed analysis". Securities.io. 2020. https://www.secu rities.io/investing-in-diem-facebooks-libra-project-everything-you-need-to-know/.

界範圍內的熱烈討論，引起了區塊鏈專利居全球央行首位的中國人民銀行的高度關注。「Diem 聯合了包括 Visa、Uber 等支付機構、電子商務、區塊鏈公司、投資公司和非營利組織在內的合作方共同發行非主權加密貨幣，發起人的範圍還將進一步擴大，Diem 意圖實現的宏大願景極具震撼力。」[33]2020年4月，Diem 協會發布了 Diem2.0 白皮書，迎來了新的發展階段。Diem2.0推出了分別錨定美元、歐元、英鎊、新加坡元的單一數字貨幣，這些單一數字貨幣可以以權重的方式兌換一籃子合成數字貨幣。Diem 協會為了轉向監管友好型協會，放棄了完全去中心化的未來組織結構模式。總的來說，Diem2.0 增加了大量關於合規方面的設計，這也是較白皮書 1.0 最大的不同。白皮書 2.0 進行了更為深入的闡述：除了錨定多種資產的穩定幣外，我們還會提供錨定單一貨幣的穩定幣；通過穩健的合規性框架提高 Diem 支付系統的安全性；在保持 Diem 主要經濟特性的同時，放棄未來向無許可系統的過渡；在 Diem 儲備的設計中加入強大的保護措施。白皮書指出，「我們的目標是使 Diem 支付系統與當地貨幣和宏觀審慎政策順利整合，並通過啟用新功能、大幅降低成本以及促進金融包容性來補充現有貨幣」[34]。從某種意義上來看，Diem 不是簡單定位於一種數字貨幣，而是意圖成為超越國界和主權的數字世界金融基礎設施，這使其超越了其他數字貨幣的發展邏輯和競爭格局，也對主權貨幣構成了巨大挑戰。

　　超主權貨幣的緣起。超主權儲備貨幣即與任何國家主權脫鉤的「具有穩

33　Libra association members. "An Introduction to Libra". Libra association members. 2019. https://sls.gmu.edu/pfrt/wp-content/uploads/sites/54/2020/02/LibraWhitePaper_en_US-Rev0723.pdf.

34　Libra association members. "An Introduction to Libra". Libra association members. 2019. https://sls.gmu.edu/pfrt/wp-content/uploads/sites/54/2020/02/LibraWhitePaper_en_US-Rev0723.pdf.

定的定制基準且為各國所接受的新儲備貨幣」，並以此作為國際儲備和貿易的結算工具。[35]「不同於現有多數數字貨幣，Diem 是借鑒國際貨幣基金組織（IMF）的特別提款權（SDR）理念和按照國際貨幣的定位來設計的，具有穩定性、低通脹性、全球接受度和可替代性，其支付功能體現了作為交換媒介的基本貨幣職能。」[36]Diem 包括三大核心模塊：一是安全、可擴展和可靠的區塊鏈——Diem 區塊鏈（技術基礎）；二是支撐內在價值的資產儲備——Diem 儲備（價值基礎）；三是獨立的金融生態系統發展治理——Diem 協會（治理基礎）。從經濟實質而言，儲備是 Diem 系統最為關鍵的部分（見表 2-4）。Diem 能否成為超越主權的全球貨幣，主要取決於市場接受度，與是否由國家信用背書無關。因此，雖然 Facebook 宣稱 Diem 不與任何主權貨幣競爭，或進入任何貨幣政策領域，但顯然，如果沒有各國金融監管機構的干預，依靠強大技術基礎、龐大用戶規模和未來形成的可靠消費體驗與豐富應用生態，Diem 不僅是一種私有加密數字貨幣或簡單便捷的支付工具，還將成為以區塊鏈技術為支撐，以穩定幣值和數十億用戶信用為背書，超越國家主權的超級貨幣。因此，非主權貨幣的產生和發展與國家及政府不存在關聯性，它也最接近英國著名經濟學家及社會思想家哈耶克提出的貨幣非國家化的理念[37]。如同法幣一樣，非主權貨幣也是「無中生有」的，只是法幣需要

---

35 超主權貨幣的嘗試也許可以以國際貨幣基金組織的特別提款權（SDR）為發端，儘管 1969 年 SDR 問世以來，其使用局限於國家間的支付結算、國際儲備等領域，總體運作難說有多大成功，但可視作一種嘗試。2008 年國際金融危機爆發後，中國金融學會會長、中國人民銀行原行長周小川提出要建立一種與主權國家脫鈎，並能保持幣值長期穩定的國際儲備貨幣，並且認為特別提款權具有超主權儲備貨幣的特徵和潛力（周小川：《關於改革國際貨幣體系的思考》，《理論參考》2009 年第 10 期，第 8-9 頁）。

36 彭緒庶：《數字貨幣創新：影響與應對》，中國社會科學出版社 2020 年版，第 76 頁。

37 弗里德里希・奧古斯特・馮・哈耶克（又譯為海耶克，Friedrich August von Hayek，1899-1992）是奧地利出生的英國知名經濟學家、政治哲學家，1974 年諾貝爾經濟學獎得主，被廣泛譽為 20 世紀最具影響力的經濟學家及社會思想家之一。《貨幣的非國

國家政府背書，而非主權貨幣則是使用者和受益者背書。不僅如此，非主權貨幣的「無中生有」需要以一個規則、一個算法、一種技術為基礎。

表 2-4　Diem **儲備的核心機制**

目標特徵	穩定、低通脹、全球可接收、可分制
貨幣生成	用戶將加密貨幣轉移給驗證節點，Diem 協會根據驗證節點提出的貨幣發行要求生成 Diem，用戶獲得 Diem。
價值支撐	低波動的資產集合，例如銀行存款和短期政府證券。
價值錨定	不與單一貨幣掛鈎，而採用類似於國際貨幣基金組織推出的特別提款權（SDR）錨定一籃子貨幣。Diem 的價值將隨著支撐資產的價格波動而波動，而這些資產價格穩定，持有者可以信賴 Diem 的價值是穩定的。
收益分配	Diem 底層資產的收益（利息）將會用於承擔系統運行的成本來保證低手續費和支付給建立 Diem 生態的早期投資者，Diem 的用戶不會獲得收益。

全球性穩定幣。穩定幣是數字代幣，通常在分布式帳本上進行交易，並依賴於加密驗證技術進行交易，目標是實現相對於法定貨幣的穩定價值。原則上，穩定幣允許用戶保護其持有的名義價值。「穩定幣本質上是去中心加密世界的邊緣，在價格穩定方面，無論其形式如何，通常需要某種值得信賴的中介或其他集中的基礎設施。」[38]作為商品交換的一般等價物，貨幣是商

家化》是哈耶克晚年最後一本經濟學專著。他在書中顛覆了正統的貨幣制度觀念：既然在一般商品、服務市場上自由競爭最有效率，那為什麼不能在貨幣領域引入自由競爭？哈耶克提出了一個革命性建議：廢除中央銀行制度，允許私人發行貨幣，並自由競爭，這個競爭過程將會發現最好的貨幣。該書出版後在西方引起強烈反響，由此引發的爭論至今沒有結束。

38 龍白濤：《數字貨幣：從石板經濟到數字經濟的傳承與創新》，東方出版社 2020 年版，第 313 頁。

品價值的衡量，有要求幣值穩定的內在需要。絕大多數比特幣發行數目固定，只能通過「挖礦」或交易獲得，而「挖礦」出幣效率隨時間遞減，被認為天然具有通縮特徵，貨幣發行規模與實體經濟規模缺乏任何相關性。由於不錨定任何法定貨幣，缺乏基礎資產支持，投機和投資成為比特幣的主要用途，價格波動性極大。因此，幣值相對穩定既是其追求的目標及被廣泛接受的重要標準，也是未來私人數字貨幣的演進方向。從本質上來說，穩定幣是一種具有「錨定」屬性的加密貨幣，通過錨定鏈下資產來維持其幣值的穩定，其中最具代表性的便是「Diem」。Diem 通過完全準備金制約束發行數量，同時與美元資產掛鈎，確保幣值穩定。這不僅使 Diem 具有加密數字貨幣開放性和匿名性的特點，而且通過與法幣掛鈎提高了其貨幣價值的穩定性，使其成為一種具有內在穩定價值的天然「穩定幣」，獲得了等同於央行背書的信用擔保，理論上它完全可以替代現有法定貨幣作為商品交換媒介和儲藏手段。隨著 Diem 在演進過程中不斷完善，尤其是在幣值穩定和提高交易效率後，其匿名和隱私保護等特性的優勢被進一步放大，而其超主權貨幣特徵則進一步顯現，將很快影響和挑戰主權貨幣。[39]Diem 以一系列法定貨幣計價的資產為儲備資產，幣值相對於加密貨幣更為穩定。一方面，Diem 可以發揮分布式帳本擁有的即時交易、可編程、開放和匿名等特點；另一方面，Diem 掛鈎鏈外價值，提供「混合駐錨」的實踐載體，緩解主權貨幣作為國際貨幣存在的「特里芬難題」。不難看出，在數字化時代，影響某一潛在國際貨幣成敗的因素，制度慣性的作用已經大大減弱，但其內在穩定依舊是重要因素。也就是說，比特幣等缺乏價值錨的數字貨幣難以成為國際貨幣，而 Diem 則真正構成了對現有貨幣體系的挑戰。

Diem 的國際風險與挑戰。Diem 早期計劃與多種法幣掛鈎，而非與單一

39　彭緒庶：《數字貨幣創新：影響與應對》，中國社會科學出版社 2020 年版，第 75 頁。

美元掛鉤，既是為了保證 Diem 的跨境功能和幣值穩定，也是試圖模糊其貨幣屬性和鑽各國金融監管空子。如果 Diem 成為超國家主權貨幣，加上其幣值穩定性、支付和轉帳匿名且安全、應用場景豐富，將會首先挑戰發展中國家貨幣主權。尤其是在那些面臨通貨膨脹和貨幣貶值的國家，居民和機構將更加願意使用 Diem，並將其作為儲備資產，最終不僅是 Diem 在法定貨幣體系之外循環，衝擊國家貨幣體系、儲備體系甚至是金融體系，這些國家貨幣也將失去鑄幣權而可能走向貨幣 Diem 化。其次，即使 Diem 暫時未能實現對某些國家法定貨幣的替代，對於包括人民幣在內的未能進入 Diem 錨定貨幣籃子的法定貨幣，其國際地位和國際化進程也必將隨著 Diem 在全球範圍內的推廣和應用普及而受到影響。最後，對進入 Diem 錨定貨幣籃子的包括美元在內的法定貨幣，其國際影響力將在短期內得到進一步提升，但中長期內，因 Diem 在支付和跨境轉帳中具有現有貨幣支付和轉帳無法比擬的低成本和便捷、匿名、安全等優勢，Diem 的廣泛應用最終也將挑戰甚至瓦解美元和 SWIFT[40]在國際支付體系中的主導地位。因而美國等國以 Diem 容易助長走私、洗錢和毒品等非法交易的名義批評甚至反對 Diem，不僅因為 Facebook 前期出現了濫用客戶隱私數據的案例，更主要的是因為按照現有設計路徑，未來交易和跨境支付，甚至包括資產儲備很可能大量使用 Diem，這將不可避免地挑戰各國的貨幣主權，瓦解美元和 SWIFT 支付體系的國際金融主導作用。在 Diem2.0 白皮書中，Facebook 宣稱將先引入錨定主要國家

40　SWIFT（Society for Worldwide Interbank Financial Telecommunications——環球同業銀行金融電訊協會），是一個國際銀行間非營利性的國際合作組織，總部設在比利時的布魯塞爾，同時在荷蘭阿姆斯特丹和美國紐約分別設立交換中心（swifting center），並為各參加國開設集線中心（national concentration），為國際金融業務提供快捷、準確、優良的服務。SWIFT 運營著世界級的金融電文網絡，銀行和其他金融機構通過它與同業交換電文（message）來完成金融交易。除此之外，SWIFT 還向金融機構銷售軟件和服務，其中大部分的用戶都在使用 SWIFT 網絡。

法幣的單幣種，這顯然是一種「緩兵之計」，也從側面說明未來 Diem 等數字貨幣的演進對主權國家貨幣帶來的影響和挑戰。

三　數字人民幣：主權數字貨幣

「貨幣天生就是競爭的利器，而來自於貨幣間的競爭由來已久。」[41]進入數字時代，貨幣競爭從更深層次、更寬領域、更廣維度呈加劇化態勢，從傳統貨幣競爭轉向數字貨幣競爭，在很多領域甚至顛覆了貨幣原有形態。加上數字技術不斷迭代升級和創新融合，促使數字貨幣不斷拓寬應用場景，也使貨幣競爭在多領域、多層次激烈展開，並且為國家超前布局數字法幣戰略打下基礎。數字人民幣是中國人民銀行向公眾提供的公共產品，央行高度重視法定數字貨幣的研發。「2014 年，成立法定數字貨幣研究小組，開始對發行框架、關鍵技術、發行流通環境及相關國際經驗等進行專項研究。2016年，成立數字貨幣研究所，完成法定數字貨幣第一代原型系統搭建。2017年末，經國務院批准，人民銀行開始組織商業機構共同開展法定數字貨幣（以下簡稱數字人民幣，字母縮寫按照國際使用慣例暫定為『e-CNY』）研發試驗。目前，研發試驗已基本完成頂層設計、功能研發、系統調試等工作，正遵循穩步、安全、可控、創新、實用的原則，選擇部分有代表性的地區開展試點測試。」[42]《中共中央關於制定國民經濟和社會發展第十四個五

41　白津夫、白兮：《貨幣競爭新格局與央行數字貨幣》，《金融理論探索》2020 年第 3 期，第 3 頁。

42　數字人民幣（DC/EP 或 e-CNY）是由中國人民銀行發行的數字形式的法定貨幣，由指定運營機構參與運營，以廣義帳戶體系為基礎，支持銀行帳戶松耦合功能，與實物人民幣等價，具有價值特徵和法償性。其主要含義是：第一，數字人民幣是央行發行的法定貨幣。第二，數字人民幣採取中心化管理、雙層運營。第三，數字人民幣主要定位於現金類支付憑證（M0），將與實物人民幣長期並存。第四，數字人民幣是一種零售型央行數字貨幣，主要用於滿足國內零售支付需求。第五，在未來的數字化零售支付

年規劃和二〇三五年遠景目標的建議》提出，「建設現代中央銀行制度，完善貨幣供應調控機制，穩妥推進數字貨幣研發，健全市場化利率形成和傳導機制」。我國龐大的消費市場和豐富的消費場景將為數字人民幣發展提供重要支撐。

　　從混亂到法定。隨著數字技術進步和應用場景創新，各種數字貨幣應運而生，從最初的電子化的代幣，到數字化支付寶、微信，以及多種形式的虛擬幣、企業幣，可謂層出不窮、花樣翻新。目前，數字貨幣超過幾千種，且處於不同的金融生態之中，已經形成過度競爭的局面。法定貨幣是指國家發行且形式上不存在固有價值的貨幣，理論上包含信用貨幣和主權貨幣。「法定數字貨幣不是簡單的法定貨幣數字化，而是獨立存在的、代表法定貨幣價值的數字單元，它本身就是法定貨幣。」[43]在法定貨幣起步階段，商業銀行兌付危機是政府的最大夢魘，主要原因是流動性管理不善——這與如今的情況並無不同。與此同時，「兌付危機會使公眾對貨幣信用的疑慮升級成恐懼，要求銀行將紙幣兌換回黃金，從而使金融市場危機升級為貨幣危機」[44]。數字穩定幣本身的技術並不完善，也存在數字貨幣本身的缺陷，以及其他現實障礙和突出問題，制約了穩定幣的進化和發展。貨幣體系的變革

體系中，數字人民幣和指定運營機構的電子帳戶資金具有通用性，共同構成現金類支付工具。2019 年末以來，人民銀行遵循穩步、安全、可控、創新、實用原則，在深圳、蘇州、雄安、成都及 2022 北京冬奧會場景開展數字人民幣試點測試，以檢驗理論可靠性、系統穩定性、功能可用性、流程便捷性、場景適用性和風險可控性。2020 年 11 月開始，增加上海、海南、長沙、西安、青島、大連 6 個新的試點地區。數字人民幣研發試點地區的選擇綜合考慮了國家重大發展戰略、區域協調發展戰略以及各地產業和經濟特點等因素，目前的試點省市基本涵蓋長三角、珠三角、京津冀、中部、西部、東北、西北等不同地區，有利於試驗評估數字人民幣在我國不間區域的應用前景（中國人民銀行數字人民幣研發工作組：《中國數字人民幣的研發進展白皮書》，2021 年 7 月）。

43 楊東、馬揚：《與領導幹部談數字貨幣》，中共中央黨校出版社 2020 年版，第 126 頁。
44 蕭遠企：《貨幣的本質與未來》，《金融監管研究》2020 年第 1 期，第 7 頁。

最終可能還是要通過央行法定數字貨幣的形式來實現。在各國之間還會有一場激烈的數字法幣博弈，而主要國家也必然都在積極探索和戰略布局，準備著應對即將到來的「貨幣戰爭」，這也預示著數字法幣的興起。「數字法幣就是一個國家或地區政府發行或以法令形式認可其合法流通的數字貨幣，也被稱為法定數字貨幣（digital fiat currency，DFC）。」[45]在技術信用的基礎上，設計完整科學的管理體制和運行機制，建立在「技術信用＋管理信用」基礎上的「法定」數字貨幣，則可以解決現有信用貨幣錨缺失的問題，有望成為未來全球貨幣體系的主導貨幣。最為典型的是我國正積極推動的數字人民幣實踐，它並不是一種新的貨幣，本質上是數字形式的法定貨幣，也就是人民幣的數字化形態（見表 2-5）。「數字人民幣是由人民銀行發行具有國家信用背書的法定貨幣，是數字形式的人民幣」[46]，數字人民幣的推出有保護貨幣主權和法幣地位的積極作用。

45　彭緒庶：《數字貨幣創新：影響與應對》，中國社會科學出版社 2020 年版，第 78 頁。
46　葛孟超、吳秋餘：《數字人民幣支付新選擇》，《人民日報》2021 年 1 月 18 日，第 18 版。

表 2-5　數字人民幣（DC/EP）簡介

名稱	Digital Currency Electronic Payment，簡稱 DE/CP
定義	由中國人民銀行發行的具有價值特徵及 M0 屬性的數字支付工具
特徵	1. 央行的數字貨幣屬法幣，具有法償性，任何中國機構和個人均不能拒絕 DC/EP 2. 功能和屬性跟紙幣完全一樣，只不過其形態是數字化，需手機下載數字錢包使用 3. 採取「雙離線支付」，交易雙方都離線，也能進行支付。只要手機有電，即使沒有網絡也可以實現支付
DC/EP 的必要性	1. 保護中國的貨幣主權和法幣地位 2. 現在的紙鈔、硬幣成本較高 3. 現在人們對紙幣的需求越來越低 4. 滿足公眾匿名支付的需求
DC/EP 如何運營	雙層運營模式，即「人民銀行——商業銀行」、「商業銀行——老百姓」
DC/EP 技術路線	採取混合架構，不預設技術路線；只要商業機構能夠滿足央行對於並發量、客戶體驗以及技術規範的要求，無論採取哪種技術路線都可，央行並不會干涉
DC/EP 投放方式	跟紙鈔投放一樣，商業銀行在中央銀行開戶，繳納足額準備金，老百姓在銀行開立數字錢包
DC/EP 的法償性	具有無限法償性
普通民眾如何使用 DC/EP	用戶不需要去商業銀行，只要下載一個 App 註冊錢包就可以使用了；兌換數字貨幣，可以通過銀行卡進行兌換；取現金會按照現行的現金管理規定，設置一定的限額等
DC/EP 數字貨幣錢包的使用	出於反洗錢考慮，錢包內存儲金額有限額，會有 3 個或者多個級別，實名認證程度越高，額度就越高
DC/EP 如何應對洗錢	利用大數據，雖然普通的交易是可控匿名的，但用大數據識別出一些行為特徵的時候能夠獲得其真實身分

資料來源：蔣鷗翔、張磊磊、劉德政：《比特幣、Libra、央行數字貨幣綜述》，《金融科技時代》2020 年第 2 期，第 12 頁。

主權數字貨幣。「主權數字貨幣（sovereign digital currency，SDC）是指以國家主權作為最終信用來源和信用基礎而發行和流通的數字貨幣類型，國家主權作為最終信用擔保和信用基準是主權數字貨幣的顯著特徵。」[47]一般認為，主權數字貨幣作為主權貨幣的另一種形式，與主權信用等價，本質上與現金相同，屬銀行負債，具有國家信用，可作為日常支付手段，與法定貨幣等值或固定比值。從靜態來看，主權貨幣信用制度的建立包括以下三個要素。第一，主權信用成為信用制度之錨。具體包括兩層含義：一是主權信用成為貨幣信用的基礎。信用貨幣自身是沒有價值的「廢紙」，其仰賴自身信用價值消除流通中的不信任，後者源自商品交換時的信息不對稱。二是主權信用的中心化趨勢。主權信用賦予貨幣信用的作用不是天然的，其賦予不同法定貨幣的信用也並不相同。第二，貨幣信用創造體系應當具有良好的調節能力。信用貨幣擺脫了對固有價值的依賴，貨幣發行方就需要承擔信用供給調整的職責，以確保貨幣信用及其價值。第三，金融市場的穩定。「主權信用中心化的本質是主權信用向部分國家集中，只有政治經濟穩定、法律制度完善和市場環境開放的國家的貨幣，才會成為主權信用之錨。」[48]「作為數字貨幣的核心要素，區塊鏈可以劃分為公有鏈、私有鏈等多種應用。私人數字貨幣強調『去中心、去主權』的貨幣設計，中央銀行同樣也可以應用區塊鏈技術設計發行『中心化』的法定數字貨幣，並使其得到國家主權的保護，這比純私人數字貨幣具有更強的權威性和流通性。」[49]「國家法定貨幣的數字化便是主權區塊鏈實踐的最初形態之一。以比特幣為代表的私權區塊鏈之

---

47 保建雲：《主權數字貨幣、金融科技創新與國際貨幣體系改革——兼論數字人民幣發行、流通及國際化》，《人民論壇·學術前沿》2020 年第 2 期，第 25 頁。

48 蕭遠企：《貨幣的本質與未來》，《金融監管研究》2020 年第 1 期，第 6 頁。

49 蔡慧、吳懷軍：《「一帶一路」倡議下人民幣國際化的研究》，《中國集體經濟》2019年第 32 期，第 8 頁。

所以流行與活躍，很大程度上是由於主權國家在數字貨幣領域的缺位。主權區塊鏈的出現會極大地限制私權區塊鏈的價值和意義。」[50]主權數字貨幣對國際貨幣體系乃至國際金融治理體系都將產生深遠影響。

　　數字人民幣的理想與現實。中國以國家數字貨幣為基礎推動主權區塊鏈，這會在區塊鏈的基礎服務提供等方面發揮引領作用，數字人民幣的背後是整個國家的信用支撐。對於任何一種貨幣而言，穩定的信用體系無疑是其價值與流通的根本，在一定程度上以國家信用為背書的數字法幣無疑具備著極大的優勢，雖然在當前的條件下，全球央行數字貨幣尚未得到廣泛的應用實踐，但是數字法幣與生俱來的信用基礎，以及法幣所覆蓋的範圍，且在成本、效率、監管等方面逐步顯現出的優勢，都能構成數字法幣對穩定幣的降維打擊。因此，主權數字貨幣可能會姍姍來遲，但在最後的賽道上仍然有奪冠的極大可能。「數字人民幣作為大國主權數字貨幣的代表，能夠成為國際貿易、跨國資本流動、跨國產業投資的計價、支付和結算手段並能夠在國際社會扮演重要的儲備貨幣角色。」[51]數字人民幣的發行將有效降低匿名偽造鈔票、洗錢、非法集資和民間融資等風險，增強貨幣監管能力，防範化解金融風險。但是，現階段的數字貨幣尚處於初級發展階段，相應的技術應用和制度安排在很大程度上具有不適應性、不穩定性與不確定性。「數字貨幣的發展在為人民幣國際化提供機遇的同時也帶來了一定的挑戰，尤其是錨定或主要錨定美元的穩定幣的國際使用可能會進一步增強美元在國際貨幣體系中的主導地位，遏制多極化國際貨幣體系包括人民幣國際化的發展。」[52]數字

50　高奇琦：《主權區塊鏈與全球區塊鏈研究》，《世界經濟與政治》2020 年第 10 期，第 54 頁。

51　保建雲：《主權數字貨幣、金融科技創新與國際貨幣體系改革——兼論數字人民幣發行、流通及國際化》，《人民論壇・學術前沿》2020 年第 2 期，第 24 頁。

52　王旭、賈媛馨：《數字化背景下的國際貨幣競爭及其對人民幣國際化的啟示》，《南方金融》2020 年第 5 期，第 19 頁。

人民幣以國家信用為支撐，如果能為公眾提供安全可信、高效便捷、較低成本的公共支付工具，必將成為數字經濟時代的公共基礎設施和新型公共產品。對此，我國需要從技術、制度等多個維度共同推動未來數字人民幣體系的發展。總之，數字人民幣的發行、流通和國際化，將助推人民幣承擔「服務中國人民和世界人民」的貨幣功能。

第三節
國際貨幣體系再平衡

「國際貨幣是指某一主權國家的法定貨幣突破了地理疆域和政治界域，而成為國際貿易、商品計價和價值儲藏所使用的貨幣。」[53]當前的國際貨幣體系仍保持著「中心—外圍」結構，即作為美國主權信用貨幣的美元在國際貨幣體系中處於中心位置，並成為被其他國家「外圍貨幣」所緊密圍繞的「核心貨幣」。數字化使貨幣競爭正在發生全域性變化，央行數字貨幣成為競爭的新焦點，一場圍繞主權數字貨幣的博弈正全面展開，這將從更深層次上推動貨幣體系變革甚至重塑整個經濟生態。中國需要充分利用當代金融科技創新的最新成果，推進構建以人民幣為基準的主權數字貨幣，在「一帶一路」倡議下構建新的「中心—外圍」人民幣國際化體系，促進國際貨幣體系及全球金融治理體系的平衡穩定，為構建公平公正的國際政治經濟新秩序貢獻中國方案和中國智慧。在全球化背景下，隨著正在到來的貨幣數字化浪潮，全球應積極謀劃、充分參與、加強交流、攜手共進，在「為全人類建立更公平、穩定的貨幣體系」這一符合多數國家利益訴求共識的指導下，加快

---

53 Cooper R. "Prolegomena to the choice of an international monetary system". *International Organization*, 1975, Vol.29, p. 65.

制定和完善競爭機制和標準規範，推動構建更為公平、更具效率的國際貨幣新體系。

數字貨幣的全球版圖

近年來，各國央行對於發行央行數字貨幣的態度變得更加積極開放，未來數字貨幣競爭會改變甚至重塑國際貨幣體系。數字貨幣是區塊鏈最為重要的應用之一，2020 年是數字貨幣制度創新及實踐落地的關鍵之年，各國紛紛出臺法定數字貨幣推進計劃。2020 年 4 月，國際清算銀行發布報告鼓勵各國中央銀行在新型冠狀病毒感染的肺炎疫情防控期間推動央行數字貨幣和數字支付的研發。截至 2021 年 1 月，國際貨幣基金組織官網發布報告稱，在 174 個成員的央行法律中，發現約 40 個成員被合法允許發行數字貨幣，但全球近 80％的央行根據其現行法律不被允許發行數字貨幣或其法律框架不明確。福布斯認為，各種跡象表明美國已經正式進入「全球多國央行競爭推出首款央行數字貨幣的火熱戰局」。數字貨幣的不斷演進，特別是以主要國際貨幣為錨的主權數字貨幣的不斷發展，必將給國際貨幣體系帶來前所未有的衝擊、挑戰和考驗。毋庸置疑，數字貨幣將為國際貨幣體系變革提供新的方向，我們更應該把握以數字貨幣為代表的金融科技高速發展機遇，利用數字貨幣的優勢推動國際貨幣體系第三次尋錨的完成。

全球數字貨幣的崛起。 自「中本聰」創建比特幣以來，全球範圍內數字貨幣的種類迅速增加。早期的數字貨幣價值波動大，主要用於投資活動，被認定為「資產」而非「貨幣」。隨著數字穩定幣的出現以及央行數字貨幣被提上日程，數字貨幣的「貨幣」職能逐漸顯現。特別是央行數字貨幣和數字穩定幣的應用將形成廣泛的分布式支付網絡，有望成為下一代金融基礎設施的重要組成部分，並逐步對國際貨幣體系的多元化變革產生持續推動力。2020 年，動盪激變的世界經濟形勢為央行數字貨幣的加碼研發提供了新機

遇，各國央行數字貨幣發展進入快車道（見表 2-6）。「當前全球貨幣競爭核心聚焦於主權數字貨幣，也就是央行數字貨幣的競爭。」[54]2021 年 6 月 2日，歐洲央行發布報告稱，「發行央行數字貨幣將有助於保持國內支付系統的自主性，以及在數字貨幣世界中對一種貨幣的全球化使用」。當前，全球都在關注中國和美國的舉動，因為主權貨幣數字化，需要有強大的經濟體系來支撐。同樣，依托強大經濟體系的央行數字貨幣一旦推出落地，也會對整個經濟體系帶來牽動性影響，甚至會重構全球金融體系和經濟格局。伴隨區塊鏈技術的發展和賦能，全球掀起創建數字貨幣的熱潮，眾多主權國家紛紛加快推進數字貨幣的部署，越來越多國家對數字貨幣表態，相關研發正緊鑼密鼓進行中。因此，預計在未來較長時間內，各國央行將積極推行央行數字貨幣，從而在未來的數字貨幣世界話語權爭奪中占據主動權。

表 2-6　各國央行數字貨幣研究現狀

國家	探索情況
中國	・2014 年，中國人民銀行成立法定數字貨幣研究小組，論證央行發行法定數字貨幣的可行性。 ・2016 年 1 月，中國人民銀行召開數字貨幣研討會，論證央行數字貨幣對中國經濟的意義，並認為應儘早推出央行數字貨幣。 ・2017 年末，在國務院批准下，開展 DC/EP 的法定數字貨幣研發工作。 ・2019 年 11 月，中國人民銀行副行長范一飛表示，央行法定數字貨幣已基本完成頂層設計、標準制定。 ・2020 年 4 月，央行法定數字貨幣推進試點測試，將先行在深圳、蘇州、雄安、成都及未來的冬奧會場景進行內部封閉試點測試。

54　白津夫、白兮：《貨幣競爭新格局與央行數字貨幣》，《金融理論探索》2020 年第 3 期，第 4 頁。

國家	探索情況
美國	・2020 年 2 月，美聯儲主席表示，美聯儲正在對央行數字貨幣進行研究，但尚未決定是否推出。 ・2020 年 5 月 29 日，數字美元項目發布 The Digital Dollar Project Exploring a US CBDC 白皮書，為創建美國中央銀行數字貨幣（CBDC）提出框架，第一次明確了數字美元的推進計劃。 ・2021 年 2 月，美聯儲主席鮑威爾表示數字美元是優先級很高的政策項目，美聯儲正在研究發行 CBDC 的可行性。
英國	・2015 年 3 月，英國央行宣布規劃發行一種數字貨幣。 ・2016 年，在英國央行授意下，英國倫敦大學研發法定數字貨幣原型──RSCoin 以提供技術參照框架。 ・2020 年 3 月，英國央行發表央行數字貨幣報告，探討向數字經濟轉變。
新加坡	・2016 年 11 月，新加坡金融管理局和區塊鏈聯盟 R3 合作推出 Project Ubin，探索分布式帳本技術在數字貨幣領域的應用。 ・2019 年，新加坡金融管理局和加拿大銀行完成了使用央行數字貨幣進行跨境貨幣支付的試驗。
韓國	・2020 年 4 月，韓國中央銀行宣布已啟動長達 22 個月的央行數字貨幣試點計劃，在 2020 年 3 月至 2021 年 12 月，將逐步完成對央行數字貨幣發行的技術和法律審查，業務流程分析以及最後的構建和測試。
瑞典	・2017 年 9 月，瑞典央行啟動 E-Krona 計劃，探索法定數字貨幣在零售支付方面的可行性。 ・2018 年 4 月，瑞典央行宣布將與 IOTA 區塊鏈公司合作，研發推出國家數字貨幣。 ・2020 年，瑞典央行宣布，預計將於 7 月份開展數字貨幣試點。
加拿大	・2016 年 6 月，區塊鏈聯盟 R3 與加拿大銀行共同發起法定數字貨幣 Jasper 項目。 ・2019 年，新加坡金融管理局和加拿大銀行完成了使用央行數字貨幣進行跨境貨幣支付的試驗。
俄羅斯	・2017 年 10 月，俄羅斯總統普京正式宣布，俄羅斯將在莫斯科舉行的閉門會議上發布官方數字貨幣──加密盧布。

國家	探索情況
菲律賓	・2020 年 7 月，菲律賓央行行長稱，央行已成立一個委員會研究發行央行數字貨幣的可行性以及相關政策影響。
挪威	・2018 年 5 月，挪威央行發布的一份工作文件表示央行正在考慮開發法定數字貨幣作為現金的補充，以「確保人們對當前貨幣體系的信心」。 ・2019 年 5 月，挪威央行的工作組發布央行數字貨幣報告，報告表明，隨著公民退出使用物理形式的貨幣，銀行必須考慮「一些重要的新屬性以確保高效穩健的支付系統」。
馬紹爾群島	・2018 年 3 月，馬紹爾群島議會通過立法正式宣布其將通過 ICO 的方式發行數字貨幣 Sovereign（SOV）作為法定貨幣。 ・2019 年 9 月，馬紹爾群島官方透露，即將推出的國家數字貨幣 SOV 將可以通過預訂的方式獲得。
委內瑞拉	・2018 年 2 月，推出官方石油幣，成為全球首個發行法定數字貨幣的國家。
厄瓜多爾	・2014 年 12 月，厄瓜多爾推出了電子貨幣系統。 ・2015 年 2 月，運營電子貨幣系統和基於該系統的厄瓜多爾幣，市民可通過該系統在超市、銀行等場景支付。 ・2018 年 3 月，政府宣告系統停止運行。
突尼斯	・2015 年，突尼斯央行探索將區塊鏈技術應用於其國家貨幣 Dinar，推出本國貨幣 Dinar 的數字版本「E-Dinar」，成為全球首個發行由法定貨幣支持的數字貨幣的國家。 ・2019 年 11 月，突尼斯央行稱，正致力於金融數字化，目前處於檢查所有現有替代品的階段，其中包括中央銀行數字貨幣（CBDC）。
塞內加爾	・2016 年 12 月，塞內加爾央行發布基於區塊鏈的數字貨幣 eCFA，由當地銀行和一家位於愛爾蘭的創業公司 eCurrency Mint Limited 協助發行。
海地	・2019 年 6 月，海地央行正在計劃試點區塊鏈支持的數字貨幣。

國家	探索情況
泰國	· 2018 年 10 月，泰國政府發行數字貨幣 CTH 120 億枚。 · 2019 年 7 月，泰國央行副行長公開表示，其與中國香港金融管理局共同合作研發的數字貨幣項目正式進入第三階段。 · 2020 年 1 月，中國香港金融管理局與泰國央行公布數字貨幣聯合研究計劃——Inthanon-LionRock 項目的成果，並發表研究報告。
紐西蘭	· 2021 年 9 月，紐西蘭聯儲表示，數字貨幣將通過以下方式支持央行貨幣的價值錨定角色：一是為個人和企業提供將私人發行的貨幣轉換為央行貨幣的數字形式的選擇，確保私人貨幣與央行貨幣的長期可兌換性。二是改進央行貨幣的技術形式，以確保其在數字未來中仍具有相關性。三是提供一種額外的貨幣政策工具，通過發行該貨幣以提供貨幣刺激或計息。紐西蘭聯儲表示，數字貨幣還可以提高國內支付的效率和彈性，並使紐西蘭能夠參與使用 CBDC 改善跨境支付的全球計劃。不過，紐西蘭聯儲同樣表示，CBDC 並非沒有挑戰，需要深思熟慮。
烏拉圭	· 2017 年 11 月，烏拉圭央行推出一項為期 6 個月的零售數字貨幣的試點計劃，用於發行和使用烏拉圭比索的數字版本。
立陶宛	· 2018 年，立陶宛啟動了 LBChain 區塊鏈平臺項目，積極研究區塊鏈和數字貨幣。 · 2019 年 12 月，立陶宛央行批准數字貨幣 LBCoin 的實物樣本，代幣基於區塊鏈，於 2020 年春季發行。 · 2020 年 1 月，立陶宛央行表示正繼續努力加強數字貨幣工作。
巴哈馬	· 2020 年 10 月，巴哈馬的央行宣布推出由國家擔保的虛擬貨幣「沙元」（Sand Dollar）正式上線，巴哈馬居民可以通過手機 App 或實體卡片在國內廣泛使用。

主權貨幣背後的國家競爭。「貨幣的根本屬性是國家利益，貨幣是國家利益的價值符號。」[55]貨幣不僅僅是效率和成本的問題，還是權力的象徵。

55　劉珺：《人民幣國際化的數字維度》，《金融博覽》2020 年第 9 期，第 30 頁。

數字貨幣的出現將加劇主權貨幣的競爭與博弈，為主權貨幣的競爭提供新的競爭維度。從貨幣角度看，央行數字貨幣與實物貨幣性質相同，都是央行負債，但其表現形式不同。而從貨幣技術及其背後的框架結構看，央行數字貨幣與現有銀行體系有很大的不同。因此，數字時代主權貨幣的競爭不僅要考慮一個國家的綜合實力、經濟規模、金融市場成熟度、貨幣可兌換性等，還要考慮一個國家的數字技術水平、大型科技公司實力以及公眾數字素養水平等。事實上，由於貨幣的本質是一種基於共識的信用，因而貨幣競爭本身就是對共識信用的競爭。「當前國際貨幣體系的確立正是國家主權信用競爭的結果，即現行國際貨幣體系中的美元中心化就是美國的信用部分或全部代替了他國的信用。」[56]央行數字貨幣的出現使貨幣競爭發生根本性變化。從技術上，可以在線和離線支付；從功能上，支付領域可延展至更廣領域、更深層次；從定位上，作為主權數字貨幣將全面提升國際競爭力。更重要的是「央行數字貨幣完全超出貨幣本身意義，它是以國家信用為基礎的主權貨幣數字化，具有超強信譽度並直接挑戰現有貨幣體系」[57]。特別是近年來，隨著現金作為央行負債的使用率不斷下降，私人數字貨幣興起，比特幣、全球穩定幣等加密資產正試圖發揮其貨幣職能，開啟新一輪私鑄貨幣、外來貨幣和法定貨幣的博弈。可以看出，這是一場「新型貨幣戰爭」，且已經在全球範圍內全面展開。

數字貨幣重塑國際貨幣體系。眾所周知，國際貨幣需具備三種功能，分別是計價單位、價值存儲和支付手段，但這三種功能的重要性並不相同。歷史經驗和理論分析都表明，在國際貨幣的演變過程中，支付手段功能最為重

---

56 Ronald McKinnon. "Currency substitution and instability in the World Dollar Standard". *American Economic Review*, 1984, Vol.74, pp. 1129-1131.

57 白津夫、白兮：《貨幣競爭新格局與央行數字貨幣》，《金融理論探索》2020 年第 3 期，第 5 頁。

要。顯然，近年來新興的私人數字支付方式主要面向消費者，而不是企業，消費者和勞動人群構成了巨大的潛在用戶群體，使得數字貨幣可能被更快、更廣泛接受。數字貨幣在跨境支付和結算方面可能成為一個替代方案，因為「數字貨幣的初衷是試圖解決全球金融基礎設施的問題，特別是跨境支付方面的短板，希望通過新的科技手段提高支付效率，減少障礙」[58]。因此，「相比於傳統的國際貨幣主要用於大宗國際貿易和大宗跨境金融交易，數字貨幣則主要依托於零售消費支付的飛速發展，並推動交易成本和貨幣轉換成本大幅降低，因此其較傳統的主權貨幣或更易於實現全球普及」[59]。數字貨幣革命動搖了原有國際經濟秩序的基礎，成為全球數字經濟時代的戰略制高點，也是國際金融領域未來大國競爭的必爭之地。為什麼央行數字貨幣會引起如此高度的重視？「主要是因為央行數字貨幣競爭的實質是貨幣主權之爭，是國際化地位之爭。」[60]法定數字貨幣對於現行的以美元為核心的國際貨幣體系必將產生重大影響，甚至建立一個多方共識、集體維護、不可篡改、全程追溯的分布式數據庫，從而構建一個大多數國家都認可的國際數字貨幣體系。特別是在數字化大背景下，原有的硬邊界已被打通，世界成為互聯互通的共同體，數字化創造了新的機會空間，央行數字貨幣使各國站在同一起跑線上，通過競爭合作共同打造國際貨幣體系新格局。

58　王舒嫄、趙白執南：《數字貨幣、資本流動、貨幣政策溢出……央行原行長周小川 1 個小時都說了啥？》，中國證券報，2019 年，https://mp.weixin.qq.com/s/NlzpDDNUUUg1UYdcBnFakA。

59　〔法〕本諾伊特・科雷、趙廷辰：《數字貨幣的崛起：對國際貨幣體系和金融系統的挑戰》，《國際金融》2020 年第 1 期，第 3-7 頁。

60　白津夫、白兮：《貨幣競爭新格局與央行數字貨幣》，《金融理論探索》2020 年第 3 期，第 5 頁。

數字絲路與人民幣國際化

2017 年 5 月，習近平在「一帶一路」國際合作高峰論壇開幕式上的主旨演講中提出：「我們要堅持創新驅動發展，加強在數字經濟、人工智能、納米技術、量子計算機等前沿領域合作，推動大數據、雲計算、智慧城市建設，連接成 21 世紀的數字絲綢之路。」[61]2018 年 4 月，習近平在全國網絡安全和信息化工作會議上再次強調，要以「一帶一路」建設等為契機，加強同沿線國家特別是發展中國家在網絡基礎設施建設、數字經濟、網絡安全等方面的合作，建設 21 世紀數字絲綢之路。[62]2019 年 4 月，習近平在第二屆「一帶一路」國際合作高峰論壇開幕式上繼續強調，順應第四次工業革命發展趨勢，共同把握數字化、網絡化、智能化發展機遇，共同探索新技術、新業態、新模式，探尋新的增長動能和發展路徑，建設數字絲綢之路、創新絲綢之路。[63]中國倡議的「一帶一路」，不僅是海路、陸路的互聯互通，也包括數字信息的互聯互通；中國建設的數字絲綢之路，是數字經濟發展和「一帶一路」倡議的有機結合，是中國在數字時代提出的推動人類共同發展的方案。在全球價值鏈背景下，隨著「一帶一路」倡議的深入推進與實施，沿線國家和地區數字經濟「利益共同體」正在形成。「貨幣國際化是一國經濟發展壯大、參與世界財富再分配的必由之路，中國經濟全面崛起之後理應獲得與其身分相匹配的國際貨幣地位。人民幣國際化已成為中國的一項國家戰略，伴隨著當前如火如荼的『一帶一路』倡議，兩者一起構成了中國新時代

61　習近平：《攜手推進「一帶一路」建設：在「一帶一路」國際合作高峰論壇開幕式上的演講》，人民出版社 2017 年版，第 10 頁。

62　張曉松、朱基釵：《習近平出席全國網路安全和信息化工作會議併發表重要講話》，中國政府網，http://www.gov.cn/xinwen/2018-04/21/content_5284783.htm。

63　習近平：《齊心開創共建「一帶一路」美好未來：在第二屆「一帶一路」國際合作高峰論壇開幕式上的演講》，人民出版社 2019 年版，第 5 頁。

國家頂層開放戰略的交集。」[64]目前，隨著金融科技的大規模應用，預示著21世紀的全球金融生態將從傳統的量變向顛覆性的質變轉換，並進一步深化國際貨幣體系變革。對此，中國發行數字人民幣是一次歷史機遇，在「一帶一路」倡議下構建新的「中心——外圍」人民幣國際化體系，推動數字人民幣走向全球金融和貿易體系，促進人民幣數字化與國際化協調發展，為增強人民幣在國際交易清算中的話語權提供了彎道超車的機會。

人民幣國際化戰略。當前，國際貨幣體系進入信用貨幣和浮動匯率制時代，學界稱為「無體系的體系」或「美元體系」。在這個體系下，美國依靠其領先的綜合實力以及發達的金融市場構造了一個以美元為中心的全球信用周轉體系。「美元成為世界主要貨幣的歷史和現實，是美國國家信用在國家間、市場間競爭並證明了美國國家信用的軟硬實力的結果。或者說美元的地位，既是政府選擇，也是市場選擇。」[65]世界結算方面，2014年後歐元開始超過美元，成為世界第一支付貨幣，但美元還占有37%的份額。外匯儲備方面，美元儲備在世界各國外匯儲備中一直占據主導地位，平均占比超過65%，其中新興市場經濟體美元占比更高。國際貨幣基金組織最新數據顯示，2020年開始，美元儲備比例開始有所下降，但儲備額仍超60%（見圖2-4）。可以看出，人民幣作為國際支付和儲備貨幣的地位，與中國占全球經濟總量六分之一的地位嚴重不相匹配。美元霸權一直是美國實現全球霸權的重要基礎，打破美元在世界貿易和金融結算體系中的霸權地位，是保持全球健康穩定發展的核心問題，中國必須為此做出長遠的戰略考量。通過「一帶一路」倡議，建立和完善以中國為核心的亞洲貿易網絡，尋求區域內國家對

---

64 蔡慧、吳懷軍：《「一帶一路」倡議下人民幣國際化的研究》，《中國集體經濟》2019年第32期，第9頁。

65 鐘偉：《國際貨幣體系的百年變遷和遠矚》，《國際金融研究》2001年第4期，第8-13頁。

人民幣的真實需求，挖掘人民幣作為亞洲地區「錨」貨幣的潛力。一方面，人民幣國際化有助於促進金融治理體系改革。人民幣國際化將打破美元「一家獨大」局面，削弱世界經濟對美元的依賴，為國際貿易投資、金融交易提供新的幣種選擇，滿足國際社會的多樣化融資需求。另一方面，參與全球金融治理能為人民幣國際化提供保障。「參與全球金融治理將促進中國金融業擴大對外開放，提高人民幣國際地位，增強國際社會對人民幣的接受度，發揮人民幣計價、結算、儲備職能。」[66]

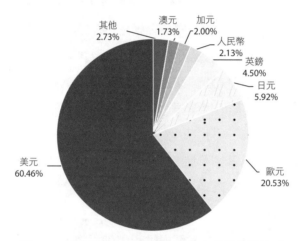

圖 2-4　主要貨幣 2020 年第三季度占外匯儲備比重
資料來源：國際貨幣基金組織（IMF）。

人民幣國際化的數字維度。自 2008 年國際金融危機以來，比特幣、萊特幣、以太坊等新貨幣形態的出現打開了數字貨幣的「潘多拉盒子」，成為數字化時代的顛覆者。新貨幣形態的出現映射出貨幣超發、金融抑制等傳統

66　邵華明、侯臣：《人民幣國際化：現狀與路徑選擇──以美元國際化歷程為借鑒》，《財經科學》2015 年第 11 期，第 23-27 頁。

金融的短板，其目標顯然不僅是「脫媒」，而是建立「去中心化」、「去媒介」的新貨幣。區塊鏈等金融科技不僅促進了數字經濟的快速發展，也帶來了貨幣信任機制的嬗變。未來的國際貨幣體系不再是主權貨幣的組合，而是主權貨幣與數字貨幣相互交織和共生共存的新格局。人民幣國際化當下面臨的不僅僅只有現存法幣的挑戰，還有新貨幣形態的體系性衝擊，因而人民幣國際化升級版必將是注入數字元素的體系競爭。相對而言，美國官方對央行數字貨幣的態度在新冠肺炎疫情之前並不積極。[67]實際上，美國一直都在關注央行數字貨幣的發展，特別疫情暴發之後，美國官方更是對數字美元的態度有了很大的轉變。[68]當前的數字經濟全新範式既為數字貨幣發行營造了良好環境，也為國際貨幣體系提供了新的發展方向。美元霸權是人民幣國際化的最大挑戰，數字人民幣國際化亟待進一步加強，需要融合數字化思維。因此，在當前全球政治經濟格局下破解美元霸權的難度非常大，我們必須另闢蹊徑，而基於區塊鏈技術的數字貨幣為人民幣破解美元霸權提供了彎道超車的機遇。「數字化時代的不確定性是實然，以人民幣國際化路徑的確定性應對其不確定性是應然。那麼，人民幣和與其對應的數字貨幣成為國際貨幣就是必然。」[69]

---

67 2019 年 10 月，美聯儲主席鮑威爾就曾表示出對數字美元的擔憂，他認為當前基於帳戶的商業銀行還是美國金融體系的重要組成，數字美元的出現會給商業銀行帶來衝擊，也可能抑制經濟活動。2019 年 12 月，美國財政部部長姆努欽和美聯儲主席鮑威爾還共同表示，美聯儲在未來 5 年無須發行數字貨幣。

68 2020 年 2 月份美聯儲理事布雷納德表示，已經關注到了中國央行數字貨幣過去一年的進展，鑑於美元的重要地位，美國必須保持在央行數字貨幣研究和發展的前沿。2020 年 3 月，數字美元的概念就出現在經濟刺激法案的初稿中，雖然在終稿中被刪除，但這是數字美元第一次出現在美國官方文件中，表明數字美元逐漸被美國官方關注。隨後，5 月 28 日美國數字美元基金會與埃森哲諮詢公司共同發布了數字美元白皮書，初步勾勒出了數字美元的發展雛形（尤苗：《數字貨幣：全球貨幣競爭的新賽道》，《學習時報》2020 年 7 月 24 日，第 A2 版）。

69 劉珺：《人民幣國際化的數字維度》，《金融博覽》2020 年第 9 期，第 31 頁。

數字人民幣與國際貨幣新秩序。隨著金融全球化與金融創新的快速發展，原有金融治理體系已經不能適應新時代要求，需要改革國際貨幣體系及治理體系，發揮人民幣的積極作用，為開展全球貨幣事務和金融活動構建穩定、有韌性的制度框架。[70] 如果數字人民幣能抓住這一難得的歷史機遇，與「一帶一路」建設及全球價值鏈結構相結合，必將在新賽道上推動人民幣國際化進程並形成「網絡效應」，在數字貨幣時代搶先築起金融「護城河」，削弱美元流動性對中國貨幣政策的溢出影響。「將數字貨幣的發展與『一帶一路』建設相合，在產能合作、經貿合作的基礎上，大力推動人民幣跨境支付體系等金融基礎設施的建設，適時推進央行數字貨幣在具備條件的區域進行跨境結算試驗，積極開展雙邊和多邊合作，建立以央行數字貨幣為中心的跨境支付結算體系，提高我國在國際支付體系升級、金融科技國際標準和監管等領域的話語權。」[71] 因此，以數字人民幣為代表的主權數字貨幣的發行、流通和國際化，有利於改善以美元為代表的少數發達國家貨幣主導國際貨幣體系的短板和不足，推動構建公平、公正、高效的新國際貨幣體系。值得說明的是，儘管數字人民幣可能會削弱美國通過現有美元主導的國際貨幣體系而發揮其軟實力，但貨幣物理形態的變化並不能在短時間內明顯改變國際貨幣競爭的基本面。再加上 Diem 等全球數字穩定幣的出現，不僅可能侵蝕人民幣的貨幣主權，更有可能進一步擠壓人民幣國際化空間，這給數字人民幣國際化帶來了一定的挑戰。為了更好地應對數字貨幣對傳統支付、國內經濟的影響，做好數字化背景下的國際貨幣競爭，我國應在積極穩妥推進央行數字貨幣研發和試驗的同時，深化金融監管和數字金融等方面的跨境合

70　程貴：《人民幣國際化賦能全球金融治理改革的思考》，《蘭州財經大學學報》2019 年第 6 期，第 71 頁。

71　尤苗：《數字貨幣：全球貨幣競爭的新賽道》，《學習時報》2020 年 7 月 24 日，第 A2 版。

作，逐步培育形成數字貨幣區，科學構建穩定貨幣錨，以此來加強人民幣的國際化使用。此外，應遵循生態限度和社會包容發展的基本要求，大力發展以大數據和區塊鏈技術為標誌的金融科技，在推動區塊鏈平臺體系建設、數字人民幣金融投資區塊鏈平臺體系建設、「一帶一路」國家貿易支付與結算區塊鏈平臺建設、「一帶一路」金融合作區塊鏈平臺建設等方面謀篇布局，通過數字人民幣國際化推動國際貨幣體系改革，為構建公平合理的國際貨幣新秩序做出大國貢獻。[72]

三　亞投行的世界意義

2015 年 12 月，中國倡議籌建的「亞洲基礎設施投資銀行」（以下簡稱亞投行）正式成立，旨在幫助基礎設施薄弱的亞洲國家滿足基建中的資金需求，從而幫助這些國家的可持續發展。亞投行與「一帶一路」倡議高度契合，同樣是促進人民幣國際化的重要舉措。亞投行主要向發展中國家的基礎設施建設項目提供融資支持，但其業務並不局限在亞洲。在很大程度上，亞投行緩解了發展中國家的基建缺口，成為國際貨幣金融體系的重要補充。從某種意義上說，中國已經是全球最大的貿易國和最大的工業製造國。因此，中國有權利也有義務在塑造國際貨幣體系中發揮更重要的作用。但當前的國際貨幣體系不但制約著世界經濟的發展，也將中國等新興經濟體擋在了門外。從發展的角度看，中國只有參與到國際貨幣體系的建設中才能保護自身經濟發展的利益，並在全球治理中獲得更多的話語權。因此，中國迫切希望能夠融入國際貨幣基金組織和世界銀行。「『亞投行』是中國周邊外交的又一戰略性大舉措，是中國經濟從產品輸出走向資本輸出的標誌性大事件，也

72　保建雲：《主權數字貨幣、金融科技創新與國際貨幣體系改革——兼論數字人民幣發行、流通及國際化》，《人民論壇・學術前沿》2020 年第 2 期，第 25 頁。

是中國改善現有國際體系不合理性的一次重大『戰略試水』。」[73]總之，作為世界性金融組織，亞投行將與世界銀行、國際貨幣基金組織在世界金融領域形成「三足鼎立」的態勢，它們之間形成相互合作、競爭與制約的關係，這對維護全球金融穩定極其重要。

動態平衡的全球經濟。2020 年，因為一場突如其來的疫情，原有的世界格局和既定軌跡被驟然打破，各國的發展進入了經濟和繁榮都在倒退的非常規狀態。「一方面，民族主義和逆全球化浪潮給人類命運共同體的建構帶來了嚴重的衝擊；另一方面，「貨幣—資本」的共同體同樣遭受打擊，給予了真正共同體破而後立的機會。」[74]中國近 30 年的快速成長，對新全球化格局越來越強的影響力和不對稱的話語權，尤其是金融領域的話語權，都使得全球性利益失衡和矛盾加劇。數字化轉型、逆全球化、再全球化、去中國化……在日益多元而複雜的政治經濟格局下，中美雙方都緊緊抓住各自的貨幣數字化戰略，沒有絲毫鬆懈。2020 年 5 月，中國首次提出充分發揮超大規模市場優勢和內需潛力，提出構建國內國際雙循環相互促進的新發展格局的倡議。[75]當前，中國正處於「兩個一百年」奮鬥目標歷史交匯點，新冠疫情大流行進一步加劇了世界格局尋求新的平衡點，在面對全球公共事務時，美國正在失去它應有的全球領導力，這對於我們來說更多意味著機遇。「通

73　曹德軍：《中國外交轉型與全球公共物品供給》，《中國發展觀察》2017 年第 5 期，第33 頁。

74　王建：《人類命運共同體助推全球抗疫與疫後重建》，《創造》2020 年第 6 期，第 55 頁。

75　黨的十九屆五中全會對「十四五」時期我國經濟社會發展做出了系統謀劃，其中提出要「加快構建以國內大循環為主體、國內國際雙循環相互促進的新發展格局」。「雙循環」戰略是黨中央在國內外環境發生深刻複雜變化的背景下，推動我國開放型經濟向更高層次發展的重大戰略部署；而「兩個大局」是其確立的立足點和根本取向（王志凱：《深刻把握「雙循環」戰略的立足點和新動能》，《國家治理週刊》2021 年第 3 期，第 31-35 頁）。

過亞投行平臺，形成以人民幣為核心的融資機制，帶動亞洲等地區用人民幣作為儲備貨幣，減輕美元週期性貶值的外匯儲備損失，從而制衡美元『一家獨大』的格局。」[76]在全球疫情亂局下，中國為全球經濟提供了金融稀缺的「穩定錨」，數字人民幣將推動我國金融開放和人民幣國際化向縱深發展，進一步優化國際「外循環」與國內「內循環」互動新模式。一方面數字人民幣將促進國內數字經濟發展，不僅能降低發行及流通成本，還能加速貨幣流通速度，為經濟運行降本增效；另一方面在當前的美元霸權體系下，世界經濟秩序已經被美國打亂，亟待整治，數字人民幣有望重塑國際結算體系，成為人民幣國際化的重要工具。

多元主導的貨幣體系。「貨幣體系的演進，更是較優信用不斷擴展、淘汰和替代較劣信用的進程，或者說是良幣驅逐劣幣，國家信用戰勝私人信用的同時，國家間的信用也在不斷競爭，導致某種主權貨幣具有越來越強的世界貨幣的職能，而部分主權國家部分喪失甚至完全喪失了發鈔權。」[77]當前，世界各國經濟實力對比再次發生重大變化，新興經濟體經濟實力持續增強，其主權貨幣理應在全球貨幣體系中占有一席之地，世界需要納入包括新興經濟體貨幣在內的多極貨幣體系的支撐，由多個主導的商業和金融主權貨幣構成更加多元化的國際貨幣和金融體系，才能與更加多元化的世界經濟更匹配。「在 2008 年全球金融危機之後，國際社會基本達成了一個共識，即以美元為主導的現行國際貨幣體系具有內在脆弱性，不利於全球金融穩定，國際貨幣體系需要從單極化走向多元化。」[78]以美元為主導的國際貨幣儲備

76　程貴：《人民幣國際化賦能全球金融治理改革的思考》，《蘭州財經大學學報》2019 年第 6 期，第 71 頁。

77　鐘偉等：《數字貨幣：金融科技與貨幣重構》，中信出版社 2018 年版，第 9-10 頁。

78　劉東民、宋爽：《數字貨幣、跨境支付與國際貨幣體系變革》，《金融論壇》2020 年第 11 期，第 7 頁。

體系、浮動匯率制度等，因「信用錨」的不穩定甚至缺失等固有的重大缺陷，並未實現國際貨幣體系公平與效率、開放與包容的理想目標。「在國際貨幣體系中處於主導作用的國家利用其優勢地位濫發貨幣、轉嫁其經濟矛盾，從而加劇了世界貿易、金融、經濟發展的不均衡、不平等和不可持續性。」[79]近年來，現行單極世界貨幣體系導致全球金融體系不穩定性日益突出，單一主權貨幣也不再具備擔任全球貨幣體系之錨的體量，需要一種不同於以往的全球貨幣體系之錨，世界各國都有突破美元作為主要世界貨幣的單極貨幣體系、建立多極世界貨幣體系的強烈訴求。「數字貨幣和分布式帳本技術的發展，為國際貨幣體系多元化改革提供了有效工具。」[80]特別是分布式跨境支付網絡的構建將打破美國對現行跨境支付體系的控制，弱化美國的國際貨幣權力，促進國際貨幣體系向更加公正、包容和多元化的方向發展。可以說，數字貨幣是一種對全球金融體系產生深遠影響的新型貨幣，將成為未來國際貨幣體系變革發展的重要方向。

「貨幣共同體」與再平衡。「貨幣共同體」思想是馬克思「共同體」理論的重要組成內容。他指出：「在貨幣上共同體只是抽象，對於個人只是外在的、偶然的東西；同時又只是單個的個人滿足需要的手段。古代共同體以一種完全不同的個人關係為前提。」[81]「貨幣共同體」是以交換價值為特徵的

---

79 王作功、韓壯飛：《新中國成立 70 年來人民幣國際化的成就與前景——兼論數字貨幣視角下國際貨幣體系的發展》，《企業經濟》2019 年第 8 期，第 29 頁。

80 劉東民、宋爽：《數字貨幣、跨境支付與國際貨幣體系變革》，《金融論壇》2020 年第 11 期，第 10 頁。

81 馬克思從兩個方面闡明了「貨幣共同體」的特徵：一方面，貨幣作為共同體僅僅是共同體的抽象，因而是外在於個人的偶然的東西；另一方面，貨幣這一「抽象共同體」僅僅是單個的個人滿足需要的手段（〔德〕馬克思、〔德〕恩格斯：《馬克思恩格斯全集（第四十六卷·上）》，中共中央馬克思恩格斯列寧斯大林著作編譯局譯，人民出版社 1979 年版，第 176 頁）。

資本主義社會的必然產物，是資本主義商品經濟條件下人們的逐利欲望的觀念反映。「『貨幣共同體』是單個的個人滿足需要的手段，實現了『以物的依賴性為基礎的人的獨立性』，但這種獨立性意味著人的自由發展受到了新的限制。」[82]回顧歷史，「20 世紀是對抗、戰爭的世紀，是強食弱、富掠貧、大凌小的世紀，持續數十年的『冷戰』給全人類帶來的痛苦遠遠大於福祉，我們絕不應該重蹈覆轍。21 世紀是和平、發展、生態的世紀，是人類揚棄野蠻粗暴的冷戰思維擁抱有序競合思維的世紀。『機會面前競爭，危機面前合作』是當今世界任何領域的共建者都應當具備的胸懷和態度，數字貨幣領域自然應當如此」[83]。數字經濟時代開啟了國際貨幣體系從邊緣變革的可能性，也將原本不是主要問題的因素，如隱私保護、個人的全球化意識推到了國際貨幣體系演化的中心，形成了更豐富的國際貨幣體系圖譜。無論該圖譜有多廣泛，各項可能性間的演化有多複雜，都應積極擁抱科技變革，尋找以更低的成本提供更安全、更便捷支付體驗的方式，開創一個市場化的數字貨幣與公共支付系統共同發展、相互補充的新局面，更好造福世界各國人民。從全球治理角度看，主權數字貨幣是推動國際貨幣改革乃至全球經濟再平衡的重大契機。全球區塊鏈一定要建立在新型的主權數字貨幣基礎之上，而且各主權國家和公民組織都要充分參與全球區塊鏈的搭建，主權區塊鏈將在此過程中發揮積極作用。無論是推動數字人民幣國際流通與合作的戰略舉措，還是成立亞投行等國際性多邊機構，都為我國致力於推動構建形成世界「貨幣共同體」，突圍美元霸權體系提供了新機遇。未來全球貨幣發展需要以主權數字貨幣和主權區塊鏈為基礎，重構一個公平正義和可持續性的全球經濟社會秩

82　秦龍：《馬克思「貨幣共同體」思想的文本解讀》，《南京政治學院學報》2007 年第 5 期，第 23 頁。

83　龍白濤：《DC/EP vs Libra，全球數字貨幣競爭正式拉開序幕》，火星財經，2020 年，https：//news.huoxing24.com/20200508150744095278.html。

序。同時，這也是共同推動國際貨幣體系再平衡的重要內容，是中國參與國際金融治理的內在縮影，對中國和世界都有著重大而深遠的意義。

數字身分

哲學三大終極問題：我是誰？我從哪裏來？我要到哪裏去？其中，
「我是誰」指的就是身分問題。身分是用來區別「我」和其他主體的
標識。世界上沒有相同的樹葉，每一個「我」均不一樣，因此身分也
有差異。如何利用身分識別出真實的「我」，成為用身分建立信任的
首要步驟。在熟人社會中，以現實的「我」為基礎，以「刷臉」行為
為例，在某種意義上，臉就是身分。在陌生人社會中，則須依靠一定
的技術手段或制度安排來保證人與人之間對身分的認可。

——中國證監會科技監管局局長、

中國證券登記結算有限責任公司原總經理、

中國人民銀行數字貨幣研究所原所長　姚前

身分演進

　　身分是人從事生產活動、開展社會交往、參與政治生活的基本依據。身分是一個動態構建的過程，其具有多重性、流動性等特徵，不同的身分被賦予不同的權利和責任。縱觀歷史，人類走過了奴隸社會、農業社會、工業社會，歷經了「奴隸身分」、「臣民身分」、「公民身分」。隨著科技革命的進步，人類加速邁向數字社會，一種新的身分類型——數字身分——正逐漸形成。它與人在現實世界的身分一道，構成了數字時代人的「雙重身分」，成為身分演進歷程中的重要里程碑。數字社會是一個數治的社會。數字身分作為數字社會的通行證，是在現代計算機技術發展的背景下，以現代化的通信技術和網絡技術為依托，而形成的一種新的身分類型。「數字身分是建立信任關係的基礎，也是實現數字空間治理的前提。」[1]隨著數字化、網絡化、智能化的加速演進，數字身分正在重塑社會信任關係，成為通向未來、改變未來的新力量。

一　身分的焦慮

　　焦慮是不確定時代的一種基本社會心態。「身分的焦慮是我們對自己在世界中地位的擔憂。」[2]步入數字時代，既有人與人之間的身分認同危機，也有個人與群體之間的身分認同危機，還有人與機器人、基因人之間的認同焦慮，更有人的自我認同的焦慮。身分與契約是社會進步過程中的永恆話

1　中國移動研究院：《基於區塊鏈的數字身分研究報告（2020 年）》，中移智庫官方微信，2020 年，https://mp.weixin.qq.com/s/M6eWtv54fjowJbCqC1DCzg。

2　〔英〕阿蘭·德波頓：《身分的焦慮》，陳廣興、南治國譯，上海譯文出版社 2020 年版，第 1 頁。

題。從身分到契約是人在出生時就不可改變地被確定了社會地位，從契約到身分則允許人通過協議的方法為自己創設特定的社會地位。從契約到身分的運動一方面矯正了契約自由所產生的偏差，另一方面樹立了弱者保護和契約正義思想，力求個人與社會的協調發展。它是人類在從身分到契約的進步基礎上的又一次偉大歷史性進步，標誌著社會正義從形式正義步入實質正義。

從身分到契約[3]。身分指人的狀況被固定的情況，契約指人們以協商或自願的方式達成約束的情況，後者取代前者就是從身分到契約的運動[4]。這場運動，是一場從不平等身分到平等身分的運動。從「契約關係意味著個人意識的發達」[5]這個意義上來看，這場運動也可以視為從團體本位到個人本位的運動。英國歷史學家梅因說：「『身分』這個詞可以有效地用來製造一個公式以表示進步的規律，不論其價值如何，但是據我看來，這個規律是可以足夠確定的。在『人法』中所提到的一切形式的『身分』都起源於古代屬『家族』所有的權力和特權，並且在某種程度上，到現在仍舊帶有這種色彩。」[6]換言之，一切關係均由家族中的地位決定的社會存在就是身分。「在羅馬法時期，他們用身分規定了每個個人所擁有的權力、權利和義務。」[7]以「身分」組織社會關係，強調了人與人之間地位的不平等[8]。並且，這種

3　「從身分到契約」這一簡潔明快的公式般經典論斷似乎概括了西方法治文明的發展過程和規律，即從以父權制和身分制為核心的習慣法時期轉向以契約法為標誌的法典化時期，以及人類社會從荒蠻到文明、從專制到民主的必然蛻變。這場蛻變，是一場從不平等身分到平等身分的運動（楊振山、陳健：《平等身分與近現代民法學——從人法角度理解民法》，《法律科學》1998 年第 2 期，第 58 頁）。

4　徐國棟：《民法哲學》，中國法制出版社 2009 年版，第 95 頁。

5　梁治平：《「從身分到契約」：社會關係的革命——讀梅因《古代法》隨想》，《讀書》1986 年第 6 期，第 24 頁。

6　〔英〕梅因：《古代法》，沈景一譯，商務印書館 1995 年版，第 111-112 頁。

7　羅大蒙、徐曉宗：《從「身分」到「契約」：當代中國農民公民身分的缺失與重構》，《黨政研究》2016 年第 1 期，第 94 頁。

8　董保華等：《社會法原論》，中國政法大學出版社 2001 年版，第 56-57 頁。

不平等關係是先賦的、固定不變的，它意味著一種社會秩序。在這種秩序裏，群體才是社會生活的基本單位；而個人完全無法為自己創設權利和義務[9]。伴隨著現代化進程與社會進步，身分的家族色彩逐漸消失，個人的自由和權利日益增加。「在經濟發展與社會進步過程中，人們開始逐漸脫離了原有的家族，以個人的面目出現在社會和經濟生活中。個人的獨立促進了經濟模式的變化，而經濟模式的變化需要個人更大程度地擺脫身分的束縛。在相互的渴求與需要中，自由的個人成為社會發展的必要條件。社會的進步最終體現在社會方式的演進過程之中。因此，進步的社會要求用契約把人從身分的束縛中解放出來。」[10]梅因在《古代法》中寫道：「所有進步社會的運動，到此處為止，是一個『從身分到契約』的運動。」[11]從法治層面看，這場運動又意味著「從傳統的非法治社會向近現代法治社會的轉化」[12]。法律不再是父輩的語言，而是個人自由意志的言說。用契約取代身分的實質是人的解放[13]，是從不自由到自由的運動[14]。在契約型社會中，人與人之間的契約關係不再是服從與被服從的關係，而是一種排除了先賦性、固定性的權利義務關係[15]。契約關係逐漸成為一種泛在的人際交往方式。「作為獨立主體的個人參與社會活動的最佳方式是與他人訂立各種各樣的契約，自主行為與自己負責成為當然邏輯。」[16]

9　蔣先福：《契約文明：法治文明的源與流》，上海人民出版社 1999 年版，第 64 頁。

10　劉穎：《從身分到契約與從契約到身分——中國社會進步的一種模式探討》，《天津社會科學》2005 年第 4 期，第 48 頁。

11　〔英〕梅因：《古代法》，沈景一譯，商務印書館 1995 年版，第 97 頁。

12　蔣先福：《契約文明：法治文明的源與流》，上海人民出版社 1999 年版，第 32 頁。

13　朱光磊：《當代中國社會各階層分析》，天津人民出版社 1998 年版，第 40 頁。

14　梁治平：《法辨——中國法的過去、現在與未來》，貴州人民出版社 1992 年版，第 37 頁。

15　蔣先福：《契約文明：法治文明的源與流》，上海人民出版社 1999 年版，第 90-91 頁。

16　趙磊：《「從契約到身分」——數據要素視野下的商事信用》，《蘭州大學學報（社會科學版）》2020 年第 5 期，第 53 頁。

從契約到身分。「『從身分到契約』是概括了人類社會發展規律的進步公式。不過，人類進入大數據時代以後，數字身分的出現改變了這一規律。」[17]數字化生存與數字身分密不可分，在社會交往特別是商事交易中，從契約到身分得以回歸。「從某種意義上說，一部人類法律文明史，就是一部逐漸祛除法律中的身分屬性、同時增量契約屬性的此消彼長的歷史。」[18]法律為契約提供指引，通過法律語境下的契約，解決了人類社會交往中的信用問題。「在現代社會中，雇主與工人之間、消費者與廠商之間、競爭者之間的法律關係不再平等，在其中，契約似乎已不再具有重要紐帶的作用。」[19]「相對於契約來說，身分具有一種日益增長著的重要性……社會開始根據某種關係，而非根據自由意志組織起來。法律愈來愈傾向於以各種利害關係和義務為基礎，而不是以孤立的個人及權利為基礎。」[20]因此，有學者認為梅因的「到此處為止」這個表述限制了他的理論的含義[21]，這個著名的論斷「將會有一天被簡單地認為只是社會史中的一個插曲」[22]。在數字時代，個人既是數據的生產者，也是數據的攫取者，這都與其身分密不可分，從契約到身分的運動因此得以實現。「20 世紀以來，發生了一個明顯的變化，就是不再過分強調契約自由了」，「對那些為了換取不足以維持生計的報酬而出

---

17 趙磊：《「從契約到身分」——數據要素視野下的商事信用》，《蘭州大學學報（社會科學版）》2020 年第 5 期，第 53 頁。

18 康寧：《在身分與契約之間——法律文明進程中歐洲中世紀行會的過渡性特徵》，《清華法治論衡》2017 年第 1 期，第 84-85 頁。

19 余煜剛：《「從契約到身分」命題的法理解讀》，《中山大學法理評論》2012 年第 1 期，第 30 頁。

20 〔美〕伯納德・施瓦茨：《美國法律史》，王軍等譯，中國政法大學出版社 1989 年版，第 200-201 頁。

21 Graveson R H. "The movement from status to contract". *The Modern Law Review*, 1941, Vol.4, pp. 261-272.

22 〔英〕梅因：《古代法》，沈景一譯，商務印書館 1995 年版，第 18 頁。

賣血汗的人談契約自由，完全是一種尖刻的諷刺」。[23]「克服契約社會的缺陷，保證社會弱勢群體利益的實現，就要求我們在社會整體契約化的框架下，將弱勢群體的利益在肯定和保護的基礎上用法律的形式固定下來，即將其『身分化』，使其真正可以享有由於其特殊身分所帶來的福利和特權，以期在實現社會契約平等的同時兼顧社會公平。」[24]如果說「從身分到契約」強調的是「個體平等」的話，那麼「從契約到身分」強調的可以說是「社會正義」。這種趨向是從抽象人格到具體人格，從一體保護到弱者保護，從自由放任到國家干預，從形式正義到實質正義，從個人本位到社會本位[25]。

　　身分進化與困惑。進入數字時代，我們對數據形成了難以擺脫的依賴性，數據日益成為我們生活甚至生命的一部分，這將深刻改變「人」的形象、內涵與外延。未來，世界很可能就會由「自然人」、「數字人」、「機器人」、「基因人」共同構成，這給人類帶來無盡的困惑與煩惱，人的身分認同或許一直並將永遠是一項進行中的工作。一是自然人之惑。伴隨技術的進步，「自然人」的整體功能慢慢在退化，應當說，「自然人的體力功能已經退化得差不多了，正在進行智力功能向機器人的交付」[26]。目前智能技術、生物技術和虛擬技術正在促動人類自身由純粹的自然人、肉體人向機器人、基因人進化，使人類進入一個新的「後達爾文的進化階段」或「後人類」階段。雖然我們清醒地知道，目前人工智能仍然只是在計算能力等特定問題方面超過了人類，並不比汽車跑得比人快更可怕。真正的「奇點」應該是在機

23　〔美〕伯納德・施瓦茨：《美國法律史》，王軍等譯，中國政法大學出版社 1989 年版，第 210 頁。

24　尹子文：《契約與身分：從傳統到現代法律制度中的觀念演變》，中國政法大學比較法學研究院官網，2013 年，http://bjfxyjy.cupl.edu.cn/info/1029/1287.htm。

25　蔣先福：《近代法治國的歷史再現——梅因「從身分到契約」論斷新論》，《法制與社會發展》2000 年第 2 期，第 3-4 頁。

26　陳彩虹：《在無知中迎來第四次工業革命》，《讀書》2016 年第 11 期，第 16 頁。

器產生自我意識，甚至具有了一定的自我複製能力時才值得警惕。面對以空前速度發展的各種科學技術，未來世界將會怎樣？哪些新技術將對人類社會產生怎樣的重大改變？恐怕每個人類個體都想知道這些問題的答案。二是數據人的迷惘。隨著數字化、網絡化、智能化的縱深推進，每個人或多或少地，正在數字世界凝聚出一個「分身」——數據人，它既可能是自然人的映射，也可能是自然人的擴展；既可能是自然人的真實體現，也可能是自然人的虛假扭曲。當前，即使網絡實名制正不斷被執行，但大量的網絡安全事件一次又一次地提醒我們，廣義上的數據人（含群體和機構），並非自然人或法人的單一映射。事實上，數據人極有可能是跳出了身分、跳出了契約的一種新的身分類型，不確定性、不可捉摸、難以觸摸成為其主要特徵。這既是數據人自身的迷惘，也是數字世界每個數據主體正面對的重大挑戰。三是機器人恐慌。從自動駕駛到全球首個人工智能合成女主播再到機器人的崛起，當我們對技術塑造的未來激情澎湃時，總不免帶著隱隱的擔憂與迷茫，就像很多人在情感上對機器人愛恨交織[27]。智能技術的發展正在實質性地改變「人」，人正在被修補、改造和重組，人機互補、人機互動、人機結合、人機協同、人機一體正成為一種趨勢。未來，當類腦智能和超腦智能出現之時，人類與機器的分野會不會僅在於物理支撐的不同？機器人不斷獲得更高智能並向自動化邁進，如果有一天機器人的能力超過人類，是否會反過來統治人類？「我們現在應該立即展開切實的討論：相對於這些機器，我們的身分是什麼？」[28]機器人是不是人？是否擁有法律人格？這可能是自克隆技術之後，對於人類倫理和法律最大的挑戰。四是基因人焦慮。如果說，機器人

---

27 〔美〕皮埃羅·斯加魯菲、牛金霞、閆景立：《人類2.0：在矽谷探索科技未來》，中信出版社2017年版，第3頁。

28 〔美〕約翰·喬丹：《機器人與人》，劉宇馳譯，中國人民大學出版社2018年版，第162頁。

還只是集成人的功能而超過人，那麼基於基因測序、激活和編輯技術，從可存活胚胎上精準操縱人類基因組就可能創造出人為設計的「生物嬰兒」，這種「生物嬰兒」就是「基因人」。相比自然人，基因人富有「天生而來」的強大免疫力和後天賦予的「思想」、「經歷」、「經驗」，他們將全面地優於自然人。基因技術給人類帶來了生命進化的新希望，人類或許可以擺脫從基因隨機突變到自然環境選擇這一漫長的原始進化之路，轉而走向從基因層面主動出擊、精準調節、快速進化的技術進階之路。當前，技術正以指數級速度增長，未來的一切處於巨大的不確定性與風險之中，人類對此應該有所警覺。機器人、基因人技術會走向何方，是否會脫離人類掌控？雖然只是猜測，但人類或許應該未雨綢繆，慎重對待人類可能的最後一個重大問題[29]。

二　身分與信任

對身分的認同、價值的認知是人與人之間達成信任、形成共識的前提，也是社會秩序之所以可能的條件。在社會治理過程中，人們在身分感知和社會信任上將不可避免地趨於複雜化。人類社會的特殊性在於信任貫穿於所有的人際互動，既包含了崇高的抱負，也隱藏了深切的恐懼。信任作為一種社會結構和文化規範現象，是靠著超越可以得到的信息來概括出的心理期待，也是用來減少社會交往複雜性的「簡化機制」。積極的身分認同符合社會對建構信任的理性需求，有利於在「信任確立」和「信任損耗」之間保持一種動態平衡。

熟人社會的人際信任。熟人社會信任的基本格局以熟人社區為基本單

---

29 著名物理學家霍金表示，「人工智能或許不但是人類歷史上最大的事件，而且還有可能是最後的事件」，「人工智能的全面發展可能導致人類的滅絕」（孫偉平：《關於人工智能的價值反思》，《哲學研究》2017 年第 10 期，第 124 頁）。

位，以「互惠」的人情機制為紐帶，遵循「內外有別」的交往原則並逐漸向外推展。在這一階段，實現統治秩序關鍵是使權威的權力來源得到人們的認可，而權力如何行使，人們則不感興趣。熟人社會的人際信任是道德良心的訓誡，而不是規範性的制度約束。社會困境[30]中的信任受到諸多因素的影響，基於互惠理論和親緣理論，個人打算信任他人時，對他人的身分感知是影響信任與否的重要線索。人類史上的大部分時間裏都以親緣為紐帶構成社會，不同的社會組織帶來不同的信任形式。人際信任通過在集體維護的意識形態上實現信息共享的功能，從而維護社會秩序、規範社會行為。這種人際信任滿足了邊界清晰的熟人社會中的交往需求[31]，是一種典型的「親而信」[32]。差序格局是對中國倫理社會的概括。費孝通認為，中國社會是鄉土社會，是熟人社會，「我們的格局不是一捆捆扎得清清楚楚的柴，而是好像一塊石頭丟在水面上所發生的一圈圈推出去的波紋……以己為中心，一圈圈推出去，愈推愈遠，也愈推愈薄」[33]。與「關係倫理」相一致，在差序格局中，社會關係是逐漸從一個一個人推出去的，是私人聯繫的增加，社會範圍是一根根私人聯繫所構成的網絡。這是一個由近及遠、由親及疏、由熟悉到陌生的網絡，因而在日常生活和社會交往中，人們總是依照由親及疏、由近及遠的行動邏輯一圈圈向外擴散，擴散越廣，熟悉程度越低，信任度也就越低。隨著社會的發展和分化程度的加快，依靠文化習俗、道德標準及人情機制維繫的「熟人」關係運作在一定程度上出現了失範狀態。最為典型的「殺

---

30 社會困境也稱為「社會兩難」，描述的是一種個人利益和群體利益存在衝突的情景（陳欣：《社會困境中的合作：信任的力量》，科學出版社 2019 年版，第 3 頁）。

31 郝國強：《從人格信任到算法信任：區塊鏈技術與社會信用體系建設研究》，《南寧師範大學學報（哲學社會科學版）》2020 年第 1 期，第 11 頁。

32 朱虹：《「親而信」到「利相關」：人際信任的轉向 —— 一項關於人際信任狀況的實證研究》，《學海》2011 年第 4 期，第 115 頁。

33 費孝通：《鄉土中國》，人民出版社 2008 年版，第 28-30 頁。

熟」現象的一個直接結果，就是將最核心的人與人之間的人際信任關係破壞殆盡。熟人社會中涉及利益關係時，人們逐漸傾向於模仿與陌生人的交往模式。無論社會生產還是社會生活，人們往往要置身於不同的場景，面對各異的人群，不能固守一隅，更不能「雞犬之聲相聞，老死不相往來」。雖然社會關係網絡仍然是人們社會生活的主要範圍和依托，但邊界無疑已經變得模糊並大大地擴展了。因而，熟人關係和人際信任在快節奏的社會生產生活中變得相對淡化，與現代社會相比，它充其量只能存在於鄉土中國中，進入市民化的公共生活，需要建立起新的信任模式。

生人社會的制度信任。現代社會分工的細化、快速交通的發展以及職業代際的變遷，由生產和交換而結成的生人關係，正逐漸擠壓甚至取代血緣、地緣構成的熟人關係，成為當今及未來社會關係的基本內容。隨著生人社會的成型，制度信任逐漸成為這種社會關係得到穩定的基礎。全球化和市場化不僅改變了人們的生活方式和交往方式，同時也促使主體意識不斷覺醒。「全球化使在場和缺場糾纏在一起，讓遠距離的社會事件和社會關係與地方性場景交織在一起」[34]，社會結構和社會框架上的異質性特點決定了社會秩序、社會規範和共同價值觀的逐漸分化與多元。正如英國社會學家吉登斯所言，「脫域機制使社會行動得以從地域化情境中『提取出來』，並跨越廣闊的『時間—空間』距離去重新組織社會關係」[35]，且所有的脫域機制都依賴於信任。生人與熟人的區別已不再取決於交往頻率和次數，而是由社會整體的開放程度決定。「在理性化的市場經濟中，禮俗與關係雖然仍在約束著人們的思想和行為，但在更廣泛的社會範圍內，還需要更多的制度發揮作

---

34 〔英〕安東尼·吉登斯：《現代性與自我認同》，趙旭東、方文譯，生活·讀書·新知三聯書店 1998 年版，第 23 頁。
35 〔英〕安東尼·吉登斯：《現代性的後果》，田禾譯，譯林出版社 2011 年版，第 18 頁。

用。」[36]制度信任是對社會領域內公認有效的制度的信任，它通過信任制度（包括規章、制度、法規、條例等形式）來達到對經濟系統的信任、對知識專家系統的信任和對合法政治權力的信任，因而更具普遍性，超越個人、群體的範圍，產生廣泛的約束效力[37]。契約信任作為制度信任的核心，是生人社會的保障機制，也是構建社會秩序的手段。正如德國社會學家、哲學家齊美爾所言，「沒有信任，無從構建社會，甚至無從構建最基本的人際關係」。熟人之間的信任有自然基礎，基於道德和情感發生直接信任關係；但在陌生人之間則缺乏這些自然基礎，相互之間要達至信任，需要架起一座橋梁，依賴一種中介，形成間接信任關係，這種中介就是契約。契約信任認事不認人，按規章制度辦事，排斥人情糾葛和人情壟斷，摒棄「拉關係」「走後門」等煩瑣環節。這種簡化信任建立的過程，跨度地締結社會信任關係，有利於人們形成信任的心理，產生信任行為，從而有效維護現代社會秩序。「隨著信用網絡變得越來越複雜、更多的義務遭到破壞，達成契約之前能夠對其他人的誠實問題做出判斷就顯得很重要。」[38]因此，生人社會也會不可避免地出現失信與失範問題。「在轉型之際，新的共同價值規範尚未形成，傳統道德隨著熟人社會的瓦解而逐漸喪失效力，物欲橫流，搭便車、機會主義行為泛濫，信任問題凸顯，進而使社會秩序失範。」[39]

數字社會的信任危機。身分缺位是數字世界普遍缺乏信任的原因[40]。邁

---

36 王建民：《轉型時期中國社會的關係維持——從「熟人信任」到「制度信任」》，《甘肅社會科學》2005 年第 6 期，第 167 頁。

37 陳欣：《社會困境中的合作：信任的力量》，科學出版社 2019 年版，第 151 頁。

38 〔美〕查爾斯・蒂利：《身分、邊界與社會聯繫》，謝岳譯，上海人民出版社 2021 年版，第 110 頁。

39 丁香桃：《變化社會中的信任與秩序——以馬克思人學理論為視角》，浙江大學出版社 2013 年版，第 1 頁。

40 布魯斯・施奈爾認為，信任源於社會壓力。然而數字世界裏的身分和社會是脫節的，因此也就無法將現實中的壓力平移到網絡上，以至於數字世界裏的信任還處於重塑和再造的莽荒階段。

向數字社會，社會關係正不斷從「熟人圈子」到「陌生分化」發展，社會信任模式也從簡單人際信任走向數字技術信任。在「地球村」成為「數字化大都市」背景下，網絡虛擬空間越來越多地表現出多元化和孿生化。「互聯網的誕生催生了全新的網絡文化形態，非中心主義、多元化、無終極目標的網絡文化為道德相對主義提供了最好的土壤和藉口。道德相對主義在很大程度上消解了網絡文化中的道德權威，保障了網民確立自己道德追求的自由，利於防止各種道德強制、道德霸權及道德奴役等現象，但也帶來無善惡、無他人、無德性的道德世界。」[41]因此，在以網絡為載體的數字空間中，自我倫理是維繫數字秩序的關鍵。一方面，協調主體自我與客體自我之間的差異，可以消除網絡知識權力結構的宰制性和加強自我的自主選擇能力。另一方面，整合虛擬身分與真實身分之間多元自我的部分，可以消除自我對消極性虛擬生活的過度依賴。「網絡虛擬信任的本質依然屬人性發展、思想解放的範疇。在傳統經濟方式轉化為現代經濟方式的過程中，不斷誘發並催生著信任危機，使人們原有的信任感突發斷裂，現實生活中的信任危機不斷加劇。」[42]與此同時，網絡普遍約束機制不健全、利益不斷侵蝕道德等種種原因，致使一系列失範行為或事件頻頻發生。「當人們在日常生活中感覺到普遍的信任危機時，這種信任危機儘管是發生在個體、個別層面，但實質上卻是社會更高層次某種制度規則機制不合理性的彰顯與凸現。」[43]

---

41 桂旺生、曾競：《網絡文化背景下道德相對主義的幽靈》，《社科縱橫》2015 年第 3 期，第 146 頁。

42 劉煥智、董興佩：《論網絡虛擬信任危機的改善》，《雲南民族大學學報（哲學社會科學版）》2017 年第 2 期，第 102 頁。

43 高兆明：《信任危機的現代性解釋》，《學術研究》2002 年第 4 期，第 14 頁。

三　可信身分鏈

　　信任在社會整合與社會合作中起著獨特而積極的作用。從傳統交易合同到區塊鏈智能合約，社會信任現象充斥在現實世界和虛擬世界中，其目的都是在信息不對稱的情況下防範化解風險、凝聚社會共識。在人與人、人與物的物理距離「被動」擴大的現實下，數字身分鏈為重新定義信任關係帶來了新的可能性，數字化信任重新將距離拉近。基於零信任的理念，以身分為中心進行認證和授權，是解決數字化信任面臨的網絡安全和數據安全風險的主流安全架構。

　　數字化信任。 歷史經驗告訴我們，僅僅靠夢想和制度設計，是難以解決人群之間的信任問題的，信任的建立需要有可靠的信任保障技術作為基礎。區塊鏈等數字技術恰恰在這一點上解決了人類社會的信任機制問題。數字信任呈現了一種契合數字化時代需求的高效信任圖景，是人際信任與制度信任發展的一種高級形態。當人類文明進入以數字技術和數字經濟為基礎的數字文明時，影響信任關係的行為主體、信息溝通機制、社會依存關係和社會主要風險這四種約束條件都發生了顛覆性變化，傳統社會的信任關係必然演變為具有新特點、新內涵的數字信任關係[44]（見表 3-1）。「信任轉移理論」認為，信任轉移是一種認知過程，它可以在不同種類的來源中實現轉移。例如，從一個地方或一個行業協會轉移到個人，也可以從已知的目標個體轉移到未知的目標[45]。通道內信任轉移和通道間信任轉移是信任轉移的兩種類型。通道內信任轉移是指在同一情境中的信任轉移，通道間信任轉移則是指從一個環境到另一個環境的信任轉移。前者主要是從離線到離線或從在線到

44　崔久強、鄭寧、石英村：《數字經濟時代新型數字信任體系構建》，《信息安全與通信保密》2020 年第 10 期，第 12 頁。

45　Stewart K J. "Trust transfer on the World Wide Web". *Organization Science*, 2003, Vol.14, pp.5-17.

在線，後者主要是從離線到在線或從在線到移動通道[46]。「數字信任是數字技術對人際信任、系統信任的重構，是人際信任、系統信任在信任通道內和通道間『信任轉移』的結果。」[47]

表 3-1　人類文明形態發展下的信任關係演變

	農業文明	工業文明	數字文明
主要信任模式	人際信任	制度信任	數字信任
行為主體類型	社會個體	企業、社會組織	所有鏈接或映射到數字空間的組織、人和物
信息溝通機制	通過熟人關係網絡和書信進行信息傳遞	通過印刷術、電報、電話進行信息傳遞	通過互聯網、移動設備進行信息傳遞
社會依存關係	以自給自足的農業生產為主，商業化水平、社會分工和依存度整體較低	以社會化工業生產為主，依靠高商業化水平下發達市場經濟形成社會化分工，社會依存關係較高	依靠互聯網平臺企業和跨國互聯網公司形成基於數字經濟的精細化社會分工，社會依存關係極高
社會主要風險	自然災害、社會動亂為主	工程災害、環境污染為主	網絡安全、數據安全為主

資料來源：崔久強、鄭寧、石英村：《數字經濟時代新型數字信任體系構建》，《信息安全與通信保密》2020 年第 10 期，第 12 頁。

數字身分鏈。「數字身分通常指對網絡實體的數字化刻畫，形成的數字信息（標識與其所綁定的屬性信息）可作為用戶在網絡上證明其身分（屬

46　Lin J B, Lu Y B, Wang B, et al. "The role of inter-channel trust transfer in establishing mobile commerce trust". *Electronic Commerce Research and Applications*, 2011, Vol.10, pp. 615-625.

47　吳新慧：《數字信任與數字社會信任重構》，《學習與實踐》2020 年第 10 期，第 87 頁。

性）聲明真實性的憑證。」[48]從本質上而言，「數字身分是以數字形式存儲和傳輸的信息組合構成的，是在虛擬網絡空間生存、互動與社交關係的身分」[49]。「數字空間中的身分認證與治理的核心是識別與信任，這需要基於數字身分而建立，識別效率的提高和信任成本的降低是加速社會進步的重要推動力。」[50]不管是互聯網時代還是區塊鏈時代，其共同特點都是數字化，數字化轉型正在廣泛地重構人們的工作和生活。為了保證數字化活動和數字化交易是真實有效的，首先要使戶擁有數字身分，並保證其數字身分的真實性和有效性。[51]在當前中心統籌式的身分管理模式下，存在身分數據分散和重複認證、中心化認證效率和容錯性低、身分數據隱私與安全難控制、傳統身分證明無法覆蓋所有人等問題。「身分認證是指在網絡設施和信息系統中確認操作者真實身分的過程，從而確定該用戶是否具有對某種資源的訪問和使用權限。身分認證技術則是確認操作者真實身分過程中使用的方法或手段。」[52]但是，用戶通過身分認證並不等同於用戶身分可信。可信的身分認證應當具備兩個條件，一是將網絡行為主體身分憑證與其對應的現實主體法定身分信息進行綁定，實現網絡行為主體現實身分真實性的認證和追溯；二是借助大數據行為分析、生物特徵識別等技術，確保網絡行為主體就是擁有

48　崔久強、呂堯、王虎：《基於區塊鏈的數字身分發展現狀》，《網絡空間安全》2020 年第 6 期，第 26 頁。

49　龍晟：《數字身分民法定位的理論與實踐：以中國—東盟國家為中心》，《廣西大學學報（哲學社會科學版）》2019 年第 6 期，第 110 頁。

50　龍榮遠：《每日科技名詞——數字身分》，學習強國官網，2021 年，https://www.xuexi.cn/lgpage/detail/index.html?id=8471966451907701152&item_id=84719664519077701152。

51　國際市場研究機構 MarketsandMarkets 的最新研究報告數據顯示，2019 年全球數字身分解決方案市場規模達到 137 億美元，到 2024 年，該市場預計將增長至 305 億美元，預期內的年複合增長率達 17.3%。

52　宋憲榮、張猛：《網絡可信身分認證技術問題研究》，《網絡空間安全》2018 年第 3 期，第 70 頁。

法定身分信息的現實個體。「數字身分鏈是將 eID 與區塊鏈相結合的創新應用，數字身分鏈運用 eID 技術保證了數據的安全性和隱私性，利用區塊鏈技術保證了數據的唯一性。身分鏈不僅是簡單把身分做重新歸置，更多的是多元身分認證。為公民在不同應用場景匹配安全性最高的匿名 ID；為不同的應用系統提供防篡改、防抵賴、抗攻擊、抗勾結、高容錯、安全高效、形式多樣、保護隱私的可信身分認證服務，將身分認證服務從單點在線服務向聯合在線服務推進。」[53]數字身分鏈是基於區塊鏈技術實現數字身分認證的唯一標識，是可信的分布式身分信息管理與流通系統。從國家治理角度看，全面感知網絡行為主體的行為狀態，通過數字身分鏈對其進行身分認證和行為追溯，有利於推進網絡空間治理體系和治理能力現代化，構建現代化國家治理體系。從經濟社會發展角度看，數字身分鏈在經濟社會各領域的創新應用，加快了數字政務、數字商務等數字化服務普及，識別數字化服務對象的身分，建立可信數字身分，是人們享受各項數字服務的前提和基礎，也是數字經濟發展的必然要求。[54]

零信任模型。「零信任安全理念打破了網絡位置和信任間的默認關係，能夠最大限度保證資源被可信訪問。」[55]零信任安全模型不再以網絡為中心，而是以身分為中心進行動態訪問控制。「網絡信任體系作為網絡信息安全的重要因素，是保障網絡空間實體活動的核心基石；零信任架構作為一種新興安全模式，以信任評估為基礎，強調動態信任，為網絡信任體系的建設

53　王俊生等：《數字身分鏈系統的應用研究》，載中國電機工程學會電力通信專業委員會主編：《電力通信技術研究及應用》，人民郵電出版社 2019 年版，第 404-405 頁。

54　曠野、閻曉麗：《美國網絡空間可信身分戰略的真實意圖》，《信息安全與技術》2012年第 11 期，第 3-6 頁。

55　中國信息通信研究院雲計算與大數據研究所、騰訊雲計算（北京）有限公司：《數字化時代零信任安全藍皮報告（2021 年）》，中國信息通信研究院官網，2021 年，http://www.caict.ac.cn/kxyj/qwfb/ztbg/202105/P020210521756837772388.pdf。

應用提供了新的思路。」[56]在零信任的架構中，有幾個基本假設。第一，網絡每時每刻都處於危險之中，在認證前，任何接入或訪問的流量都不可信。第二，從底層架構到應用實踐的整個網絡系統，都受到來自外部和內部的各種威脅。第三，網絡的位置不確定、範圍跨度大、使用頻率高，難以形成可信的網絡環境。第四，認證和授權的對象應當覆蓋所有設備、用戶和網絡流量。「區別於傳統邊界安全架構，零信任架構提出了一種新的安全架構模式，對傳統邊界安全架構思路重新進行了評估與審視，默認情況下不信任網絡空間中的任何人員、設備、軟件和數據等訪問實體，需要基於持續性的實體信任評估對認證和授權的信任基礎進行動態重構。」[57]零信任模型旨在引導網絡體系架構從以網絡架構為中心向以身分認證為中心轉變。基於動態可信訪問控制的網絡信任體系能夠面向身分認證、授權管理、信任評估等多個層面，實現信任服務能力增強和提升。「零信任架構模型核心組件由數據平面、控制平面和身分保障基礎設施組成，其中控制平面是零信任架構的支撐部分，數據平面是交互部分，身分保障基礎設施是保障部分，控制平面實現對數據平面的指揮和配置。」[58]策略引擎作為控制平面的核心要素，是整個零信任架構的大腦。實踐中，根據零信任架構成熟度的不同，策略引擎輸入因子的細粒度、策略引擎分析的能力、輸出策略的精準度和時效性、策略下發的方式方法、策略執行的力度、反饋機制等均會有較大的差異。最終通過大數據、人工智能等技術手段，認證和授權能夠實現細粒度的自適應控制，這也是零信任架構的理想化目標[59]。

---

56 余雙波等：《零信任架構在網絡信任體系中的應用》，《通信技術》2020 年第 10 期，第 2533 頁。

57 余雙波等：《零信任架構在網絡信任體系中的應用》，《通信技術》2020 年第 10 期，第 2534 頁。

58 魏小強：《基於零信任的遠程辦公系統：安全模型研究與實現》，《信息安全研究》2020 年第 4 期，第 293-294 頁。

59 王胤：《一文講透零信任模型》，網安前哨，2020 年，https://mp.weixin.qq.com/s/KhEfalmkI7vgtD_xjY7EHA。

數字公民

《世界人權宣言》第六條指出：「人人在任何地方都有權被承認在法律面前的人格。」身分是一項基本人權。不幸的是，根據世界銀行的統計，全球大約有 15 億人未獲得官方認可的身分信息，其中大部分人生活在非洲或亞洲。這些人沒有政府頒發並獲得官方認可的身分文件，進而無法獲得基本服務，屬弱勢群體。進入數字社會，到了需要做出改變的時候。隨著科技革命推動數字社會的到來，互聯網、移動互聯網解決了「事」的數字化，物聯網解決了「物」的數字化，區塊鏈則將解決「人」的數字化。「數字公民」上承國家戰略、下啟社會治理，在社會治理主體、職能、範圍、方法都亟待改革的當下，「數字公民」將成為社會治理的一把「金鑰匙」。數字身分是進入數字孿生世界的入口，身分通行與數據通行是數字公民計劃實現的基本前提。基於這兩項能力，「人」的數字化才能實現，完成人由物理世界到數字世界的映射與對接。

一 數據人假設

人的自由而全面的發展階段是馬克思根據當時資本主義社會的基本矛盾和解決矛盾的途徑分析推斷出來的，是對物的依賴性發展階段的劃時代超越，是人類社會發展的終極價值，需要漫長的發展過程。數化萬物加速了這一進程。「數據化不只是一種技術體系，不只是萬物的比特化，而是人類生產與生活方式的重組，是一種更新中的社會體系，更重要的是，更新甚或重構人類的社會生活。」[60]數據改變了人類的生產生活方式、社會運行機制和

---

60 丘澤奇：《邁向數據化社會》，載信息社會 50 人論壇編著：《未來已來：「互聯網+」的重構與創新》，上海遠東出版社 2016 年版，第 184 頁。

國家治理模式，數據連接萬物，數據變革萬物，一場以人為原點的數據社會學範式革命正在悄然進行，這場革命將改變人的存在方式、思維模式和權利形式。在這一背景下，以數據為牽引提出的數據人假設，是數字社會建設與運行的基礎性假設。

數據人的時代背景。 1966 年，美國眾議院議員科尼日利厄斯・加拉格爾在「聯邦數據中心」聽證會上發出了這樣的警告，「電腦化的人」，「在我看來，就是指被剝奪了獨立性和隱私的人。仰仗著科技進步所帶來的標準化，這種人的社會地位將依靠電腦來衡量，並且會失去他的個人特質。他的生活、他的天賦甚至他賺錢的本事都會被降格為一塊磁盤，一塊單調乏味、失去那原本充滿了豐富多彩的可能性的磁盤。」[61]「電腦化的人」既是一個警示，又是一個預言。十年不到，加拉格爾的預言就幾乎變成了現實。1973年，美國衛生、教育及福利部[62]發布了《記錄、電腦與公民權利》的報告，其中不無許多憂傷的描述。[63] 2004 年，美國著名隱私權專家丹尼爾・沙勒夫教授出版了一部專著，書名就叫《數字人：信息時代的技術與隱私》。沙勒夫教授在開篇中直截了當地描述了身處於信息時代的人們所面臨的危機：「我們正身處於一場信息革命之中，但我們對其複雜性的瞭解才剛剛開始。過去幾十年見證了我們購物、存錢、取錢以及日常生活所發生的巨大變化，

---

61 Regan P M. *Legislating Privacy: Technology, Social Values, and Public Policy*. Chapel Hill: University of North Carolina Press. 1995, p. 72.

62 美國衛生和公眾服務部的前身。

63 曾幾何時，我們總是面對面地將我們的個人信息託付給我們信任的人或機構，這種託付可以説包含了某種對稱與對等。而現如今，個人不得不越來越多地把自己的個人信息交給大量不知名的機構，供它們處理和使用。至於究竟是些什麼人在使用我們的個人信息，我們無從得知，既看不見也摸不著，而且即使我們知道是誰，也常常得不到任何回應。甚至有時我們根本就不知道某個機構還持有一條關於自己的信息記錄。大多數情況下，我們都被蒙在了鼓裏，更不用説，還能追問那些信息是否準確，控制那些信息不會被亂傳播，阻止別人隨意地使用那些信息了。

但隨之而來的是不斷擴張的個人記錄與信息。那些以往僅僅留存於模糊記憶或斷紙餘墨之中的小細節，如今卻在數字化的電腦記憶中、在包含著大量個人信息的巨型數據庫中得以永久保存。我們的錢包塞滿了各種卡，銀行卡、電話卡、購物卡和信用卡——所有這些都可被用來記錄我們去了哪兒、做了些什麼。每一天，這些信息就如同涓涓細流，彙聚到那些電子大腦當中。然後，這些電子大腦再通過千百種方式對這些信息進行傳輸、分類、重新編排、合併重組。數字技術使得保存我們日常生活的瑣碎細節成為可能，我們的來來往往、我們的喜怒好惡、我們是誰、我們擁有些什麼，無所不包。還不止於此，這些技術完全可以繪製出一張電子拼圖，涵蓋一個人的大部分生活——從無數記錄中捕獲出來的一個人的生活，從集成電腦網絡世界中編制出來的一個數字人。」[64]從 2004 年到 2021 年，差不多又過去了十幾年，相信沙勒夫教授的這段話讓大多數中國人也感同身受。不斷成長中的「數字中國」，正以前所未有的面貌展現在世人面前。中國人的幾乎每一個生活細節都滲透著「數字」的身影，在移動支付、共享單車、網絡購物等數字經濟領域超過了西方國家，高鐵也不斷與數字技術相融合，以提升運營性能和服務質量。現在，我們對數字技術給生活帶來的改變可以看得更清楚、更全面、更深入。這時，我們也不得不直面 50 多年來美國人民所擔心的「電腦化的人」和「數字人」問題。[65]「在大數據時代，在數據構成的世界，一切社會關係都可以用數據表示，人是相關數據的總和」[66]，數化萬物，所有的人和

64　Solove D J. *The Digital Person: Technology and Privacy in the Information Age*. New York：New York University Press. 2004, p. 1.

65　孫平：《「信息人」時代：網絡安全下的個人信息權憲法保護》，北京大學出版社 2018 年版，第 5 頁。

66　李國杰：《數據共享：國家治理體系現代化的前提》，《中國信息化周報》2014 年第 32 期，第 7 頁。

物都將作為一種數據而存在。數據已覆蓋和書寫了一個人從搖籃到墳墓的全部生活，「自然人」逐漸演化為「數據人」，進而成為數字公民的基本單元。

數據人的價值取向。數據人假設的核心是利他主義。耶魯大學經濟學家舒貝克指出：「利己主義和合作已經以公共產品難題、囚徒困境等形式吸引了大量的注意力。」[67]哈佛大學生物學家馬丁·諾瓦克認為：「合作是進化過程中創造力的源泉，從細胞、多細胞生物、蟻丘、村莊到城市莫不如此。」全球治理挑戰正在以全新的方式呈現在人類的面前，新挑戰要以新的合作方式去應對，而利他主義正是新合作方式的基礎。全球各國必須加強團結，以合作的態度面對全球危機。奉行互利共贏的開放戰略，在人類利益共同體和人類命運共同體之間找到最佳平衡點，才能實現帕累托最優。人類歷史無時無刻不在證明，隨著社會的進階和文明的進步，人類自私自利、野蠻霸道、貪得無厭等思想成分越來越少，而利他的心理、內心的法律、共享的理念等思想成分越來越多，甚至可能成為人類未來生活的主旋律，人類因此走上一條利他性主導的發展道路。數字社會的關係結構決定了其內在機理是去中心、扁平化、無邊界，基本精神是開放、共享、合作、互利。這些特徵奠定了這個社會「以人為本」的人文底色，也決定了這個時代「利他主義」的核心價值。數據人追求數據價值、創造數據價值和實現數據價值所遵循的基本原則是價值最大化，其所代表的人性在大數據時代的變遷，最終必然會帶來共享和利他價值的變遷。數據人的提出意味著人類對人與數據之間的關係有了進一步的覺解，人們意識到，應按照最有利於促進社會整體利益的讓渡原則，盡最大努力增進社會的數字福祉。數據人假設肯定了不同利益主體逐利的合理性，又強調合作共享的必要性，順應了數據力發展和數據關係變革新

67　〔美〕查爾斯·蒂利：《身分、邊界與社會聯繫》，謝岳譯，上海人民出版社 2021 年版，第 56 頁。

的要求[68]。區別於經濟人假設突出人的利己性，社會人假設突出人的非經濟社會性，數據人假設則是聚焦人的利他性與共享性。利他與利己相互依存，互為依托，個人成就如此，國家富強亦如此。

數據人的權利邏輯。在人權理論上，「並非任何促進人類的善或人類繁盛的東西都可以算作人權對象，唯有人的資格所需要的那些東西才可以成為人權的對象」。進入數字時代，每天產生的海量數據既是生產生活的行為軌跡，也是個人生活的情景再現，包括生命財產、政治參與、勞動就業、社會保障、文化教育等在內的各項人權，都受到了數字化的重構、解構與挑戰。因此，數據不僅成為人們數字化生活不可或缺的財富資源，也成為新時代人權日益重要的新型載體和價值表達。從「數據人」到「數字公民」，人權形態正在被數字化重塑，而新的人權觀也需要建立在數字化的「數據人」基礎上，這就需要確立全新的「數字人權」觀。「數字公民」就是數字化的公民或公民的數字化，它是公民在數字世界的映射，是物理世界公民的副本，是公民責、權、利的數字化呈現，是構成公民個體的重要組成部分[69]。數字技術的滲透性、擴散性、顛覆性特徵，正在促進數字公民的權利意識發生深刻的變化，主要體現在權利認知的自覺化、權利主張的理性化和普遍化、權利要求的縱深化、社會輿論成為維護數字公民權利的強大力量四個方面[70]。數字科技的進步和數字社會的發展不斷地擴展人們對權利範疇的探索，一個新的既有別於物又超越了人的東西開始進入法律關係的視野，這就是「數」。「數據不僅可以成為法律調整的對象，還可被權利化為新的權利形態。數權

68　大數據戰略重點實驗室：《數權法 2.0：數權的制度建構》，社會科學文獻出版社 2020 年版，第 30-36 頁。

69　王晶：《「數字公民」與社會治理創新》，《學習時報》2019 年 8 月 30 日，第 A3 版。

70　胡訓玉：《權力倫理的理念建構》，中國人民公安大學出版社、群眾出版社 2010 年版，第 186-189 頁。

的提出恰恰脫離了以人格權、財產權等傳統學說為邏輯起點的數據權屬定位，在整個權利體系中具有獨立的地位，包括數據權、共享權和數據主權。」[71]數據權利的保護、數據產權的配置與數據主權的捍衛將成為數字社會的基本權利景象，而數字公民對個人數據權利的主張，表現在個人在法律層面對自身數據人格權益與財產權益不受非法侵害的訴求。數權不同於物權，不再表現為一種占有權，而是成為一種不具有排他性的共享權，往往表現為「一數多權」。共享權將成為一種超越物權法的具有數字文明標誌意義的新的法理規則。數字公民的共享權將利他主義作為根本依據，為數字文明制度體系的建構提供價值導向基礎。

二 數字公民計劃

數字化已成為推動治理創新發展的「綱」和「魂」。如果說有一個支點就能撬動整個地球，那麼，在數字時代，「數字公民」就是那個能撬動公共服務和社會治理困境的支點。2019 年 9 月，由公安部、網信辦、工信部、發改委、央行等多部委直屬科研機構同中科院、清華、復旦、同濟等共同支持成立了專注於公民數字身分產業化的合作組織——公民數字身分推進委員會組織，共同推進數字中國建設。從國內看，貴陽的「身分上鏈」項目利用區塊鏈等數字技術，在可信數據生態環境下，把誠信體系建設這一道德問題逐步變成數學問題，為提升政府治理能力注入了新動能，為實現公平公正公開提供了技術背書。福州「數字公民」試點是全國首個試點，作為響應「推進國家治理體系和治理能力現代化」要求而進行的一項實踐探索，通過賦予公民數字身分，獲取個性化、精準化、智慧化服務，提升公共服務效能，推

71　大數據戰略重點實驗室：《數權法 2.0：數權的制度建構》，社會科學文獻出版社 2020
　　年版，第 60 頁。

動社會「治理」向「智理」轉變。從國際看，愛沙尼亞數字國家計劃讓愛沙尼亞打破了因地域、資源、資本限制的國際影響力，利用數據作為重要市場要素，推動以「X-Road」、「數字公民」為載體的數字服務產品的對外輸出。

　　貴陽：身分上鏈構築誠信長城。 社會誠信體系的建設是一個長期過程，其中關鍵的基礎性問題就是對誠信主體線下實名身分以及線上多重數字身分的驗證和映射關聯，以及對誠信評價結果使用方的身分及授權進行驗證。自2009年起，貴陽通過「誠信清鎮」建設，開展誠信農民、誠信村組、誠信鄉鎮創建活動，在社會誠信體系建設方面積累了很多先進經驗和做法，獲得「中國社會治理創新範例50佳」，榮膺「中國城市管理進步獎」。2017年，貴陽提出了「身分鏈」的概念，創新性地將區塊鏈技術應用於社會誠信體系建設，清鎮再次作為試點獲得了一劑「良方」。基於區塊鏈建立的「身分鏈」，通過整合大數據、人工智能等技術，可以實現對數字身分的精準識別、構建可信數據生態、實現原數據保護下的多方數據協作、實現數據價值的確權與權益分配。「身分鏈」App通過集成CA認證，可賦予所有誠信參與主體數字身分。該項目搭建了全範圍覆蓋、全過程記錄、全數據監督的信用體系「數據鐵籠」，能實現誠信數據價值鏈權益可信分配、可追溯、可審計。圍繞「身分鏈」，貴陽建設了「鏈上清鎮‧智惠城鄉」誠信共享平臺，實現了誠信數據資源的開放共享。未來，貴陽將基於「身分鏈」，打通身分系統和權益系統之間的隔閡，開發「誠信你我」數字化便民產品。具體而言，「誠信你我」是一個帳戶管理App，其功能和優勢主要體現在以下四個方面：一是通過客戶需求、選擇和授權，展示客戶的信用足跡和誠信信息，及時更新客戶信用等級；二是利用「誠信你我」App為客戶提供移動式服務，例如審批客戶申請、回覆客戶疑問、解決客戶訴求等等；三是根據客戶信用等級為客戶之間的交易建立信任關係，並為交易過程提供存證服務；四是基於區塊鏈的可信機制構建數字錢包，確保數字權益的全生命週期都在安

全可控的條件下進行。運用區塊鏈構建「身分鏈」並以誠信農民應用場景為突破，從社會底層、道德秩序、社會規範等方面構建政府治理基礎設施，能夠讓誠信的農民擁有誠信的身分，為社會提供正向激勵的通道，讓農民在新的文明秩序下找到合理歸宿、發揮應有價值。

福州：數字公民助推公共服務和社會治理現代化。2014 年，習近平總書記走訪福州市鼓樓區軍門社區時提出「三個如何」的殷切希望：如何讓群眾生活和辦事更方便一些？如何讓群眾表達訴求的渠道更暢通一些？如何讓群眾感覺更平安、更幸福一些？[72]福州以鼓樓區為試點，深入貫徹「以人民為中心」的發展思想，運用人工智能、區塊鏈、物聯網、大數據等數字技術創新公共服務和社會治理，為群眾提供主動化、精細化、人性化的服務。「數字公民」創新試點是面對「三個如何」殷切期望交出的一份正式答卷。數字公民基於安全二維碼的可信數字身分應用能力，以居民身分證號為根，以安全二維碼為交互介質，打造出一套以百姓為中心、安全可信、可管可控的「為人賦碼」能力體系，構建網絡與實人之間的可信連接紐帶。[73]鼓樓區在「還數於民」理念的支持下，開啟數字身分公共服務平臺與個人數據抓取能力平臺兩大基礎能力平臺建設及政務便利應用、商務權證保管、健康全息數字人、綜合信用服務、數據創建應用、參與社會治理應用、個人數據雲服

72　中共中央文獻研究室：《習近平關於全面建成小康社會論述摘編》，中央文獻出版社 2016 年版，第 146 頁。

73　二維碼安全體系是數字公民全球首創安全二維碼技術，從底層解決二維碼防篡改、防抵賴、防複製難題，構建手機安全屋，配置專屬識讀終端，同時在業務交互過程中設置多重安全等級，保證從賦碼、出碼到驗碼用戶使用過程中的全流程安全，實現了雲碼端全體系安全。鑰匙與服務分離是以百姓為中心，為百姓暢行線上線下打造一把屬他的安全鑰匙。數字身分應用生態服務是支持全社會快速部署用碼環境。以三項首創技術為支撐，福州數字公民致力於成為公民通行線上線下的便捷工具，公民管理數據資產的安全鑰匙，公民實人進入數字世界的橋梁。

務七項基本應用建設。試點啟動後，數字公民身分公共服務平臺率先建設與運營，首批向鼓樓區所有居民發放數字公民 ID。數字身分公共服務平臺依托公安部的實名實人認證技術，綁定個人在物理世界的身分信息和生物特徵，生成 CA 證書存入用戶手機，再由用戶設置授權密碼，建立起一套人證合一、證機合一、機人合一的完整身分認證體系。當線下的真實個人和線上的數字身分建立了一一對應關係，便可在不同場景輕鬆地證明「我是我」。數字公民讓每個公民的數字身分立起來，讓每個公民的數據跑起來，讓數據資產管起來，通過鏈接數字公民的身分認證服務平臺與個人數據抓取平臺，個人數據將放入人工智能計算模型中，在政務辦事、社會共治、健康管理、信用評估、數據交易方面等獲取個性化精準服務，在放心的「無證照」通行生活中逐漸具備擁抱人工智能的途徑和能力。在公共服務領域，數字公民聚焦基本民生需求，在不改變現有政府條塊化、層級化治理體系基礎上，運用信息化推動公共服務體系軟重構，讓百姓在家裏、「掌心」就能辦成事、辦好事。在社會治理領域，數字公民可以幫助每個公民以最便捷的方式有序參與到共建共治共享的社會治理體系中，形成全民能參與、願參與局面，推動形成社會善治新格局。這個創新的善治模式不是單一的、自上而下的，而是多元的、相互的。社會治理也將由傳統行政化、科層化的單向治理邏輯，變為雙向協同關係，從而將傳統粗放式、經驗式的社會管理升級為精細化、個性化、智慧化的社會治理新模式。[74]

愛沙尼亞：從袖珍小國到網絡強國。自脫離蘇聯重新成為獨立國家至今，經過 30 多年的不斷努力，愛沙尼亞已經在公共服務、政府治理以及數字經濟等領域為世界各國數字化發展樹立了典範。愛沙尼亞數字國家計劃的三張「王牌」相關技術和理念是其可以被忽略的國土面積，不可忽視的數字

---

74 王晶：《「數字公民」向我們走來》，《中國政協》2017 年第 13 期，第 16 頁。

空間影響力的重要支撐。一是 X-Road，信息技術基礎設施的王牌技術。早在 2000 年，愛沙尼亞政府就著手開展信息系統現代化工作，「十字路口」工程（X-Road Project）就是其中之一，數字化服務優勢開始釋放出來。「它將所有分散儲存和管理在不同數據庫中的信息連接起來，在得到數據所有人同意後，所有數據庫都可實現共享。X-Road 是國家公共部門以及私營部門各種電子服務數據庫之間最重要的連接，它保障這些數據庫之間互聯互通和協調運作。所有使用多個數據庫的愛沙尼亞信息系統都搭載在 X-Road 上，所有傳出數據都經過數字簽名和加密，所有傳入的數據都進行身分驗證和記錄。」[75] 二是數字身分證，數字政務和數字化服務的王牌技術。2002 年，愛沙尼亞政府逐漸向居民發放帶有芯片的 eID 卡，授權居民通過數字簽名直接識別並驗證合法交易和文件。eID 系統是網絡環境中驗證個人身分的國家標準化系統，它打開了所有安全的數字服務大門，同時保持最高的安全性和信任。與 eID 一起發放的還有兩個 PIN 碼，一個用於系統登錄身分驗證，一個用於交易過程授權。例如，某項服務對 eID 持有者存疑，可以申請身分鑒定，相關機構可以通過比對中央數據庫驗證身分的真假。eID 是愛沙尼亞政府信息系統現代化和服務數字化的關鍵，是實現政務、交易、報稅、投票等服務「無紙化」的必要條件。三是電子居住證，這是吸引 1000 萬數字公民的王牌技術。2014 年 9 月，愛沙尼亞正式啟動網絡居留證專項計劃（e-Residency Program）。2015 年 4 月，愛沙尼亞再出新政，開啟了電子居住證（e-Residency）計劃，成為全球第一個向世界提供跨國數字身分認證的國家。獲得電子居住證並不等同於獲得愛沙尼亞或歐盟的公民身分，電子居住證不能作為工作簽證，也不能作為旅遊簽證，但可以為電子居民帶來線上創建總部位於歐盟的公司、不受地域限制線上經營公司、遠程發展業務、加入

---

75 唐濤：《愛沙尼亞數字社會發展之路》，《上海信息化》2018 年第 7 期，第 79-80 頁。

全球社區等便利。愛沙尼亞政府以此希望將優質便捷的網絡工商政務服務帶給全世界，讓互聯網創業者更加便捷、高效，並希望到 2025 年能為其帶來 1000 萬數字公民。三張「王牌」技術和理念的本質都是對「連接即服務」的踐行，給各國數字政府、城市治理與服務發展帶來了重要啟示。

三 數字公民素養

　　數字素養和技能是數字經濟發展和數字社會進步的基礎。數字社會需要數字公民，數字公民需要數字素養[76]。數字公民素養不僅僅包括對數字科技、數字產業、數字經濟的認知、理解和應用，更包括數字生活以及數字化思想文化體系的濡養、熏染和重建，是人類文明「操作系統」的重裝與升級。「從現實社會來看，對於公民的要求主要包括權利和義務兩個方面，而這一概念也可以適用於網絡社會之中。從權利角度來看，數字公民具有使用網絡信息的權利，包括信息的交流、傳遞等，同時，也具有規範自身行為和遵守法律的義務。從思想層面來看，數字公民對信息技術應該具備足夠的敏感性，換言之就是具備利用信息技術來解決實際問題的意識。而意識還包括安全責任意識和健康意識等多個方面。從知識層面來看，數字公民本身是具備文化素養的，具備在數字社會中學習和生活的能力。除了信息技術本身的知識以外，還包括對於制度和法律的瞭解，即什麼行為是被允許的，什麼行為是不符合規範的。從實踐層面上看，數字公民具備利用信息技術的能力，

---

76 1994 年，約拉姆・埃謝特・阿爾卡萊把「理解及使用通過電腦顯示的各種數字資源及信息的能力」概括為「數字素養」。1997 年，保羅・吉爾斯特在其著作《數字素養》中首次正式提出「數字素養」。他認為數字素養主要包括獲取、理解與整合數字信息的能力。2017 年 8 月，國際圖書館聯盟發布了全球第一份關於數字素養的國際性系統宣言《國際圖聯數字素養宣言》。該宣言指出，具備數字素養意味著可以在高效、合理的情況下最大限度地利用數字技術，以滿足個人、社會和專業領域的信息需求。

無論是用於學習、生活還是娛樂，都能具備在數字化領域的『生存』能力，這也和現實社會相似，人們在現實社會生存需要具備求生技能。」[77]

數字意識力。 數字意識「主要指數字公民對技術的態度問題，表現為數字公民對信息技術的敏感性，以及運用信息技術服務於日常生活、學習、工作的意識，包括數字化參與意識、數字健康意識、數字安全意識、數字公民責任意識等要素」[78]（見表 3-2）。數字意識是數字智商的首要環節，是人類數字化生存與發展的必要條件。數字智商（digital intelligence quotient，簡稱 DQ）一詞最早出自 DQ Institute 的報告[79]，指的是個人數字能力的商數，是衡量個人數字能力的標準。它包括三個核心組成部分：數字公民素養、數字創造力和數字競爭力[80]。「DQ 沒有以信息素養、數字素養等作為核心，是因為它們無法完整體現人們數字化生存與發展中必不可少的要素：對技術的正確與合法使用，公民的公共事務參與，與數字公平、數字道德相關聯的數字社會責任與擔當等。數字公民素養是 DQ 的核心和首要環節：只有具備了數字公民素養，才能進階到數字創造力，進而擁有強大的數字競爭力。」[81]數字意識是一種全球意識。近年來，我國倡導的「人類命運共同體意識」就是「全球意識」的創新性表達。現實世界的全球意識和數字化世界的全球意

77　龍萍：《數字原住民向數字公民轉化的探討》，《文化創新比較研究》2018 年第 13 期，第 159 頁。

78　張立新、張小艷：《論數字原住民向數字公民轉化》，《中國電化教育》2015 年第 10 期，第 13 頁。

79　Tedeneke A. "Singapore and Australia first to launch DQ Institute cyber-risk reporting system for children". 2017. https：//www.weforum.org/press/2017/09/singapore-and-australia-firstto-launch-dq-institute-cyber-risk-reporting-system-forchildren/.

80　DQ Institute. "DQ global standards report". 2019. https://www.dqinstitute.org/wp-content/uploads/2019/03/DQGlobalStandardsReport2019.pdf.

81　鄭雲翔等：《數字公民素養的理論基礎與培養體系》，《中國電化教育》2020 年第 5 期，第 74 頁。

識可以統稱為全球意識。隨著世界的日新月異，我們必須為下一代制定一套數字化世界公民意識的基本原則，促進他們養成道德觀念和責任感，並能推己及人，形成合作意識、集體意識、共同體意識、國家和民族團結的意識，進而形成全球意識。

表 3-2　數字意識的主要內容

數字意識	內容要點
數字化參與意識	・通過使用公共或私人數字服務積極和負責任地在線參與當地、本國或全球的公共事務活動。 ・通過適當的數字技術尋求自我賦權和參與式公民身分的機會。
數字健康意識	・能嚴格控制數字設備的使用時間，作息時間規律。 ・有節制地使用網絡（包括網絡遊戲），瞭解健康在線和不健康在線之間的差異，能平衡在線和離線生活。 ・在使用數字技術時，能識別並避免威脅自己和他人健康的各種風險。
數字安全意識	・瞭解在數字社會中如何安全使用和分享個人身分信息，保護自己和他人免受損害。 ・具有識別、緩解和管理與個人在線行為相關的網絡風險與威脅（例如網絡欺凌、騷擾和跟蹤）的能力。 ・能夠使用合適的安全策略和保護工具對個人數據和設備進行檢測，以發現潛在的威脅（例如黑客攻擊、惡意軟件）。 ・具有在線管理隱私、聲譽和安全的基本技能，如在分享作品、獲取資源、保護自己免受惡意軟件侵害的時候有能力做出負責任的決定。 ・在數字接入（如網絡接入）時充分考慮可靠性和隱私，瞭解相關安全和防衛措施。 ・保護環境，儘量降低數字技術的使用對環境的破壞和影響。

數字意識	內容要點
數字公民責任意識	・瞭解和遵守數字社會的技術倫理，包括知識版權、著作權保護和數字禮儀等。 ・理解作為數字公民的權利和責任，在數字空間中努力踐行積極的道德規範和行為準則。 ・瞭解個人行為與為群體服務之間的區別，瞭解群體賦予個人的權利和義務，規範自身在數字社會的行為，不欺負他人，讓絕大多數人享受數字技術帶來的便利和快樂。 ・瞭解使用不同的技術需要遵守不同的技術規則。 ・理解和遵守關於技術使用的法律和政策，尤其是以法律條例形式存在的規則。

資料來源：鄭雲翔等：《數字公民素養的理論基礎與培養體系》，《中國電化教育》2020 年第 5 期，第 69-79 頁。

數字勝任力。2017 年，歐盟發布的《公民數字勝任力框架 2.1》將數字勝任力劃分為五個勝任力域：信息和數據素養域、交流與協作域、數字內容創作域、安全意識域、問題解決域。綜合來看，「數字素養正在成為一種普遍的能力，甚至是獲得其他技能的先決條件，其具體體現為公民使用信息技術的綜合能力與勝任力」[82]。數字勝任力是面向數字技術的尖端要求，更是基礎性要求。集中體現為數字時代下公民利用各種數字技術進行學習、工作和生活所需具備的關於安全、合法、符合道德規範地使用技術的價值觀念、必備品格、關鍵能力和行為習慣。數字化服務早已成為大多數人習以為常的生活方式。「十四五」規劃建議強調，「提升全民數字技能」。我們在不斷使用和依賴數字技術的同時，數字技術也對數字化時代的數字公民應當具備的

---

[82] 孫旭欣、羅躍、李勝濤：《全球化時代的數字素養：內涵與測評》，《世界教育信息》2020 年第 8 期，第 13 頁。

數字素養提出了要求。美國聯邦政府公布的國家教育技術計劃和全國教育技術標準指出，模範數字公民應當具備「能夠踐行安全地、合法地、符合道德規範地使用數字化信息和工具」的能力。美國數字公民教育研究學者邁克・瑞布在其著作《學校中的數字公民教育》中指出，「數字公民應能夠在應用技術的過程中遵循相應的規範，並表現出適當且負責任的行為。」「現實社會中對公民的要求主要體現在權利和義務兩個層面上，而數字公民基本要求主要指公民在數字社會中，運用技術進行實踐和活動所必須具備的一些素養和規範。」[83]《美國國家教育技術標準・學生（第二版）》對數字公民的職責和權利做出了明確規定，要求能理解與技術相關的人性、文化和社會問題，還要能做出符合法律和道德規範的行為。基於此，數字公民的基本要求可以概括為四個方面：數字意識、數字知識、數字能力和數字文化。這四個方面既是對數字公民基本生活的、複合的、跨學科的重要技能的綜合反映，也是維護網絡空間和諧生態，營造萬象共生、相互包容的數字世界的數字化生存之道。

數字領導力。「數字領導力是在數字科技時代，個人或組織帶領他人、團隊或整個組織充分發揮數字思維，運用數字洞察力、數字決策力、數字執行力、數字引導力確保其目標得以實現而應該具備的一種能力，是在數字科技支撐下有效實施國際治理、國家治理、社會治理和公司治理的一種能力。」[84]後疫情時代，數字技術與治理模式要相互兼容、相互匹配、相互促進，具備數字領導力的數字公民和數字政府將成為數字社會的重要標誌。由於數字化的顛覆力，數字時代的領導者會面臨各式各樣的困難和挑戰。馬克

---

83 張立新、張小艷：《論數字原住民向數字公民轉化》，《中國電化教育》2015 年第 10 期，第 13 頁。

84 彭波：《論數字領導力：數字科技時代的國家治理》，《人民論壇・學術前沿》2020 年第 15 期，第 17 頁。

思認為，社會需求與技術手段之間的矛盾是技術發展的直接動力；恩格斯認為，沒有哪一次巨大的歷史災難不是以歷史的進步為補償的。抗擊疫情的努力為正在快速興起的數字科技在後新冠肺炎疫情時代發揮重要作用提供了廣闊前景，標誌著中國互聯網正式進入數字科技時代。正如橋水投資公司創始人雷伊・達裏奧所言，「這次新型冠狀病毒疫情的暴發是人類歷史上一個『令人興奮』的轉折點，它可能為更大的社會進步鋪平道路，帶來數字化、數據和人類思維方面的飛躍。我們正處於技術革命之中，我認為我們應該對新的未來感到非常興奮」。在這個大變革時代，新興數字技術的湧現為政府領導力建設提供了良好的數字化發展條件。「在宏觀向度上，數字政府通過提高社會治理精準化水平、政府決策科學化水平以及公共服務高效化水平，引領政府公共領導力；在中觀向度上，數字社區通過塑造基層治理公信力、鑄造基層治理決斷力、打造基層治理執行力，夯實政府基層領導力；在微觀向度上，數字素養通過政府幹部帶頭學網、積極用網、科學治網得以培育，提升政府網絡領導力。」[85]習近平總書記指出：「這次疫情是對我國治理體系和能力的一次大考，我們一定要總結經驗、吸取教訓。」[86]數字領導力是此次「大考」的重點科目，善用數字科技進行疫情溯源和精準防控。在數字政府、平臺責任、社會共治、人文倫理等合力下發揮數字治理與科技向善的最大價值，已成為實現國家治理體系與治理能力現代化目標的題中應有之義。

85　臧超、徐嘉：《數字化時代推進政府領導力的三重向度》，《領導科學》2020 年第 20 期，第 119 頁。

86　習近平：《在中央政治局常委會會議研究應對新型冠狀病毒肺炎疫情工作時的講話》，求是網，2020 年，http://www.qstheory.cn/dukan/qs/2020-02/15/c_1125572832.htm。

未來身分治理

身分治理是社會治理的核心內容。「現代國家依據身分治理社會，必然要積極形塑身分符號在社會治理體系中的功能與作用。」[87]誠如馬克思所言，只有當現實的個人把抽象的公民復歸於自身，並且作為個人，在自己的經驗生活、自己的個體勞動、自己的個體關係中間，成為類存在物的時候，只有當人認識到自身「固有的力量」是社會力量，並把這種力量組織起來因而不再把社會力量以政治力量的形式同自己分離的時候，只有到了那個時候，人的解放才能完成。

一　數字階層金字塔

數字技術向社會各個領域的滲透過程也是社會分化的過程。數字分化呈現出「共振」和「協振」兩種類型，前者是傳統社會分化與數字社會分化的共同結果，後者是數字社會觸發的新的社會分化。具體而言，國與國、人與人之間都存在著數字分化現象。於前者而言，掌握數字技術跟上時代步伐的國家，將會成為新經濟的弄潮兒和受益者，這與那些在數字技術發展方面落後的國家形成鮮明對比。於後者而言，數據已經成為一種新的變量，並與社會階層之間產生著密切的關係，正在重塑社會階層化機制。數字技術的異化是對個體化社會存在基石的衝擊。個人依賴社群而存在，社群塑造個人，社群與個人的平衡才能使社會穩定發展。數字化的未來是一個分化的未來，只有不同數字群體通力合作，才能有效利用數字技術為人類服務，避免數字技

87　袁年興、李莉：《身分治理的歷史邏輯與近代中國「國民」身分的實踐困境》，《湖南師範大學社會科學學報》2018 年第 1 期，第 76 頁。

術向惡性演化。

　　數字分化。數字鴻溝[88]是一種廣泛存在的「信息落差」、「知識分隔」、「網絡區隔」社會現象[89]。哈佛大學教授皮帕·諾裏斯將數字鴻溝歸納為三種：一是體現發達國家和發展中國家之間差距的全球性鴻溝，二是體現國家內部不同人群之間差距的社會鴻溝，三是體現不同政治力量對數字空間非均衡占有的民主鴻溝[90]。「網絡技術的發展和廣泛應用，在給人類社會帶來諸多益處的同時，也帶來了新的社會問題，其中最大的問題就是數字鴻溝問題。數字鴻溝問題的出現，加劇了全球社會經濟發展的不平衡，加劇了全球社會各層面的社會分化，使人類社會繼工業社會出現極其明顯的貧富分化之後，再次出現新一輪的嚴重分化。」[91]數字技能和資本成為階層再分化的依據，數據收集、數據使用、數據資本轉換是數字技能的三大維度。數字技能很大程度上決定了數字社會階層的分化。「第一，數據收集水平涉及線上資

88　關於數字鴻溝的定義和內涵，目前的研究大概分為以下幾類觀點：第一，最初的理解，即第一代數字鴻溝，擁有者和缺乏者在接入信息通信技術方面的鴻溝。第二，第二代數字鴻溝，除接入信息通信技術外，還包括 ICT 素養和培訓方面的鴻溝、ICT 利用水平方面的鴻溝等，數字鴻溝已經發展為一個多維度、多層面的「溝」。第三，第三代數字鴻溝，即信息和知識鴻溝，不僅表現在信息通信技術的接入和利用上，還表現在信息資源和知識方面的鴻溝。第四，數字鴻溝概念一直強調信息通信技術的缺乏者或信息貧困者，這是上層社會尤其是精英階層為推廣信息技術而特別「關注」的。第五，數字鴻溝是社會分化、社會排斥等傳統兩極化議題在數字時代的延續，也是傳統社會不平等、社會分層在貧富分化的兩個群體、地區或國家之間的體現。第六，也有數字鴻溝研究者關注社群之間在接入和使用信息通信技術、獲取和利用信息資源和知識方面的兩極分化現象（閻慧：《中國數字化社會階層研究》，國家圖書館出版社 2013 年版，第 22 頁）。

89　謝俊貴、陳軍：《數字鴻溝——貧富分化及其調控》，《湖南社會科學》2003 年第 3 期，第 123 頁。

90　Norris P. *Digital Divide: Civic Engagement, Information Poverty and the Internet Worldwide.* New York：Cambridge University Press. 2001, pp. 113-161.

91　謝俊貴、陳軍：《數字鴻溝——貧富分化及其調控》，《湖南社會科學》2003 年第 3 期，第 123-124 頁。

料規模的擴充過程，用戶持有的價值含量偏高的數據越具規模化優勢，對應的數據資源籌碼也就越充足。第二，數據應用水平體現出所收錄資料的分析、整理能力。」[92]受眾對信息進行處理、交流和再創造，對熱點事件追蹤瞭解，獲取其他受眾對自己的關注，並利用信息資本轉換技能將擁有的注意力資源轉換為個人利益。受眾在網絡空間中的信息技能與個人現實生活中的經濟能力、教育水平和社會資源有著密切聯繫。經濟條件好，受教育水平高，獲得的高價值信息就更加豐富，在網絡階層的劃分中更加具有優勢。而處在中下層的受眾則難以在網絡分層中獲得流動和上升的機會。在這個階段，數字鴻溝對網絡階層的分化更加強烈。有的人會被困在數字化系統裏，甚至會被系統替代掉。而有的人，則會因為數字化系統而變得更強大。因此，我們要學會與系統協同進化。

數字階層。一個階級也許「不是製造出來的」，它的成員散布在不同的地方，經過重新組合形成不同的群體或階層。「不管社會等級體系使我們多麼不快，或多麼困惑，我們總是以一種聽天由命的心態接受它，因為我們認為這一等級體系根基太深，基礎也太過扎實，已經變得難以對其進行挑戰，而且支持這一等級體系的社會群體和信念實際上亙古未變，或簡單地說，他們都是理所應當的。」[93]21 世紀社會學之父查爾斯·蒂利把不平等看作是一個迷宮，大批的人在裏面徘徊，他們被由自己有意或無意建立起來的牆隔開。[94]社交網絡構築的全民互聯時代的來臨，正在加速改變社會金字塔結

92　孫帥：《從數字鴻溝的發展形態解析網絡階層分化》，《新媒體研究》2019 年第 22 期，第 81-82 頁。

93　〔英〕阿蘭·德波頓：《身分的焦慮》，陳廣興、南治國譯，上海譯文出版社 2020 年版，第 204 頁。

94　〔美〕查爾斯·蒂利：《身分、邊界與社會聯繫》，謝岳譯，上海人民出版社 2021 年版，第 87 頁。

構。在某種意義上，人與人的差別體現為數據的差別。數字不平等是對數字技術社會化程度更加深刻的體認和判斷。最早提出「數字不平等」概念的美國學者蒂莫西・魯克教授認為，數字不平等的標誌性是，歷史上的階級鬥爭在新時代轉變成企業所有者和工人之間、生產者與消費者之間、知情者與不知情者之間、擁有技術接入機會的人和沒有這些機會的人之間、網絡素養具備者和不具備者之間的「信息戰爭」。從實踐來看，數字不平等已經從動機不平等、利用能力和效果的不平等逐漸轉向經濟不平等，社會、文化和信息資本方面的不平等，甚至是社會網絡中地位和權力的不平等[95]。數字不平等體現在人和組織將被分為三類：產生數據的人、有辦法搜集數據的人、有能力分析數據的人，這就是數字時代的「數據階層」。數據作為一種生產要素的同時，還是一種和衣食住行、安全、教育等同的基本品，應該對公民公正分配。數字不平等的出現導致人們無法公平共享先進技術的成果，產生數字「貧富分化」的狀況，「富者越富，窮者越窮」的現象必然會有加劇的趨勢。根據社會分層的理論與分析方法、社群主義理論以及數字不平等的表現維度，數據階層的社群及其成員可劃分為五個層次：數字精英群體、數字富裕群體、數字中產群體、數字貧困群體和數字赤貧群體（見圖 3-1）。數字精英群體是五個階層中唯一具備數字化凝聚力的群體。數字富裕群體的特徵是能夠通過數字創作並上傳、公開數字內容來實現數字富裕。數字中產群體的特點是擁有基本信息通信設備，而且擁有數字意識和數字素養，以及使用電腦和互聯網等設施的動機與欲望，並且能通過數字技能被動地獲取網絡信息內容，他們不一定利用這些網絡信息資源來解決實際問題。數字貧困群體是指在信息通信技術和信息內容方面屬物質貧困、意識貧困、素養貧困中的一種或以上貧困類型的人群。數字赤貧則是三種數字貧困現象疊加之後的表

95　閻慧：《中國數字化社會階層研究》，國家圖書館出版社 2013 年版，第 10-21 頁。

現。[96]

　　數字社群。社群是指社會中擁有共同利益、共同經歷或歷史、共同的道德價值觀認同和共同期望的個體，通過血緣、地緣、社會關係和社會網絡或特定社會組織形成的集合體[97]。「任何國家都是某種社群，每一個社群都是為了某種善而建立的，人類總是為了他們認定的那種『善』而行動。」[98]從這個角度理解，社群首先是一種政治社群，人類生來就具有一種合群的本質；政治社群是人類中最高尚、至善的群體，也是社群發展的終極目標，人類為了最大限度的公共利益而組成社群[99]。數字社群追求平等、自由（相對自由，而非絕對自由）與理性（實踐理性，而非先驗理性），主張社群中個

96　閻慧：《中國數字化社會階層研究》，國家圖書館出版社 2013 年版，第 10-80 頁。

97　桑德爾認為，「社群是那些具有共同的自我認知的參與者組成的，並且通過制度形式得以具體體現的某種安排；參與者擁有一種共同的認同，如家庭、階級和民族」等，具體包括「工具意義上的社群、感情意義上的社群和構成意義上的社群」等（俞可平：《社群主義》，中國社會科學出版社 1998 年版，第 57-58 頁）。泰埃奇奧尼則將社群定義為一系列「攜帶著道德價值」、「共享的社會契約和社會網絡」，是道德中立性質的契約，內含共同社會價值；這些共同價值「不是外部的群體或者社群內部的少數精英強加的，而是社群成員平等和有效的對話中產生的」；這些價值「在代際的繼承不是簡單的複製，而要經過應對環境變化和社群成員新提議的持續調適」；「社群絕對不能完全地控制個人，因為每個人都有特殊的屬性」（Etzioni A. "Old chestnuts and new spurs" //Etzioni A. *New Communitarian Thinking: Persons, Virtues, Institutions, and Communities.* Charlottesville: The University of Virginia. 1995, pp. 16-17）。俞可平將社群主義的「社群」歸納為「一個擁有某種共同的價值、規範和目標的實體；不僅僅是指一群人，它是一個整體，個人都是這個整體的成員；都擁有一種成員資格如地理社群、文化社群、種族社群」（俞可平：《社群主義》，中國社會科學出版社 1998 年版，第 55 頁）。此外，貝爾對社群的分類也代表著這種占據主流的觀點，他將社群分為地理社群、記憶社群或共同擁有關鍵歷史的陌生人群體、心理社群或個人面對面互動，並依靠信任、合作和利他精神進行治理的社群等（劉紅雨：《丹尼爾・貝爾的社群主義理論探析》，《玉溪師範學院學報》2006 年第 5 期，第 27-30 頁）。

98　王洪波：《政治話語的變化：從個人權利到公共的善——社群主義評述》，《中南大學學報》2008 年第 5 期，第 61-65 頁。

99　俞可平：《社群主義》，中國社會科學出版社 1998 年版，第 55 頁。

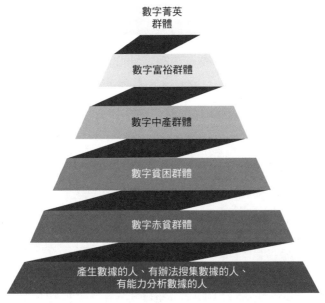

圖 3-1　數字階層金字塔

體的權利與責任共存，崇尚利他主義與公益精神。作為數字空間的重要構成，數字社群不僅能反映實體社會文化，也蘊含著社會權力關係，理應屬一類特殊的政治社群。數字社群主義在政府宏觀政策上的集中體現是其倡導的公益政治，而非權利政治。公益政治的核心主張包括：對於政治社群（如國家）來說，有責任通過積極作為，為提供公共利益貢獻自己的力量，從而最終增進每一個人的個人利益；強迫個人從善而不是從惡[100]；積極推動志願和非營利領域的發展[101]；一切政策的準繩是社會公正和公共利益[102]；促進平衡

---

100 俞可平：《社群主義》，中國社會科學出版社 1998 年版，第 21、22、120 頁。

101 Wuthnow R. "Between the state and market: Voluntarism and the difference it makes" // Etzioni A. *Rights and the Common Good: the Communitarian Perspective*. New York: St. Martin's Press. 1995, pp. 209-221.

102 Selznick P. "Social justice: A communitarian perspective" //Etzioni A. *The Essential Communitarian Reader*. Lanham: Rowman & Littlefield Publishers, Inc. 1998, pp. 61-71.

公民權利和責任的政策[103]；更加積極的社群／社區政策等。對於數字社群層面的決策者來說，一切涉及數字社群事務的決策都需要以維繫數字社群道德準則和歷史傳統為準則，尊重成員在數字社群決策中的平等地位和參與協商的權利，培育社群成員對所在社群的忠誠以及關心其他成員的利他意識，促進成員之間的相互尊重和合作。

二 數字孿生治理體系

數字化轉型的根本，是把人從傳統「見物不見人」的治理活動中解放出來，樹立以人為本，依靠人、發展人、實現人的需要的重要理念。數字時代治理環境複雜化、治理訴求多元化和治理場景網絡化，基於治理科技構建多主體協同、信息均衡、數據驅動的數字孿生治理體系成為治理的發展前沿。2020 年 12 月，海南省在「十四五」規劃「加快建設智慧海南」中明確提及，要求「構建數字孿生治理體系」。數字孿生治理體系即數字孿生理念和技術在社會治理，尤其是城市治理領域的應用。數智治理則是基於技術層面的數智邏輯和價值層面的治理邏輯的深度融合，利用數字孿生實現治理的智能化、精準化、高效化，以智慧治理開啟善治新時代。

數字孿生。2002 年，關於「數字孿生」（又稱數字雙胞胎）的設想首次出現在邁克爾・格里夫斯（Michael Grieves）教授在美國密歇根大學的產品全生命週期管理課程上。但是，當時「數字孿生」一詞還沒有被正式提出。直到 2010 年，美國國家航空航天局（NASA）的技術報告中正式使用了「數字孿生」一詞。標準化組織認為，數字孿生是具有數據連接的特定物理實體或過程數字化表達。學界認為，數字孿生是以數字化方式創建物理實體的虛

---

103 Etzioni A. *The Spirit of Community: Rights, Responsibilities, and the Communitarian Agenda.* New York： Crown Publishers. 1993, pp. 2-4.

擬實體，借助歷史數據、實時數據以計算法模型等，模擬、驗證、預測、控制物理實體全生命週期過程的技術手段。2020 年 4 月，國家發改委和中央網信辦聯合發布的《關於推進「上雲用數賦智」行動 培育新經濟發展實施方案》將數字孿生技術上升到與大數據、人工智能、5G 等新技術並列的高度，並啟動「開展數字孿生創新計劃」，要求「引導各方參與提出數字孿生的解決方案」。2020 年 12 月，中國信息通信研究院發布的《數字孿生城市白皮書（2020 年）》認為，「『數字孿生』不再只是一種技術，而是一種發展模式、一個轉型的新路徑、一股推動各行業深刻變革的新動力」。總體來看，數字孿生可賦能各行業，整合全域感知、歷史積累、運行監測等多元異構數據，集成多學科、多尺度的仿真過程，操控城市治理、民生服務、產業發展等各系統協同運轉，形成一種自我優化的智能運行模式，實現「全域立體感知、萬物可信互聯、泛在普惠計算、智能定義一切、數據驅動決策」[104]。

治理科技。面向未來，以互聯網、大數據、雲計算、人工智能、量子信息，特別是區塊鏈為標誌的治理科技在推進國家治理體系和治理能力現代化過程中的廣泛應用必須引起我們的關注。從技術化社會 1.0 時代到 3.0 時代，治理面對的格局不斷在改變。在技術化社會 3.0 時代，第一個重要變局是行動者不再只屬一個地方或一個組織，技術賦能讓行動者同時屬多個地方和多個組織；個體化的潮流讓個體成為獨立行動者，個體屬自己，進而使得屬地治理對行動者的個體行動不再具有完整覆蓋性。第二個重要變局是場景也不再只屬地方或組織，非物理空間正在成為場景化潮流的主場，屬地治理

---

104 賀仁龍：《「5G+產業互聯網」時代數字孿生安全治理探索》，《中國信息安全》2019 年第 11 期，第 33 頁。

對場景化行動也不再具有完整覆蓋性。[105]黨的十九屆四中全會指出，「必須加強和創新社會治理，完善黨委領導、政府負責、民主協商、社會協同、公眾參與、法治保障、科技支撐的社會治理體系」。黨的十九屆五中全會提出，「加強數字社會、數字政府建設，提升公共服務、社會治理等數字化智能化水平」。推進治理現代化，需要更好發揮包括數字技術在內的科技支撐作用。治理科技的核心是治理，是由互聯網、大數據、區塊鏈、人工智能等新一代數字技術帶來的，對治理能力與治理體系產生重大影響的新模式、新體制、新服務，強調治理模式從「管人」、「管物」到「管數」的方式轉變。治理科技為治理創新帶來了新機遇，深刻影響並正在完善治理體制，促進社會治理更加精細化、精準化和精緻化。推動治理理念從「社會管理」向「社會治理」轉變，治理主體結構從「一元主體」向「多元共治」轉變，治理方式從「行政管理」向「共治、法治、德治、自治、善治」綜合治理轉變，治理場景從現實社會向現實社會與數字社會融合轉變。

數智治理。從整體性來看，社會治理變革是國家隨著治理環境的變化，有意識地對其結構、功能、行為、政策進行調整和改變，以實現治理目標與治理環境之間的動態平衡。[106]數據、算法和場景是數智治理創新的三個核心要素。數據是基礎，算法是手段，場景是目的，彼此間的交互作用共同形塑了數字時代社會治理的邏輯。通過數據、算法、場景的疊加效應，數字孿生系統架構下的治理觀和方法論為我們建構出一個融合數字治理、智能治理、鏈上治理的價值體系。數據是數智治理模型訓練與優化的「燃料」，是數智治理做出正確、公平、合理決策的基礎保障。輸入數據的準確性、包容性、

---

105 丘澤奇：《技術化社會治理的異步困境》，《社會發展研究》2018 年第 4 期，第 17-19 頁。
106 李達：《新時代中國社會治理體制：歷史、實踐與目標》，《重慶社會科學》2020 年第 5 期，第 64 頁。

全面性等質量因素將直接決定訓練得到模型的質量。算法是數智治理的運算模型，是將治理中的不確定性轉化為確定性的有效路徑。治理手段的升級使社會治理從經驗治理向數據治理轉變，從被動響應型治理向主動預見性治理轉變。場景對改革發展進程中的社會治理實踐提出了新要求。場景中的多元社會主體在治理科技支撐下的協同共治，催生了具有共生特質的共同體轉向。從傳統治理到數智治理，一方面為現實社會的治理提供新理念、新技術和新模式，另一方面把治理領域向數字空間延伸，推動現實社會和數字社會共同治理，推動社會治理向更加扁平化交互式方向發展，推動社會治理的功能重構、秩序重構和制度重構。

三 數字社會治理共同體

「社會治理共同體是社會治理發展到一定階段的產物，它是以人民為中心的治理思想在社會治理領域的中國化創新，具有社會性、治理性和人民性三個基本特性。社會治理共同體實質上是社會性嵌入治理性的一種社會關係網絡，人民性貫穿於該網絡的每個環節。」[107]數字社會治理共同體是社會治理共同體在數字世界的延伸，其特點是以利益共同體為起點，以責任共同體為訴求，以命運共同體為目標，是個有機的統一體。數字社會治理的目標是建設「人人有責、人人盡責、人人享有」的數字社會，進而形成共同行為準則和價值規範，推動共建共治共享社會治理格局的真正到來。

數字新基建。根據國家發改委的定義，數字新基建是以新發展理念為引領，以數字技術創新為驅動，以信息網絡為基礎，面向高質量發展需要，提供數字轉型、智能升級、融合創新等服務的基礎設施體系。數字新基建能夠帶動 5G、雲計算、物聯網、人工智能、邊緣計算等支撐虛擬現實空間的技

---

107 曾維和：《社會治理共同體的關係網絡構建》，《閱江學刊》2020 年第 1 期，第 78 頁。

術更加成熟，也將推動數字技術與傳統基礎設施融合，形成以數據為核心要素的泛在關聯、泛在計算、泛在智能總體格局。加快建設高速泛在、天地一體、雲網融合、智能敏捷、綠色低碳、安全可控的智能化綜合性數字信息基礎設施，打通經濟社會發展的信息「大動脈」，勢在必行，刻不容緩。以數字新基建為牽引，夯實數字社會的「底座」和「基石」，對於打通虛擬現實雙重空間，推動以數據流為核心的技術流、資金流、人才流、物資流等要素高效流轉，推進社會治理現代化進程具有重要意義。「新的時代需要新的基礎設施，這樣才能支撐起所有物體的充分連接、智能匹配、高效協同，智能化的社會治理也將隨之出現。」[108]當前，世界各國都處於數字化全球浪潮中，在網絡運行、治理、發展等方面各自為營，為數字化交流、合作設置了隱形障礙，全球性的「網」並沒有構建起來，真正意義上的互聯互通難以實現，虛擬現實雙重空間的治理渠道出現堵塞，治理效果大打折扣。數字社會治理共同體的構建，旨在推動國際社會凝聚互聯互通的虛擬現實雙重空間治理價值共識，以互聯互通的價值共識來引領虛擬現實雙重空間互聯互通的建設，形成以平等開放為前提的全球性虛擬現實雙重空間建設和運行標準，以此為準大力推動全球範圍內的數字化新基建，為虛擬現實雙重空間，實現真正的互聯互通打下堅實的物質和技術基礎。

　　數字包容性。被排斥或主動生活在數字世界外的群體被稱作數字棄民，是構建社會治理共同體需要解決的重要問題。面對人類社會多種多樣的挑戰，增強數字包容性比以往任何時候都重要。數字包容性包括技術包容性和心理包容性。技術包容性至少涵蓋數字新基建及其主流數字技術應用包容所有人、採用替代技術包容對信息通信技術有特殊需求的人群、採用主流數字技術之外的傳統傳播技術包容所有人三個重要方面。除了技術包容，數字社

---

108 張新紅：《社會治理創新呼喚新基建》，《中國信息化周報》2020 年第 15 期，第 20 頁。

會還需要心理包容。一方面，要包容使用傳統傳播技術或替代技術的人群；另一方面，要包容那些使用主流數字技術但因娛樂或「玩物喪志」而被排斥的人群。可以看到，「技術包容強調的是對替代技術和傳統傳播技術的包容，我們需要一些特殊的技術通道為各種人群服務，通過這些技術通道使之融入社會，並利用相關技術獲得權利和資源，擁有體面而尊嚴的生活。心理包容則指的是要包容使用各種傳播技術的人群，並平等對待之」[109]。數字包容是消除數字排斥[110]的動態過程。英國政府在數字包容戰略中提到，上網軟硬件環境、使用網絡動機、使用網絡（包括數字設備）技能、對網絡信任是遭受數字排斥的人們上網面臨的四大難題，也是英國數字排斥的主要原因。同英國相比，「我國數字排斥的表現和產生的原因獨具中國特色。數字排斥在我國的表現，首先是區域發展不平衡，數字化水平在東西部之間、城鄉之間差異巨大；其次，是群體及個體發展不平衡，數字素養在農民、個體戶及知識分子之間以及企業與企業之間差異巨大；最後，由於語言及文化的影響，民族間發展不平衡，部分少數民族數字排斥現象更顯著」[111]。數字排斥不會被徹底消除，聯通網絡、使用網絡、網絡創造是現階段消除數字排斥的重要路徑，能夠將數字赤貧群體提升到數字中產群體，實現數字包容。在包容性治理過程中，需要充分尊重各方利益訴求，以有效方法協調各方矛盾，從而通過培育「有機團結」實現社會的和諧與穩定。值得一提的是，「包容性治理不僅具有外在價值，還具有一種內在價值，它是推動人類社會發展和

---

109 卜衛、任娟：《超越「數字鴻溝」：發展具有社會包容性的數字素養教育》，《新聞與寫作》2020 年第 10 期，第 37 頁。

110 數字鴻溝又被稱為「數字排斥」，消除數字鴻溝的動態過程則被稱為「數字融合」（王佑鎂：《信息時代的數字包容：新生代農民工社會融合新視角》，《中國信息界》2010 年第 9 期，第 30 頁）。

111 徐瑞朝：《英國政府數字包容戰略及啟示》，《圖書情報工作》2017 年第 5 期，第 70 頁。

文明進步的內在要求。包容性治理旨在建構新的『我們』，以此培育社會團結的認同基礎。國家治理的基礎在『社會』，在社會認同基礎上形成共同體是治理有效的根本所在。人們因共享利益、價值、信仰而結成各種共同體進而形成社會認同。在向現代社會轉型過程中，認同危機引發了傳統共同體的解體並帶來各種衝突。包容性治理充分肯定和培育了新型社會治理主體，在塑造新的『我們』意識中形成社會認同，通過營造團結和諧的社會環境促進了人的自由全面發展，最終實現『善治』的目標」[112]。

數字巴別塔。人類社會作為一個相互聯繫、相互依存的共同體已經成為共識，構建數字社會治理共同體將成為全社會面臨的一個共性問題。數字化改變了人類的生產生活方式，它帶來的革命性變革已經像空氣一樣，滲透在我們生活中每個角落，將社會個體串聯起來，構建起了「你中有我，我中有你」的格局。數字巴別塔是由數字社會新秩序催生的新文明，具有連接、信任與共享等顯著特徵。在數字巴別塔中，數字社會治理應當從不自覺式封閉走向自覺式開放，從單一走向多元，從虛擬走向現實，從孤立走向協同，從意識形態化走向務實發展化，通過不斷凝聚數字力量，有效地反哺現實社會治理，形成共贏共享的共同體。[113]這種共同體思想，蘊含著馬克思共同體思想對人類社會形態的關懷。數字時代的數字社會治理共同體重點回答的，是人類社會如何存在和發展得更好的問題。從範式的角度看，從馬克思的共同體到數字社會治理共同體，實現的不僅是理論的跨越，也推進了共同體理論範式的重構[114]。共同體理論範式的重構主要體現在目標重構、重心重構、向

---

112 魏波：《探索包容性治理的中國道路》，《人民論壇》2020 年第 29 期，第 17 頁。
113 杜駿飛：《數字巴別塔：網絡社會治理共同體芻議》，《當代傳播》2020 年第 1 期，第 1 頁。
114 王公龍：《人類命運共同體思想對馬克思共同體思想的創新與重構》，《上海行政學院學報》2017 年第 5 期，第 8 頁。

度重構、思維重構四個方面。在目標重構方面，實現了從規劃藍圖到現實方案的轉變。就數字社會治理共同體而言，它是在人類社會面臨重大轉型時提出的關於人類社會發展的新思路，目的在於把馬克思共同體思想的理想目標現實化、具體化，使其既有理想的目標，也有具體的路徑。在重心重構方面，實現了從制度革命到全球治理的轉變。制度的變革推動了社會形態的更替，實現「真正的共同體」是以終結不符合當下社會發展的制度為前提。需要注意的是，解決危及人類生存的全球性問題不能只依靠全球範圍內的制度革命來解決，更應聚焦於和人類社會存續緊密相連的全球治理的改革和完善。在向度重構方面，實現了從單一向度向多重向度的轉變。數字社會治理共同體是一個從多向度角度構建覆蓋多領域、具有多層次、體現多方位的綜合性、立體型共同體。利益共享、責任共擔，為打造命運共同體提供重要基礎和必由之路。在思維重構方面，實現了從深刻批判到共生共贏的轉變。[115]數字社會治理共同體主張構建具有包容性的共生共贏共同體，擺脫源自資本主義工業文明中的征服自然的對抗思維，樹立尊重自然、順應自然、保護自然的意識，堅持走綠色、低碳、循環、可持續發展之路，實現世界的可持續發展。

在古代神話故事中，普羅米修斯帶來的火種象徵著科技、知識以及技能——通往美好生活的鑰匙[116]。今天，社會發展和技術變革的速度不斷加快，並不斷顛覆人們的認知。在這個變革的時代，原有的平衡和秩序不斷被打破，數字社會治理共同體將開啟一個互聯互通、共生共贏的新紀元。在這個新的時代，所有邊界都將被一一打破，創造新的聚合，人類也將因此而進

---

115 王公龍：《人類命運共同體思想對馬克思共同體思想的創新與重構》，《上海行政學院學報》2017 年第 5 期，第 8-9 頁。

116 〔美〕珍妮弗·溫特、〔日〕良太小野編著：《未來互聯網》，鄭常青譯，電子工業出版社 2018 年版，第 150 頁。

入一個更加複雜卻也更加開放、有序、包容、共享的美好世界。「過去的物理世界，人們靠兵器、靠武力征服世界，人類至今製造出來的破壞力最強的武器是『核武器』。但當人類進入全球化和數字化交匯、物理世界和數字世界融合的時代，『和平、和諧、和睦、和合、和善』將會形成具有巨大能量的『和武器』。而這樣的『和武器』將真正構建出新型地球村——在關係上實現全球連接，在空間上實現有域無疆，在生態上實現共生共存，在價值上實現多元創造，在成果上實現共榮共享，最終實現人類的終極關懷和人的全面而自由的發展。」[117]

---

117 王晶：《開啟數字世界新紀元》，《紅旗文稿》2020 年第 1 期，第 36 頁。

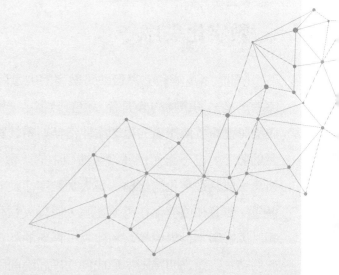

數字秩序

如果説有序使我們可能預見從而可能控制，那麼無序則帶來面對不可控制、不可預見、不可判定的東西的不確定性所引起的焦慮。

————法國社會學家、哲學家　埃德加·莫蘭

數字化失序

「龐大、萬能和完美無缺是數字的力量所在，它是人類生活的開始和主宰者，是一切事物的參與者。沒有數字，一切都是混亂和黑暗的。」這是古希臘畢達哥拉斯學派的思想家菲洛勞斯對於數字的解讀。誠然，今天我們所說的數字，已不僅僅是菲洛勞斯口中的「數字」，它超越了數字本身的基礎概念，成為數字化的代稱，是人類數字活動的總和。邁入數字時代，數據的體量、質量和價值都在不斷膨脹，使得人類社會的舊秩序正逐漸被打破，人類試圖在數字世界中探索和建立一種新的社會秩序，以應對數字化風險。與此同時，人類文明進階中形成的秩序面臨前所未有的解構與重構，挑戰與機遇並存，欣喜與憂慮交織。數字化浪潮下，暗礁與險灘無處不在，複雜性在全球範圍內更加突出地湧現出來，並呈現出擴展與放大的趨勢。複雜背景下出現的新數字秩序革命是人類對數字時代的反思，數字化失序在警醒著世人，責任的落寞和數字利維坦是人類獲取數字紅利道路上，不得不衝破的梗阻和翻越的藩籬。可以說，人類社會秩序處於一個歷史性的關鍵拐點：舊平衡、舊秩序逐漸瓦解，新制度、新秩序呼之欲出。在舊的秩序被打破，新的規則尚未完全建立之時，人們難免出現無所適從的心理狀態，難免產生無法回避的社會焦慮。展望未來，數字秩序將成為數字社會的第一秩序，在感慨舊秩序被打破的同時，我們理應張開雙臂迎接新秩序的到來。

一 複雜性湧現

「全球風險社會」是我們這個時代必須加以接受的事實，卻不是必須承

認的「定在」[1]。複雜是一門誕生於秩序與混沌邊緣的科學，其範圍之廣、影響之大，同時還裹挾著諸多不確定性事件[2]。因此，複雜性會改變人類習以為常的社會環境，會衝擊人類堅守的絕對信仰。特別是隨著社會系統複雜性的不斷演化，人類在運用科學知識解決社會問題時，非但沒有按照原先預設的方向發展，反而增加了許多不確定性危機，複雜性不斷增加，異構性越來越高，風險與危機籠罩著整個社會。風險社會存在的許多問題都在告訴人類簡單理性並非完美的，並且諸多「不確定性」的事實也在告示人類，複雜性問題不能用簡單的線性邏輯思維，而要用複雜的非線性邏輯思維。[3]社會存在的風險危機，從複雜性科學的角度來看，實際上是對停滯的、單一的、封閉的理論進行解構。

從簡單到複雜。長期以來，簡單性原則一直是被眾多科學巨匠當作科學研究的重要原則。英國物理學家、數學家牛頓以簡單性思維為基礎點，用盡量少的假說來解釋已知事實；美國物理學家、思想家愛因斯坦將簡單性原則當作真理的必要條件；奧地利物理學家、哲學家馬赫認為科學是一個最小值問題，用最少的思維陳述事實。他們的科學研究有一大突出特點就是以「現實世界簡單性」思維為研究原則，其中以還原論為代表。還原論認為整體是由個體的簡單相加或機械組合形成的，即「整體等於個體之和」，並認為世界上的所有東西都可以通過足夠的細分變為簡單的個體。例如把研究對象分解為最簡單的元素，諸如電子、質子、分子、離子、原子等，如果能把這些簡單元素的基本屬性研究清楚就能得出整體的特徵規律。簡單性原則確實對

1　張康之、張乾友：《共同體的進化》，中國社會科學出版社 2012 年版，第 160 頁。
2　〔美〕米歇爾‧沃爾德羅普：《複雜：誕生於秩序與混沌邊緣的科學》，陳玲譯，生活‧讀書‧新知三聯書店 1997 年版，第 1 頁。
3　劉小紅、劉魁：《風險社會的複雜性解讀》，《科技管理研究》2013 年第 13 期，第 254-258 頁。

近代科學做出了不可磨滅的巨大貢獻，但現實世界不是簡單的構成，而是具有複雜性、不確定性、多變性等諸多特性，用簡單性原則來研究複雜的現實世界似乎已經不太可能。20 世紀 40 年代以來，科學前沿出現了一種研究自然與社會現象的全新方法論——複雜性方法。複雜性方法是系統地、綜合地研究事物的新方法，它挑戰著簡單性原則的世界觀和方法論，帶來了新的反思。複雜系統理論的提出為人們認識、瞭解、控制和管理複雜系統提供了新的思路與視角，對於認識與解釋社會、生物等複雜系統具有特別的意義[4]。通過對複雜性的進一步探索，可以認為，數字時代的社會是「科學問題＋工程問題＋社會問題」的複雜系統，靠傳統的認知、觀測很難瞭解它，需要在複雜性思維方法的指導下，將傳統的認知方式與新的認知方式結合在一起，才能對它進行新的改造。現在，用複雜性系統思維認識世界和改造世界之旅已經開始。

複雜性與不確定。從已然確定的現在出發，未來是不確定的[5]。在向數字社會轉型的過程中，人類進入了高度複雜與高度不確定的時代。一是秩序的複雜和不確定。秩序是人類在日常活動及其他事項中自然形成的共識，既是遵守公共道德準則的參考物，也是制定法律規範的正當性依據，其本身就是複雜與不確定的。從時間維度上看，處於不同歷史階段的秩序，其產生的背景錯綜複雜，它是隨著人類觀念的轉變而不斷變化的，對約束的道德觀念和善良風俗也隨之改變，而人類的觀念總是隨著時代的潮流迭代更新，具有明顯的複雜性和不確定性，相應的秩序也就產生了極大的複雜性和不確定性。從空間維度上看，世界各國內部的秩序複雜多變且差異較大，國際上對

4　潘沁：《從複雜性系統理論視角看人工智能科學的發展》，《湖北社會科學》2010 年第 1 期，第 116-118 頁。

5　〔德〕尼克拉斯·盧曼：《風險社會學》，孫一洲譯，廣西人民出版社 2020 年版，第 25 頁。

秩序的內涵界定、適用範圍和判斷標準等核心內容尚未形成共識，雖然各國在承認秩序的作用、意義和理論價值上給予了高度的肯定，各國也在不斷嘗試統一秩序規則，但是由於各國國情、經濟水平和文化的差異，秩序難以統一。二是法律的複雜和不確定。確定的法律是一種純粹的理想主義，它不是科學，只是烏托邦式的科學主義，因為所有的法律和法律用語都不是一成不變的。「任何一部法律，如果過於明確，就無以適應不斷變化的社會；正因為具有不確定性，靜態的法律才能適應動態社會的要求，從而發揮社會規範應有的價值和作用。」[6]在立法中，立法者總是追求覆蓋所有的法律問題，但是複雜的現實總是遠遠超出人類的知識水平和認知範疇，由此不得不設立一些兜底條款來滿足不同的需求，可社會各界對兜底條款的解釋和爭議層出不窮，為法律增加了許多複雜與不確定的色彩。在法律適用中，制定成文的法律難以窮盡所有的活動範圍，總是會存在各種各樣的不足和疏漏，因此，成文法的固有規定和人類行為的複雜與不確定，更是加劇了法律的複雜和不確定。三是風險的複雜和不確定。風險並非呈現出有序的狀態，而是以無序與複雜的狀態散落世界，使得人類能真切感受到風險的複雜和不確定。英國學者布萊恩·溫認為，不確定性的存在意味著存在一個客觀範疇，從小到大，從風險到無知，然而，風險、不確定性、無知和非決定性彼此交疊。由於人類沒有完全揭開風險產生的面紗，因此，也不能使用現有的知識來規避和消除風險的複雜和不確定。具體而言，就是因果關係、發展過程和危害後果的複雜和不確定。表現為，人類想要消除風險，首要條件就是利用因果關係分析風險產生的源頭，然而，現有科技無法給出所有的正確答案。風險的發展週期不可預測，在其發展的過程中人類難以捕捉到風險爆發的關鍵節點，無法採取有效措施。風險並非必定會發生，或者高度現實化的災難，它

6　魏嚴捷：《法律的不確定性分析》，《法制博覽》2020 年第 25 期，第 49-51 頁。

在本質上是一種影響人類未來生存和發展的風險參數。

複雜巨系統。從本質上來說，人類社會從來都是複雜的，英國社會學家赫伯特·斯賓塞把人類社會想像成複雜的社會結構。維持社會運轉主要依靠人類本身創造的價值，比如生產力、生產關係、經濟基礎、上層建築等，這些在給社會提供發展源泉的同時，也使得人類社會系統出現不平衡、多曲折、易動盪等複雜和不確定的狀態。人類社會系統的複雜性主要表現在三個方面：一是人類社會系統的構成具有多樣性、多元性和多層級等特點，包括但不限於自然界的動植物、人類活動產生的關係網、相關機構制定的法律規範，這些共同組成了人類社會系統的基本框架。二是人類社會系統往往會出現隨機性、不確定性、非線性和非週期性，在其長期發展的過程中，遇到的問題、持續的時間以及產生的後果都是無法預測的。三是人類社會系統的運轉是不可逆轉和不穩定的，複雜性問題一旦爆發，人類難以憑藉現有的知識體系去從容應對。但複雜系統絕對沒有穩定方面的問題，最大的共同特徵就是它們能通過自身組織進行動態變換，最終達到某種恆定狀態，而且每個複雜系統都有其獨立的恆定狀態。凱文·凱利在《失控》中指出，「系統對初始條件是敏感的，但通常都會轉為有序狀態」[7]。錢學森認為，「一個系統在某個層次上的混沌運動，是高一層次有序運動的基礎」[8]。複雜系統從無序走向有序的過程中，系統內部要素的組成秩序及其形成的環境之間存在著一種非線性競爭機制，這種機制反作用於複雜系統本身。複雜系統內部要素之間的非線性作用導致的自組織性、層次間因果關係的複雜性與協同性，為人類理解和把握複雜系統的行為提供了新的方法論進路，特別是系統開放才能

7　〔美〕凱文·凱利：《失控：全人類的最終命運和結局》，東西文庫譯，新星出版社2010年版，第94頁。

8　許國志主編：《系統科學與工程研究（第2版）》，上海科技教育出版社2001年版，第563頁。

生存、非線性是有序之因、非平衡是有序之源等，不僅成為系統科學的重要原理，也成為體現系統演化中辯證協同關係的重要方法論[9]。複雜系統中存在的自適應組織彷彿像一隻無形的手，將整個系統的要素有條不紊地組織在一起，並使得系統存在於某一種動態平衡狀態。

二　責任的落寞

　　責任是人成為「社會人」或「高尚者」的基石，責任倫理或責任意識是社會發展必不可少的因素。數字化失序給人類社會帶來了新的風險和危機，分析其背後的原因不難發現，社會責任感的缺失是造成這一問題的實質源頭。諸如技術後座力、數字化冷戰和算法不正義等不文明現象都反映了數字時代的責任落寞。德國學者倫克曾指出：「在任何情況下，任何技術力量的強大都會導致某種系統的反彈，會導致生態失衡，其中的根本原因就是我們在利用技術時沒有承擔相應的責任。」[10]

　　技術後座力。人的生存從一定意義上說是一種技術性生存，由此出現一個以新的技術結構支撐新的社會結構的人類新時代，人類社會逐漸演變為「技術的社會」。美國學者維貝‧E‧比杰克在談到堤壩技術之於荷蘭人的重要性時指出：「技術和海岸工程學使得大約 1000 萬的荷蘭人能夠生存在堤壩背後低於海平面的土地上，如果沒有這種技術就沒有荷蘭人。」[11]把視域放大，可以說，沒有技術就沒有人類的今天，人在技術活動中產生、形成、

9　范冬萍：《探索複雜性的系統哲學與系統思維》，《現代哲學》2020 年第 4 期，第 99-101 頁。

10　陳仕偉：《大數據技術異化的倫理治理》，《自然辯證法研究》2016 年第 1 期，第 10 頁。

11　〔美〕維貝‧E‧比杰克：《技術的社會歷史研究》，載〔美〕希拉‧賈撒諾夫等編：《科學技術論手冊》，盛曉明等譯，北京理工大學出版社 2004 年版，第 175 頁。

生存和進化。「假如某天早上醒來後，你發現由於某種神奇的魔法，過去 600 年來的技術統統消失了：你的抽水馬桶、爐灶、電腦、汽車統統不見了，隨之消失的還有鋼筋水泥的建築、大規模生產方式、公共衛生系統、蒸汽機、現代農業、股份公司，以及印刷機，你就會發現，我們的現代世界也隨之消失了。」[12] 技術把人類從自然界奴役的困境中解救出來，為人類進步和社會發展提供了強大推力，是推動現代生產力發展的重要因素，可以說，技術的發展決定社會的發展[13]。正如當代德國著名哲學家漢斯・伽達默爾所說：「20 世紀是第一個以技術起決定作用的方式重新確定的時代，並且開始使技術知識從掌握自然力量擴展為掌握社會生活，這一切都是成熟的標誌，或者也是我們文明的標誌。」[14] 然而，技術異化就像陽光下的影子，如影隨形。技術異化就是技術與人之間關係的錯位，其本質在於人的異化[15]。科學與信仰的分化、技術與倫理的疏離、理性與價值的分裂是技術異化和人異化

---

12 〔美〕布萊恩・阿瑟：《技術的本質：技術是什麼，它是如何進化的》，曹東溟、王健譯，浙江人民出版社 2018 年版，第 4 頁。

13 事實證明，在英國的第一次工業革命發生不到 100 年間，資本主義的生產方式就利用技術進步創造了比人類有史以來所創造的全部總和還要多的物質財富。為此，馬克思曾對其給予高度評價指出：科學技術是一種在歷史上起推動作用的革命力量。

14 〔德〕伽達默爾：《科學時代的理性》，薛華譯，國際文化出版公司 1988 年版，第 63 頁。

15 馬克思對資本主義條件下技術異化現象做了很好的描述，「在我們這個時代，每一種事物好像都包含有自己的反面，我們看到，機器具有減少人類勞動和使勞動更為有效的神奇力量，然而卻引起了饑餓和過度的疲勞。新發現的財富的源泉，由於某種奇怪的、不可思議的魔力而變成貧困的根源。技術的勝利，似乎是以道德的敗壞為代價換來的。隨著人類愈益控制自然，個人卻似乎愈益成為別人的奴隸或者自身的卑劣行為的奴隸。甚至科學的純潔光輝彷彿也只能在愚昧無知的黑暗背景上閃耀。我們的一切發現和進步，似乎結果是使物質力量具有理智生命，而人的生命則化為愚鈍的物質力量。現代工業、科學與現代貧困、衰頹之間的這種對抗，我們時代的生產力和社會關係之間的這種對抗，是顯而易見、不可避免的和無庸爭辯的事實」（〔德〕馬克思、〔德〕恩格斯：《馬克思恩格斯全集（第十二卷）》，中共中央馬克思恩格斯列寧斯大林著作編譯局譯，人民出版社 1964 年版，第 12 頁）。

的主要原因。「科學技術不僅導致日益嚴重的人的自我疏遠，而且最終導致人的自我喪失。那些看起來是為了滿足人類需要的工具，結果卻製造出無數虛假的需要。技術的每一件精緻的作品都包含著一份奸詐的禮品。」[16]技術異化就是人異化的詮釋，技術發展邏輯與人的發展邏輯是一個動態的平衡過程。在今天，技術成為人類共同的命運，人類永遠不會回到自然生存狀態。「我們不能，也不應當關上技術發展的閘門。只有浪漫主義的蠢人，才喃喃自語要回到『自然狀態』……拋棄技術不僅是愚蠢的，而且是不道德的。」[17]

數字化冷戰。邁入數字時代，一些西方發達國家為保持自己的霸權地位不被動搖，而開啟了新的戰爭模式來限制新興大國的發展，在這些國家眼中，安全是戰爭的口號、信任是玩弄的對象、法律是雙標的遮羞布，世界陷入數字化冷戰。第一，科技新冷戰。以美國為首的西方國家採取科技封鎖、軍事圍堵、經濟欺壓等手段威脅其他國家，一方面通過制定《國家量子倡議法》、《美國人工智能發展倡議》、《出口管制改革法案》等，限制芯片、量子計算、腦機接口等 14 類新興和基礎技術出口。另一方面通過改組「中興」、起訴「華為」、制裁「晉華」，先後將 200 多家中國高新技術企業和研究機構（包括大學）列為「管制清單」，隨時出現類似 MATLAB 軟件「授權許可無效」的情況[18]。事實上，科技的進步關係到全人類的發展，一個國家的科技進步不是另一個國家的損失，任何人對科技事業做出貢獻都是值得歡迎的[19]。第二，網絡輿論戰。作為軟殺傷力極強的戰爭，網絡輿論戰具有如

---

16 〔德〕恩斯特・卡西爾：《人文科學的邏輯》，沈輝等譯，中國人民大學出版社 1991 年版，第 65 頁。
17 〔美〕阿爾文・托夫勒：《未來的衝擊》，孟廣均等譯，新華出版社 1996 年版，第 358 頁。
18 陳光：《科技「新冷戰」下我國關鍵核心技術突破路徑》，《創新科技》2020 年第 5 期，第 2 頁。
19 袁嵐峰：《鼓吹科技冷戰，格調太低》，《環球時報》2020 年 12 月 26 日，第 7 版。

下三個特點：一是作戰隊伍多元化。在傳統輿論戰中，參與作戰的一般為國家和軍隊，但是在網絡空間中，封閉局面被打破，個體也具有參與輿論戰的力量，「帝吧出征，寸草不生」就是典型代表。二是作戰方式多樣化。依靠先進的科學技術，網絡空間中的信息和文字以表情包、動圖、圖片、音頻、直播、視頻等多種形式存在，達到視覺上和聽覺上的衝擊。三是作戰時空自由化。網絡的觸角遍布全球，從作戰領域上看，涉及社會的方方面面；從作戰空間上看，突破了傳統的地域；從作戰時間上看，擺脫了時間的限制。網絡輿論戰是超前的、貫穿全程的，即使在戰爭結束後仍舊硝煙彌漫。第三，數字貿易戰。繼傳統貨物貿易戰之後，全球新一輪貿易戰「數字貿易戰」正在上演。在經濟領域，美國對中國航天航空、信息技術、智能製造等行業額外增加關稅，單方面破壞了多次協商談判達成的共識，不斷升級和加劇數字貿易戰，嚴重損害他國利益，對世界經濟體造成了嚴重打擊。在網絡領域，美國設立特殊情報搜集部，並實施竊聽、侵入和盜取等網絡技術手段對世界各國進行情報搜集，嚴重干擾他國內部事務，對他國的發展指手畫腳，嚴重違反國際法。在工業領域，美國對中國部分企業和機構實施各種不正當行為，竊取高層信息、盜取商業機密、挖走重要客戶，是赤裸裸的違法行為，侵犯了相關人員、機構和企業的合法利益。

算法不正義。算法總是嵌入在人類社會語境中，從算法誕生之日起就已經攜帶有社會中存在的歧視、偏見和霸權，基於這種算法的場景應用，必將引起算法不正義的現象出現[20]。第一，算法歧視。隱藏在技術背後的算法歧視具有不確定性、黑箱性和複雜性等特徵，一旦歧視侵入算法之中，在算法層面就會產生不公平現象，當歧視穿上算法的外衣，算法歧視將貫穿整個數據生命週期。日常生活中，「殺熟」現象頻繁發生，商家通過算法分析，給

20　林曦、郭蘇建：《算法不正義與大數據倫理》，《社會科學》2020 年第 8 期，第 18 頁。

不同的客戶提供差別化的價格，例如外賣平臺、網購平臺和旅遊平臺等向會員客戶和老客戶索取的價格比新客戶要高。在就業領域內，主要表現為關聯歧視，通過算法比對就業者年齡、性別、身高、學歷等外在條件，僅僅因為其中某一項不突出就剔除掉應聘者，其中涉及了年齡歧視、性別歧視、學歷歧視等問題。就目前的情況而言，人類並不能擺脫算法歧視的風險，甚至會因為算法歧視所呈現出來的高度隱蔽性、結構性、單體性、連鎖性等一系列特徵進一步增加歧視識別、判斷和審查的難度，給經典反歧視法律理論帶來深刻挑戰[21]。第二，算法偏見。美國研究機構 Data & Society 在《算法問責：入門》中指出，「使用算法的目的是避免人為決策中的偏見，然而，算法系統卻將已有的偏見進行編碼或者引入新的偏見」[22]。面對算法偏見帶來的負面影響，需要理性認識導致算法偏見的原因。一是輸入數據導致的偏見，算法一般是為了特定用途和需要而進行的策略設計，「若在起初的信息提供上，就存在著偏差，從而導致了偏見結果的形成，『偏進則偏出』」[23]。二是算法自身導致的偏見，算法的設計是一個邏輯的實現，其中包括算法設計、算法解釋和算法應用等[24]，是一種黑盒算法，若是其中一環出現偏差，那麼整個系統都是偏離的。三是人類對算法認知的偏見，算法決策、算法評估和算法預測帶來的紅利已經遠遠超出其負面影響，人類堅定地認為算法是絕對正確的、不會出錯的，這一錯誤的認知已經在人類心中根深蒂固，即使算法

21　張恩典：《反算法歧視：理論反思與制度建構》，《華中科技大學學報（社會科學版）》2020 年第 5 期，第 63 頁。

22　張濤：《自動化系統中算法偏見的法律規制》，《大連理工大學學報（社會科學版）》2020 年第 4 期，第 93 頁。

23　卜素：《人工智能中的「算法歧視」問題及其審查標準》，《山西大學學報（哲學社會科學版）》2019 年第 4 期，第 126 頁。

24　張濤：《自動化系統中算法偏見的法律規制》，《大連理工大學學報（社會科學版）》2020 年第 4 期，第 95 頁。

出現偏差，也選擇盲目地相信。第三，算法霸權。尤瓦爾・赫拉利認為，「算法已經可以說是這個世界上最重要的概念，未來世紀將由算法主導」[25]。對於數字世界而言，算法是數據流通和系統運行的核心，決定著整個數字世界的生死存亡，但算法不僅僅是毫無壞處的代碼。[26]形成算法霸權的原因可能有以下兩種：一種是開發人員通過算法後門取得的霸權，智能產品與普通產品不一樣，最終控制權依舊在開發人員手中，消費者擁有的僅僅是產品的使用權，以手機和電腦為例，開發者可以遠程要求消費者升級系統或更新軟件，甚至未經消費者同意擅自修改內部軟件。另一種是開發人員在進行算法設計時的主觀臆想，基於算法的回報是在特定的邏輯框架下實現的，如果開發人員將個人道德的傾向注入算法之中，那麼他將具有解釋「算法正義」的最高權力。這種權力是巨大的，算法被濫用的可能性也是巨大的，而且這些事都將發生在程序代碼之中和防火牆之後。[27]

三　數字利維坦

20 世紀下半葉以來，數字技術一度成為束縛「國家利維坦」的必要措施，可一旦使用不當，就有極大可能會出現反噬。特別是隨著人類被數字技術奴役的現象日益凸顯，數字技術的發展不僅孕育著走向數字文明的新機遇，而且還埋伏著陷入「數字利維坦」（digital Leviathan）的現實風險和新型危機[28]。數字利維坦是數字技術向邪惡轉化，超越人類並引發「數字統治」亂象的一種新型危機，它將帶來碎片化風險，造成社會恐慌，引發倫理困

25　〔以〕尤瓦爾・赫拉利：《未來簡史》，林俊宏譯，中信出版社 2017 年版，第 75 頁。

26　〔美〕約翰・C・黑文斯：《失控的未來》，同琳譯，中信出版社 2017 年版，第 117 頁。

27　〔美〕凱西・奧尼爾：《算法霸權：數字殺傷性武器的威脅》，馬青玲譯，中信出版社 2018 年版，第 176-178 頁。

28　唐皇鳳：《數字利維坦的內在風險與數據治理》，《探索與爭鳴》2018 年第 5 期，第 42 頁。

境，潛伏著毀滅人類的「灰犀牛」與「黑天鵝」。一般而言，數字利維坦具體表現為：數字技術發展對虛擬社會的逐步消解；數字利維坦對社會分裂的助推；數字利維坦對個體化社會存在基石的衝擊[29]。

數字利維坦帶來碎片化風險。埃森哲在《數字碎片化：在分化的世界贏得成功》報告中指出，「數據、人才、服務和產品的流動受到的阻礙越來越大，這一『數字碎片化』趨勢正在影響著全球」。第一，信息碎片化。一是碎片化的信息難以清楚闡釋觀點，簡短又分散、繁多又重複，此外，人們可能在瀏覽一個網頁的同時看著手機 APP，聊著天的同時玩著遊戲，注意力難以集中在同一件事上，穩定性越來越低。二是碎片化的信息質量不一，許多負面信息夾雜其中，但是人類無法一一辨別、去蕪存菁，心性未定的人可能會因此養成不好的價值觀、世界觀和人生觀。三是信息是以指數級的方式進行增長，可人類大腦能處理的信息十分有限，但貪婪是人類的本性，為了掌握更多的信息不得不浪費大量的時間和精力。[30]第二，場景碎片化。科技的應用是與場景緊密聯繫在一起的，場景碎片化是技術發展不可跨越的難題之一。場景的碎片化導致在各個節點上解決問題的算法不一，算法的碎片化現象也由此產生。這樣一來，大規模的技術應用由於場景的碎片化不斷出現新的問題，算法也不得不同步做出修改。特別是人類社會系統的不確定性和複雜性會引發更多的碎片化場景，最終，算法更新成為一個無休止的問題，人類將在這個漩渦中難以脫身。第三，空間碎片化。人類對空間的認識依賴於現有知識和技術手段，知識面越廣、技術越先進，對空間的理解就更加深刻。數字時代，一面是碎片化的人類，另一面是碎片化的空間。區塊鏈能夠

---

29 未來，只有不同社會群體通力合作，才能有效利用數字技術為人類服務，遏制「數字利維坦」的惡性演化（鄺彥輝：《數字利維坦：信息社會的新型危機》，《中共中央黨校學報》2015 年第 3 期，第 46-51 頁）。

30 路穎妮：《「微信息」帶來碎片化世界》，《人民文摘》2014 年第 11 期，第 27 頁。

重構空間的存在形式和組成成分，它以去中心化的特點將空間分割成許多個碎片，並將其分布在世界各地。空間的碎片化帶來的問題也是十分明顯的：一方面空間運營成本增加，空間與空間之間的操作是孤立的，為了能達到整體運行的效果，必定會進行容量跟蹤和相互協調，因此，多個碎片空間的運行和維護比起一個空間來說，需要的經濟成本、人力成本和物質成本都會高出幾倍；另一方面泄露數據的風險增大，數據的價值必定是在其交換和處理的過程中實現的，碎片化空間也就意味著數據出口的碎片化，每一個數據出口都可能成為數據泄露的缺口。

數字利維坦造成社會恐慌。 人類很久以前就聽到了「數字列車」的汽笛聲，但當它疾馳到人們眼前時，還是驚嚇到了人類[31]。數字技術不僅給人類社會帶來了全方位、多層次、寬領域的變革，還為人類帶來了全新的生存挑戰，也就意味著人類在憧憬美好未來生活的同時，對數字技術背後的「利維坦」憂心忡忡。愛因斯坦就曾說過，「我害怕有一天科技會取代人與人之間的交流，我們的世界將會充斥著一群白痴」。霍金也向人類發出過警示：「人工智能可能會導致人類的滅絕，甚至可能在接下來的 100 年之內就將人類取而代之。」數字技術在政治、資本和金融等的裹挾下，引發了「數字利維坦」的恐慌，造成了人類數字化生存的困境。美國法哲學家凱斯‧桑斯坦指出，「網絡對許多人而言，正是極端主義的溫床，因為志同道合的人可以在網上輕易而頻繁地溝通，但聽不到不同的看法」[32]。2018 年 3 月 7 日，「中國兩大數字貨幣交易所被黑客攻擊，大量投資者恐慌性拋售，比特幣一小時內就跌了 10%。黑客通過做空交易立即獲利。將這場恐慌推向更恐慌的

31　〔以〕尤瓦爾‧赫拉利：《為何技術會促成專制》，魏劉偉編譯，《世界科學》2018 年第 12 期，第 52-55 頁。

32　〔美〕凱斯‧桑斯坦：《網絡共和國：網絡在社會中的民主問題》，黃維明譯，上海人民出版社 2003 年版，第 51 頁。

是，這家數字貨幣交易所提出了『交易回滾』的措施，用違背區塊鏈『去中心化』精神的方法解決這個問題，結果引來更多投資者的不信任和拋售」[33]。除此之外，數字技術在一定程度上可以增加人類自由選擇的空間，可是這些空間的範圍、秩序和內容等都是被數字技術強制劃定的，因此，人類只能在數字技術設置的空間內選擇，再加上空間與現實社會的相關性，技術在無形之中全面宰制著現實社會的方方面面。一方面，數字技術以其高效性、準確性和專一性的優勢，專制著人類的生活，使人類變成技術發展的工具，淪為程序化的存在物。另一方面，數字技術以其標準化、制度化和系統化的特點，逐步消解人類社會，造成人類政治權力的轉移甚至缺失。在這樣的情境下，人類是被自由、被選擇和被生存，而人類社會則是完全受制於數字技術，人類在看似正義程序和公共規範的系統化暴力中變得無可奈何、無處申冤。「可以說，現代人的『數字利維坦』恐慌是數字技術帶來的現代性困境的普遍心理反應。」[34]

數字利維坦引發倫理困境。霍布斯認為，「對於國家或『利維坦』來說，最危險的思想觀念莫過於認為個人是善惡行為的獨立判斷者」[35]。這種觀念在一定程度上是正確的，因為人類之所以能成為地球上的支配生物，是由於人在創造工具、使用工具、改造工具的過程中具有天然的判斷力和選擇力，但人類也只能根據自己的欲望和理性判斷善惡、辨別是非，在倫理的選擇上有極強的主觀性。倫理的本性應當是實現人性道德價值的基本手段，而

33　劉芸：《標準的秩序與區塊鏈的失序》，《大眾標準化》2018年第3期，第5頁。

34　熊小果：《數字利維坦與數字異托邦——數字時代人生存之現代性困境的哲學探析》，《武漢科技大學學報（社會科學版）》2021年第3期，第325頁。

35　吳增定：《利維坦的道德困境：早期現代政治哲學的問題與脈絡》，生活・讀書・新知三聯書店2012年版，第150頁。

且能夠促進人的自由與全面發展[36]。但人類作為一種有思想、有情感、有需求的複雜生物，不得不為了自身需求而進行抉擇，選擇利益比選擇倫理更加容易滿足人類需求，而付出的成本卻更低，由此，選擇拋棄倫理的現象尤為明顯。簡言之，從工業時代到數字時代，優勝劣汰的壓力迫使有些人無法通過正規合法的途徑完成進階，必定會選擇違背道德倫理的手段尋求數字化生存。人類創造出科技產品，目的是代替某一器官完成特定任務，是為了享受自由和解放，但是惰性驅使人類背離初衷，讓其聽從機器的命令，受制於科技產品，這種狀態下的人們沒有道德倫理可言，他們只是一味地追求快樂和便利。進一步說，人類所創造出的對象是反映人類思想的存在，而科技創造出的對象不僅反映人類思想，甚至是超出人類思想以外的未知物，這些未知物可能會導致人類道德的淪喪。「在美國，有 30 多個州的假釋委員會正使用數據分析來決定是釋放還是繼續監禁某人，並且越來越多的美國城市採用基於大數據分析的『預測警務』來決定哪些街道、群體或者個人需要更嚴密的監控，僅僅因為算法系統指出他們更有可能犯罪。」[37]所以，數字倫理的缺失其實是人類在數字化大環境下，由自我意志不堅、能力不足、欲望過高等導致的倫理喪失和人性泯滅。可以說，數字技術背後隱藏的「利維坦」正在影響人類的倫理選擇。

---

36 牛慶燕：《現代科技的異化難題與科技人化的倫理應對》，《南京林業大學學報（人文社會科學版）》2012 年第 1 期，第 15 頁。
37 唐皇鳳：《數字利維坦的內在風險與數據治理》，《探索與爭鳴》2018 年第 5 期，第 43 頁。

重混與秩序

重混是一種混沌和秩序共生對立、相互轉換的內部結構和運動過程，它不是舊方式與新方式的硬性混合，而是構成要素的整合與排列方式的重構。世界在混沌與秩序中的演化讓人們認識到重混的力量，而新一代數字技術所暗含的，就是這樣一種充滿力量的重混。縱觀人類社會的發展過程，無不是秩序解構與重構的過程。當前，網絡空間的崛起，既給人類帶來了新的挑戰，也帶來了秩序重建的機遇。在新一輪秩序變革中，新技術的力量日益凸顯，區塊鏈在其中正起著越來越關鍵的作用。

一　重混的力量

縱觀人類社會發展史，無論是文明的增長，還是經濟的增長，甚或是數據的增長，無不來源於重混。正如凱文・凱利在《必然》中所預言的那樣，「『重混』是一股必然而然的改變力量」。當前，人類正處於並將長期處於一個重混的時代，重混必將給規則與秩序帶來前所未有的衝擊。

重混時代的來臨。在古人的世界觀裏，混沌成了混亂和無序的代名詞。直到 20 世紀 70 年代，隨著科學和數學的重大進展，人們逐漸認識到混沌更深刻的本質——無序和有序的結合。與混沌經常相提並論的是「熵」。熵並不是用來衡量混亂程度的量詞，而是用來衡量狀態的多重性，高熵值的狀態極有可能是無序的[38]。在 138 億年前宇宙大爆炸開始之前，一切都是有序的。然而，在大爆炸之後，宇宙向混沌大步行進。作為宇宙大爆炸的產物，

38　〔美〕塞薩爾・伊達爾戈：《增長的本質：秩序的進化，從原子到經濟》，浮木譯社譯，中信出版社 2015 年版，第 18 頁。

時間是「熱力學第二定律所指的熵增定律畫出來的單向箭頭，熵增定律的不可逆，這也代表著時間不可倒退」。時間的不可逆性為我們在混沌中帶來了秩序[39]，而秩序和混沌是相互對立且可以融合的。重混就是融合內外部資源創造新價值。重混是創新的本質，喬布斯曾說：「創新就是把各種事物整合到一起，有創意的人就是看到了一些聯繫，然後總能看出各種事物之間的聯繫，再整合形成新的東西。這就是創新。」可以說，創新是把已經建好的各種制度、流程等穩定的結構打破，讓它又重新變成一個混沌狀態，讓這些原有的元素進行重新組合。所謂的「創新」都是打破原有的模式和結構，重新組合，而不是完全的從無到有，包括 iPhone、微信的誕生，都是對原有格局、行業、做法、模式、思想的一種突破和重構。在自然世界中，最軟的石墨和最硬的金剛石，都是由碳原子構成的，它們的巨大差異只是因為碳原子的組合方式不同，人類需要重混才能釋放個體的智能，重構我們的組織方式、生活方式、創造方式，從而獲得群體智慧。就像數據的存儲並不增加硬盤質量，而是通過改變信息載體排列順序實現的。數字時代文明的增量也是從對人與社會的重構開始的[40]。通過重新排列組合，原要素之間的邊界被打破。隨著舊邊界的消失，有序開始走向無序，但重混並不是混雜一堆胡亂重合，而是有序的排列組合，所以無序之中又貫徹著有序。在一個重混的世界裏，跨界隨時發生，一個領域的資源跨界與另一個領域的資源重新排列組合，就可能產生創新。伴隨文明的不斷演進、科技的不斷進步以及人類對世界認知的不斷增長，世界呈現在人類面前的面貌越來越清晰。然而，隨著重混時代的到來，眼前的世界依舊充滿著不確定性，時常伴有難以預見的風險

---

39 〔美〕塞薩爾・伊達爾戈：《增長的本質：秩序的進化，從原子到經濟》，浮木譯社譯，中信出版社 2015 年版，第 29 頁。

40 王文、劉玉書：《數字中國：區塊鏈、智能革命與國家治理的未來》，中信出版社 2020 年版，第 3 頁。

與變革，人類仍然在模糊認知中踽踽獨行。很多時候我們並不能精準地度量、預測與控制。價值、法律、規則存在不確定性，權利也是如此。這些不確定性意味著複雜與無序，給人類社會帶來混亂與迷茫，給人類共同生活帶來風險與挑戰。

　　增長來源於重混。世界不是「新」的，而是「混」的，人類社會的發展來源於一次次重混。其一，文明的增長來源於重混。在過去的幾萬年裏，人類社會的發展經歷了從擴散到分成不同群體到最後再次合併的過程，但合併並不是回到了原點。正如尤瓦爾·赫拉利在《未來簡史》中指出的那樣：「過去的多元族群融入今天的地球村時，各自都帶著思想、工具和行為上的獨特傳承，呈現一路走來的收集與發展成果。」人類文明的演變進程不過是思想上的一次次重混。2000 多年來，每一次社會的進步，並非發現了新的思想，而是對軸心時代某一種思想的重新認知與實踐。同樣，推動人類文明進程的新興技術，其產生演化也不過是早期原始技術的重混。聖塔菲研究所經濟學家布萊恩·阿瑟認為，「所有的新技術都源自已有技術的組合」。現代技術是早期原始技術經過重新安排和混合而成的合成品[41]，我們可以將數百種簡單技術與數十萬種更為複雜的技術進行組合，那麼就會有無數種可能的新技術，而它們都是重混的產物。其二，經濟的增長來源於重混。關於經濟增長的決定性因素到底是什麼，人們的認識並不統一。現代經濟增長理論認為，經濟增長不僅僅取決於資本、勞動力以及資本和勞動力對產量增長的相對作用程度，最重要的動力因素是技術進步[42]。經濟學家約瑟夫·熊彼特

41　〔美〕凱文·凱利：《必然》，周峰等譯，電子工業出版社 2016 年版，第 223 頁。
42　美國未來學家阿爾文·托夫勒在其《未來的衝擊》一書中也提到，在這些驚人的經濟現象之背後，隱藏著一種巨大的變革動力：技術，但這並不表示其是推動社會變革的唯一動力。事實上，大氣中化學成分的改變、氣候的變化、土壤肥力的改變及其他種種因素都會導致社會動蕩，但不可否認，技術仍是加速衝擊的主要力量。

將使用新技術歸結為創新的重要內容，認為企業家實現了新產品和新技術的組合。與熊彼特的「技術創新理論」側重以「新結合」或者「新組合」的方式提出如出一轍，經濟學家保羅·羅默認為，「真正可持續的經濟增長並非源於新資源的發現和利用，而是源於將已有的資源重新安排後使其產生更大的價值」。凱文·凱利在《必然》中提出：「經濟增長來源於重混。」至此，對於經濟增長的研究逐步從對要素本身的關注轉至要素的重組上來，重組成為數字社會創新和財富的動力源泉[43]。其三，數據的增長來源於重混。數據的重新組合對於數據量的持續增長至關重要。從性質上看，跨界、跨域的關聯和重組是數據自身發展的天性，它能夠打破時空的界限進行快速流轉和聚合，把同一類型、同一領域的數據聚集成類，相互作用，並形成更大範圍、更高層次、更深程度、更多領域的持續集聚，進而在新的條件下形成新的數據集。單個數據沒有意義，經過重新組合形成新的數據集，通過關聯分析，產生更多的數據子集才有特定的價值[44]。數據重混的價值就是新規律新價值的發現。數據重混的方式從交互程度角度講，可分為數據組合、數據整合和數據聚合三個層次（見圖 4-1），從低到高逐步實現分散、無序數據的深度聚合[45]。

43　〔美〕凱文·凱利：《必然》，周峰等譯，電子工業出版社 2016 年版，第 242 頁。

44　人類對於數據價值的認識可以分為三個階段：一是以計算機為基礎，追求數據精細化的小數據時代；二是以系統性數據資源為基礎，深入挖掘數據關係的大數據時代；三是以數據大爆炸為標誌，數據擁堵的超數據時代。數據無處不在，它們躲在暗處嘲笑不會善加利用的人們，真相往往隱藏在數據的排列組合裏。

45　數據組合由各方數據的簡單組合構成，能夠展現事物的全貌。該數據的重混產生的是物理反應，數據屬性本質沒有改變。如一份徵信報告，有交易數據、通信數據、購物數據等，只是簡單拼裝而成。數據整合由多方的數據共同存在才能夠實現價值。該數據的重混產生的是化學反應，有價值產生。如黑名單，要通過金融數據和通信行業數據進行關聯才能判斷是否進入黑名單，如用戶有異常金融行為，再加上該用戶頻繁換手機和停機次數多，基本可判斷為黑名單用戶。數據聚合由雙方數據聚合孵化產生新的價值，該數據的重混產生的是核反應，產生的是新模式。如分期貸款，通過大數據風控能力，不僅減少審核流程，而且也能進行貸中監控和貸後管理，還能夠對失聯用戶進行定位和催收，是一攬子計劃。

圖 4-1　數據重混的三種方式

重混對秩序的衝擊。重混時代下，技術的革新使得創新的可能性發生了變化，互聯網和數字化的發展讓人們隨時隨地可以創新。在過去，專業人士才是創新的中流砥柱；而現在，每個人都有這種可能性。在過去，只有少數人才能出版、成名；而現在，只要有手機、電腦、互聯網，人人都有可能。創新的環境發生了改變，創新的途徑更易獲得，門檻也更低，人們越來越多地選擇利用重混的方式表達自己的創新力和展現欲。隨著創新門檻的降低，重混給人類帶來價值的同時也帶來了許多問題，尤其是規則和秩序方面的問題。秩序是人類社會生存和發展的根本保障，它並不是一成不變的，而是在社會主體及其相互作用的推動下逐漸發展變化的。在重混時代背景下，社會想要正常存在和進步就必須使不同的社會主體之間能夠相互作用，進而構成一種規則體系。人類共同生存和生活決定了必須存在起碼的社會秩序，其核心是每個社會共同體都需要解決如何利用共同的社會資源或財富以延續發展自身的問題。這要求每個社會選擇和確立一個由誰（個人、集體還是其他組織形式）利用和如何利用（享有什麼性質的權利等）數權的秩序。這一秩序通常是以權利制度設計為核心的，這便是以數權為核心的權利體系。數權界定數據資源產權，構建數字社會的資源利用秩序。數權成為數字社會組織聯

結的紐帶，維繫著數字社會共同體的生存邊界。重混是對已有事物的重新排列和再利用，這對傳統的財產觀念和所有權概念產生了巨大的挑戰和衝擊。從某種意義上而言，我們的法律系統還停留在工商業時代的準則上，這已經落後於數字時代的發展。

二 秩序的解構與重構

秩序是根植在人類生產生活中的需求，體現為對有序的熱衷和依賴。人類正步入一個由互聯網、大數據、區塊鏈等新技術多重疊加的數字社會，新一代數字技術以前所未有的速度、廣度、深度影響社會秩序，與舊的體制和機制相聯結的原有秩序正在被打破。

秩序的需求。人類的社會性生物特徵決定了人類生存必須具備三個基本需求，即滿足生物本能的物質資料、維繫社會架構的秩序規則以及透視生存價值的意義建構，其中對社會秩序要件的需求是整個秩序需求的主要內容。實踐證明，因為無序的存在，「無序即存在著斷裂（或非連續性）和無規則性的現象，亦即缺乏智識所及的模式——這表現為從一個事態到另一個事態的不可預測的突變情形」[46]，所以秩序就成了一種需要。人類對秩序的天然嚮往使得人類會本能地用有序代替無序，代替方式主要有宗教教條、道德規範以及法律規則等。其中，法律規則的強制性對無序的替代最為徹底，最能滿足人類對於秩序的需求。在文明的社會，法律是消除無序狀態或預防無序狀態首要的、經常起作用的手段[47]。秩序是人類共同生活的需要。秩序是由人類在生產、生活實踐中有意或無意形成的各種原則、規則、規範決定的，

46　〔美〕E·博登海默：《法理學：法律哲學與法律方法》，鄧正來譯，中國政法大學出版社 2004 年版，第 228 頁。

47　張文顯主編：《法理學（第四版）》，高等教育出版社、北京大學出版社 2011 年版，第 261 頁。

也一定會隨著各種原則、規則、規範的變化而變化。「因而人類社會的秩序必須是社會歷史性的秩序，即處於形成、維持、解構與重建過程中的秩序。」[48]人類尋求秩序，「當然不是為了『秩序』本身，而是為了讓自己順利地、和平地生存與發展。秩序不過是人們正常地生存與發展所表現出來的有序性、協調性和可持續性等良性狀態，因而也是人們過『好生活』的價值觀的體現。所以，人類才以秩序作為追求的重要目標，並作為對個人及其相互關係的行為標準」[49]。從當前現實看，人們的溫飽問題已基本解決，物質文化需要不再是迫切需要滿足的，而美好生活需要必須在秩序需求得到基本滿足後才得以更好地滿足。因此，秩序需求才是瓶頸需求，是當前最緊迫、最稀缺的一種需求。

秩序的分類。恩格斯指出：「自然界不是存在著，而是生成著並消逝著。」[50]也就是說，自然界的演化，既有進化也有退化。進化是指「由無序到有序、由簡單到複雜、從低級到高級不斷向前進步的方向」，是「分化了的秩序或複雜性的展開史」，而退化則是指「由有序到無序、由複雜到簡單、從高級到低級不斷退步的方向」。[51]自然界和人類社會存在著各種結果、排列、組合，形成了各種秩序，每種秩序都有其特定功能和價值，深刻影響著人類的生產生活。秩序主要分為自然秩序和人為秩序，實體秩序和虛擬秩序，單一秩序和多維秩序，單純秩序和混合秩序，顯性秩序和隱性秩序，通用秩序和特定秩序，固定秩序和可變秩序，初始秩序和衍生秩序，實體秩

---

48 張曙光等：《價值與秩序的重建》，人民出版社 2016 年版，第 130 頁。

49 張曙光等：《價值與秩序的重建》，人民出版社 2016 年版，第 165-166 頁。

50 〔德〕恩格斯：《自然辯證法》，人民出版社 1984 年版，第 12 頁。

51 武杰、李潤珍、程守華：《從無序到有序——非線性是系統結構有序化的動力之源》，《系統科學學報》2008 年第 1 期，第 13 頁。

序、理性秩序和數字秩序等[52]。在人類社會的不同歷史階段，所需要的秩序是不同的。農耕社會的秩序模式是一種自然秩序，農耕文明的簡單性使人類的一切活動都具有較高的確定性，表現出一種靜態特徵，此時的自然秩序也表現出較高的確定性。人類進入工業化社會後，社會複雜性程度逐漸提高，自然秩序逐漸無法適應人類生產、生活活動的需要。20 世紀後期，人類社會開始逐漸進入後工業化的歷史進程，與之相伴隨的則是人類社會複雜性與不確定性的快速增加，進而對創制秩序提出了新挑戰。工業社會僅僅用了幾百年的時間便迅速提高了社會的複雜程度，把社會推進到了一個高度複雜的時代，創制的秩序與規則面臨失靈的窘境。在歷史的座標中，我們可以清晰地看到這樣一條線索：農耕社會向工業社會的發展呈現複雜化的進程，這種複雜化打破了農耕社會的自然秩序並提出了重建秩序的要求。進入數字社會，隨著社會複雜性的指數級增長，在高度複雜性和高度不確定性條件下，人類需要一種新的秩序。需要通過一場變革，建構一種能夠適應高度複雜性和高度不確定性條件下的秩序。考察人類社會發展的歷史過程，自脫離茹毛飲血、混沌蒙昧的時代以來，人類社會大抵沿著從低級到高級、從簡單到複雜的螺旋式有序演進，體現出一種內在的「進步」秩序。

　　秩序的重構。「一部科學史表明，新秩序的構建，往往來源於舊秩序的重構，或在不同秩序之間去發現、尋找其中的共性和聯繫點，然後加以新的聚合，或將混沌的關係加以聚合，成為有序的、新的秩序體系。」[53]作為社會發展的必然要求，秩序的重建關乎整個社會各領域的文明規則與行為規範的確立，關乎道德和精神世界的拓展和提升，具有「人文價值」和「社會規

52　文庭孝、劉璇：《戴維‧溫伯格的「新秩序理論」及對知識組織的啟示》，《圖書館》2013 年第 3 期，第 6 頁。

53　大數據戰略重點實驗室：《塊數據 5.0：數據社會學的理論與方法》，中信出版社 2019 年版，第 307 頁。

則」的雙重規定性。人類社會發展的不同階段需要隨之構建起相適應的秩序，戴維・溫伯格在《萬物皆無序》一書中，創造性地提出了三個層次的秩序思想。他認為第一層次的秩序是實體秩序，是對物質世界和事物本身的排列。第二層次的秩序是理性秩序，是根據我們預先設計好的秩序或分類體系，將有關事物的信息分到相對應的、固定的位置。第三層次的秩序是數字秩序，是一種沒有預先設定的秩序，超越了分類體系的限制，是在利用數據時根據需要重新排列組合，建立一種特定的、滿足個性需求的新秩序。[54]秩序是人類社會的黏合劑，秩序的存在與否與實現的程度如何是衡量社會文明程度的重要價值尺度。人類文明的本質是秩序的建構，縱觀人類文明發展進程，對秩序的建構與追求是貫穿始終的主線。秩序具有價值指引與文明標尺功能，它指引但不明確干涉人類社會，也不對人類社會的基本結構做出明確的規定，只是為人類社會劃定一個可能的空間。在古代社會，巫術、宗教等支配著整個人類社會，人類養成的敬畏神明、不尚競爭的心性結構使人類在價值追求上更加注重神聖價值。現代社會經過「祛魅」後，生產、競爭成為人類生活的核心內容，人類養成的樂於競爭的心性結構使人們在價值追求上更加注重實用價值。從某種意義上說，古代文明和現代文明似乎是「瘸腿」的文明，價值追求的偏頗是根源所在。從這個意義上來看，價值秩序是社會文明狀況的「晴雨錶」。數字時代，網絡空間的崛起給人類帶來了新的挑戰，也帶來了重建秩序的機遇。在新一輪秩序變革中，區塊鏈的改變力量凸顯，歷史上秩序的重構從來沒有像今天這樣由新技術起到如此重要的作用。

54　〔美〕戴維・溫伯格：《萬物皆無序：新數字秩序的革命》，李燕鳴譯，山西人民出版社 2017 年版，第 4 頁。

三 區塊鏈賦能新秩序

眾所周知，人類社會從原始文明過渡到農耕文明再到工業文明，所耗費的時間逐漸減少。究其原因，科技革命無疑起到了巨大的推動作用。當前，人類社會正以衝刺之姿奔向全面滲透、跨界融合、加速創新的數字時代。這愈發激烈的社會演進態勢，加速改變了人類社會發展的步伐。在這過程中，隨著數字技術在全人類生存中的廣泛應用，使得人類社會的秩序被打亂，人類賴以生存和發展的地球也將隨著數字化發展演進成為「數字地球」。在這樣一個數字世界中，人類必須學會適應數字技術帶來的變革，並致力於將技術賦能人類社會發展的新秩序增長。黨的十九屆五中全會提出：「要發展數字經濟，加強數字社會、數字政府建設，提升公共服務、社會治理等數字化智能化水平。」這也是官方正式明確數字化發展內涵，即以數字經濟、數字社會、數字政府為三大支柱開展數字技術創新與應用。

區塊鏈與數字經濟。數字經濟是隨著新一代數字技術的蓬勃發展和廣泛應用而形成的，繼農業經濟和工業經濟之後的一種新的經濟形態。最早提出「數字經濟」術語的是被譽為「數字經濟之父」的加拿大學者唐・塔普斯科特，他在其著作《數字經濟：網絡智能時代的承諾與危機》中指出，數字經濟是基於新一代信息技術，以資源優化配置為導向的高級經濟形態，區塊鏈技術的出現，強化了數字經濟的資源配置潛力[55]。其後，《數字化生存》、《數字經濟》、《網絡社會的崛起》三本著作相繼出版，以及在媒體和政府的共同推動下，數字經濟理念日益流行、並深入人心[56]。回顧人類經濟發展史可以發現，18 世紀以前的人類文明，基本都可以歸為農業經濟；而 18 世紀後

---

55 Tapscott D. *The Digital Economy: Promise and Peril in the Age of Networked Intelligence.* New York: McGraw Hill. 1995，p. 3.

56 閻德利：《數字經濟》，中共中央黨校出版社 2020 年版，第 6 頁。

半期爆發的以「機械化」為代表和 19 世紀後半期以「電氣化」為代表的兩次工業革命，成為人類經濟發展史上的重要拐點[57]。隨著數字技術的發展，人類經濟發展開始從工業經濟邁向數字經濟。數字經濟的誕生正是因為工業經濟發展到新階段的新需求和數字技術的出現。新技術逐步滲透於經濟、社會和生活複雜的動態過程中，也為人類社會及其經濟組織的運行方式帶來了顛覆性改變。可以說，我們現在已經生活在一個「數字達爾文主義」的時代，對人類是否能夠適應數字化生存而優勝劣汰的選擇過程，便是這個時代的核心要義。區塊鏈技術成為人類向數字化社會遷徙和進行數字經濟活動的重要工具之一[58]。在席捲全球的區塊鏈技術應用浪潮中，利用區塊鏈技術把握好發展數字經濟的最佳時機則成為當下全球發展的科技命題之一。在人類傳統的經濟交往模式中，我們時常會因為交易對手的信用而猶豫和擔心，為商業票據的真偽所焦慮，為提升經濟運行效率而憂愁。然而這一切，都會隨著區塊鏈技術的到來而改變。區塊鏈技術利用加密算法和共識機制保證數據不可篡改和偽造，讓抵賴、篡改和欺詐行為的成本巨大[59]，有助於構建安全可信的數字經濟規則與秩序，讓人類社會開展的合作更加緊密，並為人類協同治理數字經濟奠定信任基礎。在區塊鏈技術的強勢賦能下，傳統的數字經濟單一的「數據互聯」模式，將會發展為「信任互聯」和「價值互聯」，新的數字經濟能在點對點信任的基礎上有效傳遞信息和價值，從而顛覆金融、生產製造、生活消費等各個方面。具體來說，區塊鏈的分布式帳本技術可以

---

57 張一鋒：《區塊鏈：建構數字世界的新工具》，《信息化建設》2018 年第 11 期，第 37 頁。

58 劉權主編：《區塊鏈與人工智能：構建智能化數字經濟世界》，人民郵電出版社 2019 年版，第 94 頁。

59 曹紅麗、黃忠義：《區塊鏈：構建數字經濟的基礎設施》，《網絡空間安全》2019 年第 10 期，第 78 頁。

弱化網絡信息不對稱，共識機制有利於消解人類數字信任，非對稱加密和智能合約則可以進一步保障數字經濟安全。[60]可信數字經濟最重要的是達成共識，而就共識機制的形成來看，區塊鏈有助於各方事前達成共識，進而在共識和信任的基礎上形成一套共識機制，以解決上鏈中的壟斷問題。數字革命改變了創新的本質，技術賦能更是拓展了數字經濟的範圍邊界，從而構建包容性數字經濟模式。

區塊鏈與數字社會。 人類正在從物理世界向數字世界遷徙，但人類社會的數字化遷徙過程並非一帆風順，物理世界與數字世界並不是一一對應、完全吻合的。無論是轉化技術，還是規則構建，都面臨著一系列困境，如技術障礙、法律障礙、數據障礙等映射的難題在物理世界與數字世界之間產生了「鴻溝」，阻隔了物理世界數字化以及兩個世界的鏈接與互通[61]。但值得慶幸的是，每一次技術進步都始終推動著社會不斷發展和進步，由信息技術發展引起的社會體系基礎變化導致了新社會秩序的形成。數字技術變革重構了人們的現實世界與虛擬世界，「數字化生存」超越預言而成為現實，數字社會撲面而來[62]。「數字社會」作為一種特定的社會文化形態，借由數字化、網絡化、大數據、人工智能等當代信息科技的快速發展和廣泛應用而得以孕育成型[63]。凱文·凱利在暢想未來數字世界時曾說：「鏡像世界將物理世界與虛擬的數字信息鏈接起來，在人與計算機之間創造出一種無縫的交互體驗。」區塊鏈技術使數字孿生走上正軌、步入現實，在數字孿生這類先進理

---

60 鄺勁松、彭文斌：《區塊鏈技術驅動數字經濟發展：理論邏輯與戰略取向》，《社會科學》2020 年第 9 期，第 68-69 頁。

61 劉權主編：《區塊鏈與人工智能：構建智能化數字經濟世界》，人民郵電出版社 2019 年版，第 3-9 頁。

62 吳新慧：《數字信任與數字社會信任重構》，《學習與實踐》2020 年第 10 期，第 87 頁。

63 李一：《「數字社會」的發展趨勢、時代特徵和業態成長》，《中共杭州市委黨校學報》2019 年第 5 期，第 83 頁。

念的引領下，在數字科技的驅動下，人類社會數字化遷移逐漸加速。在當今數字時代的大背景下，人類的生產生活開始從數字化、網絡化邁向智能化，「數據、算法和算力成為新興的發展動力和技術支撐」[64]，加速了用智能數字技術重構工業文明的趨勢，人類社會進入了如德國哲學家、社會學家尤爾根·哈貝馬斯所說的「複雜社會」的時代[65]。在這個極其複雜的社會中，人類彼此之間的交互、信任與合作都面臨著新的問題和挑戰，而區塊鏈的多個技術特性正是應對和化解這些問題和挑戰的最新路徑。區塊鏈「去中心化」的核心技術特性，可以使人們在社會治理參與中體會到更多的平等、自由，而且可以實現信息的公開透明、相互監督，這樣的技術賦能實質上就是賦權於人類，有助於不斷優化現有社會治理範式、增強社會公平和社會信用，重構、變革與升級數字社會的治理體系，也有助於數字社會治理能力的提升。區塊鏈作為社會發展的基礎支撐技術，將難以量化的社會治理問題轉化為數字問題，實現社會治理的數字化、網絡化、智能化整合，推動可信社會向可編程社會邁進，構建更加完善的可信數字社會，打造共建共治共享的社會治理格局。區塊鏈作為數字社會治理體系的重要支撐技術，是數字社會轉型過程中一項重要的基礎設施和治理科技，區別於其他技術和應用。

區塊鏈與數字政府。「數字政府是政府為適應和推動經濟社會數字化轉型，對政府治理理念、職責邊界、組織形態、履職方式以及治理手段等進行系統發展和變革的過程。」[66]人類社會的政府數字化進程大體相同，可分為

---

64 馬長山：《數字社會的治理邏輯及其法治化展開》，《法律科學（西北政法大學學報）》2020年第5期，第5頁。

65 裴慶祺、馬得林、張樂平：《區塊鏈與社會治理的數字化重構》，《新疆師範大學學報（哲學社會科學版）》2020年第5期，第118頁。

66 鮑靜、范梓騰、賈開：《數字政府治理形態研究：概念辨析與層次框架》，《電子政務》2020年第11期，第3頁。

「政府信息化」、「電子政務」和「數字政府」三個階段[67]，每個階段的優化升級都得益於技術的發展和政策的推動，只是每個國家由於技術、政策等差異，在每個轉型階段的停留時間長短不一而已。傳統的農業社會和工業社會的政府治理旨在管控社會；而信息社會的政府治理則旨在謀求服務社會[68]。可見，所謂「數字政府」絕不僅是單純的政府工作和政務處理的電子化，其深刻內涵則是政府利用數字化技術豐富數字化思維促進數字化服務。數字政府也並非一個全新的事物，它是從管理到治理、從技術創新到應用實踐的轉變，數字政府使行政過程服務化、智慧化、系統化、精準化，旨在凸顯公共利益最大化效果，實現國家治理現代化的目標[69]。數字政府在技術創新的驅動下，深度融入政府治理和服務的諸多場景中，並逐漸實現了在業務服務上諸多新的可能。數字政府建設也是服務於我國在全球治理格局中構建「人類命運共同體」的必要支撐[70]。基於區塊鏈技術的「數字政府」，能夠實現數據的不可篡改、可溯源、安全可信以及分布式存儲、保護隱私等需求，在優化政務服務流程、促進政務數據共享、降低「數字政府」運營成本、提升政務協同工作效率等方面將發揮重要作用[71]。在區塊鏈賦能數字政府的國際實踐中，愛沙尼亞、美國、格魯吉亞等國家高度重視區塊鏈技術的研究與應用，其中愛沙尼亞被認為是數字政府的全球領先國，其全民數字身分證項目

---

67 黃璜：《數字政府：政策、特徵與概念》，《治理研究》2020 年第 3 期，第 8-9 頁。
68 戴長征、鮑靜：《數字政府治理——基於社會形態演變進程的考察》，《中國行政管理》2017 年第 9 期，第 24 頁。
69 王煥然等：《區塊鏈社會：區塊鏈助力國家治理能力現代化》，機械工業出版社 2020 年版，第 282 頁。
70 鮑靜、范梓騰、賈開：《數字政府治理形態研究：概念辨析與層次框架》，《電子政務》2020 年第 11 期，第 10 頁。
71 丁邡、焦迪：《區塊鏈技術在「數字政府」中的應用》，《中國經貿導刊（中）》2020 年第 3 期，第 6 頁。

KSI（Keyless Signature Infrastructure）和「數字國家計劃」更是走在區塊鏈技術應用的前列[72]。區塊鏈的特性讓政府管理能夠實現更高層級的目標，如權利透明、安全性可靠、包容性強大和價值的細分等[73]。值得注意的是，在數字技術高度發展的今天，數字政府與法治政府的共進是實現國家治理體系與治理能力現代化的必經之路，協商民主與治理科技的交融也成為政府數字化轉型的重點關注對象。在我國政府治理的眾多傳統機制和模式中，協商民主作為一種整合社會關係、減少社會矛盾、擴大社會共識的政治制度不可忽視，但在實踐中還存在一些問題，特別是「協商面窄、參與人數少、協商場所局限性大、協商渠道不暢、協商流程複雜等直接制約著協商效力」[74]。但最為關鍵的還是缺少了協商民主所需的技術和制度支撐。而基於區塊鏈，特別是主權區塊鏈的技術運用正是解決這一問題的關鍵突破口。主權區塊鏈作為制度之治，相比區塊鏈技術而言，增加了國家主權、政府監督、技術干預、非完全去中心化等注入有主權意志的特性。按照主權區塊鏈的理念，協商民主將成為一種算法，在技術規制的基礎上建立一套共識和共治機制，為數字社會的民主實踐提供數字化支撐。主權區塊鏈的發明，為我們提供了一個從善政到善治的新路徑。善政是中心化的，權威從中心開始慢慢往外擴散，效率也在慢慢遞減。善治是去中心化的，基於共識機制並通過編程和代碼實現多個主體之間的治理。如果基於主權區塊鏈的治理科技能夠在協商民主中運用，對中國特色協商民主制度建設以及增進人類社會制度文明的貢獻是巨大的。

---

72 王益民：《數字政府》，中共中央黨校出版社 2020 年版，第 167 頁。

73 王延川、陳姿含、伊然：《區塊鏈治理：原理與場景》，上海人民出版社 2021 年版，第 213 頁。

74 連玉明：《向新時代致敬——基於主權區塊鏈的治理科技在協商民主中的運用》，《中國政協》2018 年第 6 期，第 81 頁。

科技向善

　　科技改變世界，向善啟迪未來。科技也是一把雙刃劍，是一把正懸在人類頭頂的達摩克利斯之劍。它是維護正義的「亮劍」，也是戰爭狂人的幫凶；它為人類帶來了自由，也為人類套上了枷鎖。新科技在給人類帶來福祉的同時，也在不斷突破倫理底線和價值尺度，「基因編輯嬰兒」等重大科技倫理事件震驚社會，引人深思。如何讓科技始終向善，在極大程度上將影響到人類的生存與社會秩序的規制和規範。科技的靈魂，永遠在於展現其「天使的一面」而非「魔鬼的一面」，在於為人所用，而非讓人類自毀長城。人是科技的尺度，價值觀決定科技的方向。在當下以及可預見的未來，新科技定會層出不窮，我們也將生活在愈加科技化的環境中。科技是一種能力，向善是一種選擇，選擇科技向善，要靠良知的堅守與利他的情懷，只有秉承科技向善理念，避免「技術的貪欲」，讓技術更有溫度，才能構建一種持久穩定、公平正義的數字新秩序。

一　良知之治與利他主義

　　科技是人性的表現，是人與自然相融和諧的手段，是人性中的善和良知與外部世界客觀真理的結合方式。所謂良知即所謂的善，是不學而能、不慮而知的人心固有的是非之心，它既是人心的道德意識，又是人心的道德情感。良知是數字社會當然的產品，背離和失去良知的科技終將走向失敗。數字時代，科技向善要堅守良知和向善利他的底線，只有這樣才能更好地推動科技始終朝著服務人類共同價值和共同利益的方向發展。

　　從契約精神到良知之治。契約精神是人類從自然經濟演進到商品經濟、從身分社會演進到契約社會的產物，是伴隨商品經濟、市場經濟和民主政治

而生長起來的文化奇葩[75]。所謂契約精神是指存在於商品經濟社會，而由此派生的契約關係與內在原則，是一種自由、平等、守信的價值取向。古希臘海洋經濟的發展催生了商品經濟的繁榮，隨著商品經濟的發展和契約形式的普及，契約的思想和邏輯滲透到社會生活和社會意識的各個領域，契約精神也隨之在西方文化中生根發芽。最早的契約精神可以追溯到亞里士多德的正義論，他將人與人之間的「交往活動」分為自願交往和非自願交往，在自願交往中就包含了簽訂契約的思想[76]。古希臘時期，契約精神體現最明顯的是伊壁鳩魯學派。該學派認為，國家與法律就是社會契約的產物，訂立契約的價值在於保障個人的自由和安全，從而維護國家或城邦的安定。作為近現代西方文明核心的契約精神，雖然不斷地超越制度和區域的界限，但由於極為複雜的原因，迄今為止並沒有成為一種具有普遍意義的全球價值觀。相比較之下，許多人更津津樂道於不按規則出牌，習慣於從破壞規則中獲得短期利益，樂於把破壞遊戲規則當成智慧的象徵，契約精神缺失的現象比比皆是[77]。從人性的角度來說，人性中既有動物的一面，又有天使的一面，從前者出發，人是自愛的、利己的，從後者出發，人是有同情心的、利他的，而契約來源於人的動物的一面，良知則來源於人的天使的一面。契約的訂立是由於人是自利理性的經濟人。根據「自利與理性」原則的一個自然推論，經濟人具有借助於不正當手段謀取自身利益的機會主義行為傾向，如說謊、欺騙、違背對未來行為的承諾等[78]。因此，從社會角度看，建立一個健全社會既需要契約精神也需要良知之治。所謂良知即所謂善，是一種高尚的道德力

75　李璐君：《契約精神與司法文明》，《法學論壇》2018 年第 6 期，第 64 頁。

76　叢斌：《規則意識、契約精神與法治實踐》，《中國人大》2016 年第 15 期，第 17 頁。

77　汪中求：《契約精神》，新世界出版社 2009 年版，第 14 頁。

78　陳立旭：《現代社會既要契約也需要良心》，《觀察與思考》1999 年第 1 期，第 26 頁。

量[79]。盧梭認為，良知是人的生存出發點，人一定是擇善而從，而善只能來自人的良知；因此，良知是真善判斷的最高權威[80]。過去半個世紀以來，科技企業的進取精神是人類文明進步的核心動力。而在未來相當長的時間裏，治理科技的向善精神將成為人類文明躍遷的重要保障。科技向善是通往普遍、普惠、普適數字社會的路標，其塑造了數字社會的第一個特徵——向善利他。良知是科技向善的內涵，陽明心學在全球範圍內的傳播與普及，成為構建人類命運共同體的文化源泉之一。正如美國夏威夷大學哲學系終身教授成中英所說，「陽明心學以道德良知為核心的道德理想主義，對於救治當今世界道德滑坡、唯利是圖、物欲橫流的非人性化弊端無疑是一劑對症良藥」[81]。人類對自然肆無忌憚地掠奪和破壞，使得人與自然、人與自我、人與世界依舊處於一種失衡狀態，這個問題在 21 世紀可能變得更為嚴重，需要重新用「良知」來審視和反思，通過「致良知」克制私欲，回歸初心。通過「天地萬物為一體」與不確定性相處，與動蕩的世界相處。

　　良知之治的文化內涵。一是心即理——良知之治的理論基礎。「心即理」是中國傳統哲學流派心學的重要命題，由宋代哲學家陸九淵提出，明代王陽明完善了這一哲學命題。王陽明認為，具體物事稍縱即逝，因而若要使「理」免於消失之風險，必須寄附於恆久不失的「心」[82]。「心即理」是由具有覺知、主宰能力的「心」與綜合所有善德的「理」組合而成的至善本體[83]，所表明的是「心」與「理」的互構關係，「心」建構著「理」，「理」

79　鄭萬青：《構建良心看護下的契約社會——兼議法治的道德產品》，《觀察與思考》1999 年第 2 期，第 16 頁。
80　謝文鬱：《良心和啟蒙：真善判斷權問題》，《求是學刊》2008 年第 1 期，第 47 頁。
81　辛紅娟：《陽明心學在西方世界的傳播》，《光明日報》2019 年 5 月 11 日，第 11 版。
82　李承貴：《「心即理」何以成為陽明心學的基石——王陽明對「心即理」的傳承與論證》，《貴陽學院學報（社會科學版）》2020 年第 6 期，第 1 頁。
83　李承貴：《「心即理」的構造與運行》，《學術界》2020 年第 8 期，第 125 頁。

建構著「心」，並在這種相互建構中成為不可分割的統一體。「心即理」的進一步發展便是「良知即是天理」，由此，「心」與「理」的互構關係被轉化為良知與倫理規範之間的互構關係。一方面，良知是制定倫理規範的根本依據，一切倫理規範都應符合人天生的向善本性。另一方面，倫理規範有助於人區分良知與私欲，從而有助於鞏固與發揚人心中的良知。[84]二是知行合一——良知之治的理論主體。知行問題在中國哲學史上由來已久，自《尚書》提出「知易行難」命題以來，直至朱子理學始對此問題有了基本的解決。及至王陽明，自明武宗正德三年（1508）龍場悟道之後，次年即有「知行合一」之論[85]。「知行合一」論奠基於王陽明良知宇宙論基礎上，王陽明認為：「知者，良知也。」所謂的知行合一就是合於人內心的「知善知惡」的良知。「知行合一」論圍繞著良知的特性以及良知的朗現與落實來說，目的是叫人體認良知：一有惡念，馬上克除；一有善念，馬上去行。只有這樣，才能體悟到本體良知，認識到真正的自我[86]。從這個意義上而言，知行合一是良知倫理學的命題，甚至可以說，良知本身必然展現為知行合一，反過來亦是如此，知行合一就是以良知的自我實現為目的。三是致良知——良知之治的理論昇華。人類歷史就是一部人類良知的發展史，是人類良知不斷彰顯、展開的過程。智慧的挖掘、科技的進步、社會的發展與良知的彰顯與發用密切相關[87]。良知是人的本性，也是天理；致良知是對自身良知的認真

---

84 楊道宇：《「心即理」的認識論意義》，《中州學刊》2015 年第 5 期，第 100-101 頁。

85 吳震：《作為良知倫理學的「知行合一」論——以「一念動處便是知亦便是行」為中心》，《學術月刊》2018 年第 5 期，第 15 頁。

86 賴忠先：《龍場悟良知 養性在踐履——論陽明學的核心與性質》，《中州學刊》2010 年第 3 期，第 156 頁。

87 武薇：《致良知論——陽明心學思想初探》，《高校教育管理》2010 年第 4 期，第 86 頁。

體認，並把良知體現於事事物物[88]。王陽明認為，「致良知」並不是一個名詞，它是天地萬物進行結構性的動態改變而發生的客觀活動過程。「致良知的基本意義是至極其良知，就是拓展自己的良知，將自己的良知擴充到底，把良知推廣到人倫日用生活當中去。」[89]這與孟子所言的盡性意思相同。從這個意義上說，「致良知」即是從良知本體向良知發用的展開[90]。在科技發展日益迅猛的今天，人類已經生活在同一個地球村裏，構建人類命運共同體是世界發展的歷史必然。可以說，致良知作為良知之治的理論升華，可以啟示人，只有通過人的道德覺醒途徑，去鑄造道德基石，才能實現構建人類命運共同體的偉業。

利他主義：向善的力量。19 世紀法國實證主義哲學家、社會學家孔德借用拉丁文 alter 來表示同利己傾向對立的樂善好施，最早在倫理學上提出「利他主義」（altruism）一詞，他希望用這個詞來說明一個人給予他人的無私行為。關於利他主義，包括社會學、生物學和心理學在內的許多學科都對其進行了深入研究，並且給予了明確界定。例如，社會學家將利他主義行為定義為一種「對履行這種行為的有機體明顯不利，而對另一個與自己沒有什麼關聯的有機體卻有利的行為」。生物學家把利他主義界定為「對他人有利而自損的行為」[91]。從社會學家和生物學家的定義中，可以看出他們都強調了利他主義的代價，忽略利他主義行為的動機，而心理學家與社會學家、生物學家的觀點不同，「絕大多數的心理學家是從行為上對利他主義加以定義

---

88 黃明同：《陽明「致良知」論與社會文明》，《貴陽學院學報（社會科學版）》2019 年第 4 期，第 12 頁。
89 黃百成、趙晶：《王陽明致良知學說及其實踐論內涵》，《武漢理工大學學報（社會科學版）》，2010 年第 6 期，第 889 頁。
90 王中原：《王陽明「致良知」的社會改良思想探析》，《求索》2016 年第 1 期，第 125 頁。
91 王雁飛、朱瑜：《利他主義行為發展的理論研究述評》，《華南理工大學學報（社會科學版）》2003 年第 4 期，第 37 頁。

的，認為利他主義是一種不指望未來酬勞而且是出於自由意志的行動，即是出於自願和自擇的助人行為」[92]。利他主義被普遍認為具有一種自願幫助別人而不求在未來因此有所回報的特性。不管是在動物界，還是在人類社會，利他主義都是一種客觀存在的現象[93]。從人性的角度來看，人性的本質是善的，每個人的行為目的都能夠達到無私利他的境界。「儒家的道德總原則『仁』便是無私利他。因為歷代儒家都把仁界說為『愛人』：愛人顯然是無私利人的心理動因，而無私利人則是愛人的行為表現。」[94]英國古典經濟學家亞當・斯密在《道德情操論》中也開宗明義地指出了人的利他本性，「無論人們會認為某人怎樣自私，這個人的天賦中總是明顯地存在著這樣一些本性，這些本性使他關心別人的命運，把別人的幸福看成是自己的事情，雖然他除了看到別人的幸福而感到高興以外，一無所得。」[95]由此可見，利他主義並非虛幻，不僅是必要的，而且是至關重要的。在數字時代，必須樹立利他主義理念。數字技術的突飛猛進與廣泛應用，讓科技向善與作惡的能力都放大了很多倍。一方面，各種新技術讓科技向善的潛力巨大；另一方面，大數據技術作惡的門檻更低，形式更加隱蔽而多樣，破壞力瞬時而且巨大[96]。人性的溫度是科技的尺度。未來，隨著數字技術的不斷創新和蓬勃發展，社會治理面臨的挑戰勢必越來越多。只有堅持以人為本，樹立利他主義理念，人類才能充分享受科技紅利，人類文明才有可能走向更高階段。

92　高憲芹：《利他主義行為研究的概述》，《黑河學刊》2010 年第 1 期，第 43 頁。

93　宋圭武、王振宇：《利他主義：利益博弈的一種均衡》，《社科縱橫》2005 年第 1 期，第 54 頁。

94　王海明：《利他主義新探》，《齊魯學刊》2004 年第 5 期，第 76 頁。

95　〔英〕亞當・斯密：《道德情操論》，蔣自強等譯，商務印書館 2015 年版，第 5 頁。

96　司曉、馬永武等編著：《科技向善：大科技時代的最優選》，浙江大學出版社 2020 年版，第 4-5 頁。

二 從無罪、中立到向善

科技是第一生產力，人類正是在技術的輔助下從蒙昧走向文明。技術本身沒有「原罪」，其究竟用向何處、怎麼使用，完全取決於人。讓科技真正地為人所用，歸根結底需要有向善的人文精神作為引領，只有在正確的人文理性引導下，技術才能發揮最佳功效。

谷歌：「永不作惡」的爭議。一直以來，谷歌以「永不作惡」的文化和價值觀聞名於世。對谷歌而言，「永不作惡」原則早已從最初的非正式公司口號，變為了公司員工的核心價值觀，以及人們的訴求。谷歌「永不作惡」的企業宗旨形成於 1999 年。1999 年谷歌為了籌集發展所需資金而引入了商業資本，其創始人之一阿米特・帕特爾和一些老員工們擔心，未來迫於資本對於利潤的追逐，可能會發生人為更改搜索結果排名或者開發一些不願意開發的產品的情況，於是阿米特・帕特爾公開發布了「永不作惡」宣言，聲稱「做正確的事：不惡。我們所做的一切都誠實和正直。我們的經營做法無可非議。我們賺錢做好事」。在「永不作惡」宣言的加持下，用戶對谷歌的產品天然地充滿信任感，因此，谷歌發展得非常迅猛，在世界各國開疆闢土，在產品線上也形成了非常龐大的家族。但隨著谷歌業務王國的不斷擴張，「永不作惡」這一宗旨受到了越來越多的質疑。澳大利亞《悉尼先驅晨報》曾評論說，「『永不作惡』是很好的公共口號，但卻非常空泛，因為股東其實並不在意谷歌是否作惡，他們關注的只有投資回報」。扯下籠罩在谷歌頭上的「永不作惡」光環，就會發現這家標榜自己道德崇高的商業公司，卻經常行著不義之事。例如，2013 年 6 月爆發的「菱鏡門」事件，谷歌等 9 家美國互聯網公司被指參與了「菱鏡」項目，向美國聯邦調查局（FBI）、美國國家安全局（NSA）等政府情報機構提供用戶數據。2018 年谷歌更是被爆出參與美國國防部的 Maven 項目，為其提供相關技術，開發「幫美國政

府進行軍事監控，甚至還有潛在可能奪取生命的技術」。除此以外，谷歌還被曝出竊取他人著作權、挑戰他國道德底線、公然蔑視別國的法律法規，偷稅漏稅乃至強行推銷美國的文化價值觀等「不少作惡」事件。谷歌一直以來都主宰著用戶的信息獲取，成為網絡搜索引擎領域的霸主，這種壟斷性地位，導致其並未遵循其所設定的「永不作惡」的企業宗旨。2018 年 4 月 5 日，谷歌將「永不作惡」從其行為準則中移除，並取而以「做正確的事」替代。永不作惡與做正確的事之間，不是好一點和再好一點的問題，而是有著相當大的數量級差別。什麼是「正確的事」？是依據「善」還是依據「利」的標準的「正確」？這是一場沒有明確答案且永無止境的博弈。中國學者陳禹安撰文指出，基於人類基本法則的「善惡」判斷恢復正常，科技企業利用新技術作惡漁利或者先作惡再洗白的盈利路徑將不會被消費者漠視、容忍，更不會繼續被動接受。放眼未來，永不作惡將不再是企業錦上添花之舉，而是不可或缺的生存原則。但是，基於「善惡義利」的兩個最大公約數始終是一個悖論。只有那些能夠順利破解這個悖論，在「善惡義利」之間取得最佳平衡的企業，才有可能在未來取得可持續的發展。

　　騰訊：科技向善的願景。2019 年 5 月，騰訊董事會主席兼首席執行官馬化騰首次在公開場合談到公司的新願景和使命，「我們希望『科技向善』成為未來騰訊願景與使命的一部分。我們相信，科技能夠造福人類；人類應該善用科技，避免濫用，杜絕惡用；科技應該努力去解決自身發展帶來的社會問題」。同年 11 月，在騰訊公司成立 21 周年之際，騰訊正式公布了全新的使命願景：「用戶為本，科技向善。」「一切以用戶價值為依歸，將社會責任融入產品與服務之中，推動科技創新與文化傳承，助力各行各業升級，促進社會可持續發展。」[97]對於科技向善，馬化騰認為，「科技是一種能力，

97　司曉、馬永武等編著：《科技向善：大科技時代的最優選》，浙江大學出版社 2020 年版，第 1 頁。

向善是一種選擇，我們選擇科技向善，不僅意味著要堅定不移地提升我們的科技能力，為用戶提供更好的產品和服務、持續提升人們的生產效率和生活品質，還要有所不為、有所必為」。在騰訊的發展歷程中，有兩條最重要的生命線：「用戶」和「責任」。科技向善作為騰訊新的使命願景，突出了「用戶」與「責任」這兩個關鍵詞，其提出不是簡單的互聯網公益，而是要在人類從工業文明邁向數字文明的進化過程中樹立共同的信仰。科技向善的核心驅動力是技術創新，它本質上是科技倫理問題。以騰訊為代表的科技企業倡導「科技向善」的理念，並在此理念下提出科技倫理的三個層面內容：一是技術信任。即人工智能等新技術需要價值引導，具體表現為可用、可靠、可知和可控「四可」原則。二是個體幸福。即確保人人都有追求數字福祉、幸福工作的權利，未來的社會必定是人機共存的智能社會，在此背景下實現個體更自由、智慧、幸福的發展。三是社會可持續。發揮好人工智能等新技術的巨大「向善」潛力，善用技術塑造健康包容可持續的智慧社會，持續推動經濟發展和社會進步。正如騰訊研究院發布的《千里之行·科技向善白皮書2020》指出的那樣：「在過去，科技向善是願景，是思想，是理念。在未來，科技向善是實踐，是創新、是產品，是解決方案。」現如今，科技向善已經逐步從理念轉化為行動、從願景轉變為現實。例如，微信公眾平臺「洗稿」投訴合議機制，利用一系列技術和非技術手段對抗微信公眾號作者「洗稿」、保護原創的行為；騰訊優圖實驗室的「跨年齡人臉識別」尋人能力，幫助尋回多名被拐 10 年以上的兒童；「騰訊覓影」利用人工智能對疾病風險進行更準確的識別和預測，幫助臨床醫生提升診斷準確率和效率……可以說，科技向善無處不在，其已不僅是一種願景和使命，而成為一個時代命題，甚至成為數字社會的一種共同準則。

　　從無罪、中立到向善的選擇。第一，技術無罪層面。隨著時代的發展與科技的進步，法律與科技之間的難題日益凸顯，司法中關於技術之定位的疑

難案件也反復出現。技術無罪常常被用於反對法律對技術的監管，或者為技術服務者免責。技術無罪是 1984 年美國最高法院在「環球電影製片公司訴索尼公司案」（Universal City Studios，Inc.v. Sony Corporation of America）中確立的法律原則[98]。根據該原則，「某項產品或者技術是被用於合法用途還是非法用途，並非產品或者技術的提供者所能預料和控制，因而不能因為產品或技術成為侵權工具而要求提供者為他人的侵權行為負責」[99]。技術無罪「對於推動技術進步具有重要意義，它不僅在知識產權領域具有排除幫助侵權的民事責任的功能，而且在刑事領域同樣具有排除共犯責任的功能」[100]。但是技術無罪亦有其適用邊界，「如果將技術無罪絕對化，勢必導致侵權行為大行其道，後果不堪設想」[101]。第二，技術中立層面。技術中立的概念存在諸多含義，在既有文獻中，至少包括功能中立、責任中立和價值中立三種。[102]其中，技術中立的功能中立和責任中立都指向了技術中立的價值中立，或者說功能中立和責任中立都在更深層的意義上蘊含著價值中立的立場。簡言之，技術中立在一個更深層的意義上指的是價值上的中立。作為互聯網平臺的經營者，是否應當以技術中立為由對所傳播信息內容持中立立場，而對其內容不做任何的價值判斷，隨著互聯網平臺的影響力不斷擴大，以及大量典型的社會事件的發生，技術中立日益受到挑戰和質疑，在司法實

98　技術無罪在我國通常適用於民事侵權領域，在「快播案」之前尚未有用於刑事抗辯的先例，但理論上可以適用於刑事領域。

99　陳洪兵：《論技術中立行為的犯罪邊界》，《南通大學學報（社會科學版）》2019 年第 1 期，第 58 頁。

100　陳興良：《在技術與法律之間：評快播案一審判決》，《人民法院報》2016 年 9 月 14 日，第 3 版。

101　黃旭巍：《快播侵權案與技術無罪論》，《中國出版》2016 年第 23 期，第 51 頁。

102　鄭玉雙：《破解技術中立難題——法律與科技之關係的法理學再思》，《華東政法大學學報》2018 年第 1 期，第 87 頁。

踐中也呈現出適用條件日漸嚴格、適用範圍日漸收縮的趨勢[103]。事實上，技術中立並不是所向披靡的，它只是反映了技術價值切入社會世界的一種相對獨立的狀態，每一項技術的出現都會改變權利人和使用人之間的控制平衡，這也注定技術不可能做到真正意義上的「中立」。第三，科技向善層面。「人類社會從未像今天這樣受益於科技的進步，也從未像今天這樣面對科技所引發的如此棘手的難題。」[104]或許沒有一勞永逸的方案，但技術是人類實現共同的善和福祉的重要工具，如何讓科技始終朝著善的方向發展，是今天人類生存和發展不可回避且亟待解決的重要問題。技術本身是無罪、中性的，不存在「原罪」一說，如今顯現的各種問題歸根結底是人的問題[105]。正如愛因斯坦所說，「科學是一種強有力的工具，怎樣用它，究竟是給人帶來幸福還是帶來災難，全取決於人自己，而不取決於工具」。向善是「中華民族寶貴的精神財富，也是新技術應用及其影響的價值尺度」，「向善即崇德，意味著明德惟馨、擇善而從」。[106]數字時代，我們要堅持科技向善理念，充分發揮新科技的巨大潛力，讓它惠及大多數人的生活，避免「技術的貪欲」，讓技術更有溫度與擔當，讓人民獲得感、幸福感、安全感更加充實、更有保障、更可持續。

三 邁向數字正義

從計算機到互聯網，從萬物互聯到萬物智聯，人類社會正經歷「百年未

103 姜先良：《「技術中立」的是與非》，《小康》2018 年第 33 期，第 32 頁。
104 鄭玉雙：《破解技術中立難題——法律與科技之關係的法理學再思》，《華東政法大學學報》2018 年第 1 期，第 97 頁。
105 崔文佳：《科技向善要靠法規與倫理約束》，《北京日報》2019 年 5 月 10 日，第 3 版。
106 司曉、閻德利、戴建軍：《科技向善：新技術應用及其影響》，《時代經貿》2019 年第 22 期，第 31 頁。

有之大變局」。數字科技在重塑社會形態、經濟運行模式，給人們的工作和生活帶來巨大便利的同時，也成為高懸在我們頭頂上的達摩克利斯之劍。從網絡過度使用，我們開始關注數字健康問題；從 Facebook 個人信息泄露，我們開始反思當人的一切喜怒哀樂被數據化、算法化、貨幣化所帶來的危害；從基因編輯嬰兒案件，我們開始擔憂科技倫理缺失可能導致的無法預估的風險。在錯綜複雜、變化萬千的數字世界，怎樣實現正義成為人類走向未來的新挑戰。

從物的依賴到數的依賴。我們無法否定數字化時代的存在，也無法阻止數字化時代的前進，就像我們無法對抗大自然的力量一樣[107]。數字世界如同浩瀚星河，人類對數字世界進行不懈的探索，而探索的成果又推動人類不斷進化。人類既是數據的生產者也是數據的消費者，當數據化生產、數據化生活和數據化生命成為現實，人類智能與人工智能相融合，自然人發展為「數據人」。數據定義萬物、數據連接萬物、數據變革萬物，在人對人的依賴、人對物的依賴[108]尚未完全消除的情況下，出現了人對「數」的依賴。一是人的依賴。在以自然經濟為主的社會歷史時期，由於受到生產力水平的限制，

---

107 〔美〕尼古拉・尼葛洛龐帝：《數字化生存》，胡泳、范海燕譯，電子工業出版社 2017 年版，第 229 頁。

108 人的發展問題是馬克思主義哲學關於人的學說的重要組成部分。馬克思在《1857-1858 年經濟學手稿》中將人的發展過程分為人的依賴階段、物的依賴階段和人的自由全面發展階段。「人的依賴關係（起初完全是自然發展的）是最初的社會形態，在這種形態下，人的生產能力只是在狹隘的範圍內和孤立的地點上發展著。以對物的依賴為基礎的人的獨立性，是第二大形態，在這種形態下，才形成普遍的社會物質交換、全面的關係、多方面的需求以及全面的能力的體系。建立在個人全面發展和他們共同的社會生產能力成為他們的社會財富這一基礎上的自由個性，是第三個階段。第二個階段為第三個階段創造條件」（〔德〕馬克思、〔德〕恩格斯：《馬克思恩格斯全集（第四十六卷・上）》，中共中央馬克思恩格斯列寧斯大林著作編譯局譯，人民出版社 1979 年版，第 104 頁）。

人們通過勞動在社會生產中形成以「人的依賴」為主要特徵的社會關係[109]。之所以形成這種關係，是因為在自然經濟落後的生產力水平下，個人事實上是不存在的，每個人都依附於一個特定的群體之中。也就是說，「人的生存與發展只是在共同體內畫地為牢的空間中的生存與發展，人是須臾不可離開共同體的人」[110]。這就形成了個體完全或基本依附於共同體的「人的依賴關係」。馬克思將人的依賴關係稱之為「起初完全是自然發生的，是最初的社會形態」。在這樣的社會關係下，「無論個人還是社會，都不能想像會有自由而充分的發展，因為這樣的發展是同（個人和社會之間的）原始關係相矛盾的」[111]。二是物的依賴。在「人的依賴關係」的束縛下，人類走過了漫長而艱難的歷程，直到近代的資產階級革命和工業革命的到來才徹底打破了這樣的依賴關係。工業革命推動了社會生產力的迅速發展，極大地提高了勞動生產率，手工工場過渡到大機器生產，自然經濟最終被商品經濟所取代[112]。然而，資本主義在打破舊有的依賴關係的同時，整個社會又墜入到另一個深淵之中，那就是資本主義對技術的崇拜，使人們由「人的依賴關係」轉變為「物的依賴關係」。這一階段，技術好似一台引擎，修復並重建生態、和諧、永續的「人—技術—世界」關係，催化著人與世界的交融，改變著人與世界之間的種種景象。技術全面顛覆與重塑著各個領域的思維方式及實踐範式，已成為人類社會生活的一種決定性力量。而人的異化是人類社會向前發

---

109 鄒順康：《依賴關係的演變與道德人格的發展——馬克思「人的全面而自由發展」思想的思維路徑》，《社會科學研究》2015 年第 5 期，第 153 頁。

110 大數據戰略重點實驗室：《主權區塊鏈 1.0：秩序互聯網與人類命運共同體》，浙江大學出版社 2020 年版，第 64 頁。

111 〔德〕馬克思、〔德〕恩格斯：《馬克思恩格斯全集（第四十六卷·上）》，中共中央馬克思恩格斯列寧斯大林著作編譯局譯，人民出版社 1979 年版，第 485 頁。

112 鄒順康：《依賴關係的演變與道德人格的發展——馬克思「人的全面而自由發展」思想的思維路徑》，《社會科學研究》2015 年第 5 期，第 153 頁。

展的必然，人類每向前進一步都會伴隨著深刻的異化感。因此可以說，人是一種憑藉著技術不斷異化的動物。三是數的依賴。當前，數據已成為基礎性戰略資源和關鍵性生產要素，我們已經形成了對大數據難以擺脫的依賴性。大數據賦予當代生活以現代意蘊[113]，允諾我們一個全新的基礎和根基，讓我們能夠賴以在數字世界的範圍內立身和持存[114]。實踐越來越證明，作為一種重要的生產力，大數據給人類帶來徹底的解放和自由、全面發展的機會，它推動生產關係及社會的發展，不僅打破人對人的不平等依賴，還打破了人對物的依賴性，把人從對物的依附和隸屬關係中解放出來，使人成為依靠數據自主存在、自由發展的新人。

數字時代的新正義論。什麼是正義？這是一個眾說紛紜的問題。正義是人類的最高準則，「通常被理解為社會秩序的最高規範」[115]。作為衡量社會文明的重要尺度，正義隨時代變遷而不斷發展。進入數字時代，由於政府與社會、群體與個人、企業與用戶、自我與他人的界限發生了深刻變化[116]，算法歧視、黑箱社會、隱私弱化、數字鴻溝等因數據使用而產生的不公平問題日益凸顯。在此背景下，為實現社會的公正發展，防範數據使用中的不公平對待，人類必須考慮「數據」和「正義」這兩個主題的交叉地帶——「數字正義」。數字正義是一種價值觀，這種價值觀是關於怎樣利用數據才能增進

---

113 孟憲平：《大數據時代人的自由全面發展及現實路徑分析》，載中國科學社會主義學會、當代世界社會主義專業委員會、中共肇慶市委黨校、肇慶市行政學院編著：《「時代變遷與當代世界社會主義」學術研討會暨當代世界社會主義專業委員會 2015 年會論文集》，2015 年，第 32 頁。

114 〔德〕馬丁·海德格爾：《海德格爾選集》，孫周興選編，上海三聯書店 1996 年版，第1240 頁。

115 〔美〕克利福德·G·克里斯琴斯：《數字時代的新正義論》，劉沐瀟譯，《全球傳媒學刊》2019 年第 1 期，第 99 頁。

116 馬長山：《數字社會的治理邏輯及其法治化展開》，《法律科學（西北政法大學學報）》2020 年第 5 期，第 11 頁。

社會福祉與實現個人自由的價值觀。數字正義「並非先驗固定的，而是從一般性社會正義觀念中延伸和發展出來的」[117]。它為技術治理的正當性思考提供了分析視角，可將技術治理置於數字正義的正當性分析框架下進行價值權衡。當前，關於數字正義問題的研究尚處於初級階段，但其中也不乏真知灼見。全球數字正義理論的開創者、世界 ODR（在線糾紛解決機制）教父伊森·凱什與奧娜·拉比諾維奇·艾尼所著《數字正義——當糾紛解決遇見互聯網科技》一書中首次提出了互聯網世界裏的數字正義理論，指出數字正義理論將會逐步取代傳統正義理論，成為數字世界的原則和準繩。數字正義理論是一個促使每個人參與處理、預防以及解決在線糾紛的理論，該理論「具有一種劃時代的意義，不僅是正義理論研究中重要的里程碑，而且也是我們通向未來、瞭解未來、掌握未來的指令與代碼」[118]。儘管作為一個發展中的理念，數字正義的含義遠未定型，但數字正義理論重塑了數字世界與數字社會的公平與正義。在數字化生存的今天，數字正義必須通過使用科技來增強「接近」和實現「正義」。自亞里士多德以來，通過一定過程實現了什麼樣的結果才合乎正義，一直是正義理論的中心問題。與傳統正義相比，數字正義有很多不同，主要表現在兩個方面：一方面，數字正義基於數字社會而存在，是一種「自下而上」且具有動態性質的正義理論。在數字社會之下，法律與規則需要重新定義，正義觀與倫理觀需要重新塑造。數字科技無疑已經承擔起數字革命、正義理念重塑的使命，對在線糾紛解決以及互聯網法院產生深刻影響，從根本上轉變了以法院為中心的正義實現路徑[119]。另一方面，數字正義反對一元的價值模式和絕對的數據控制，強調技術治理不能以維護

---

117 單勇：《犯罪之技術治理的價值權衡：以數據正義為視角》，《法制與社會發展》2020年第 5 期，第 193 頁。
118 趙蕾、曹建峰：《「數字正義」撲面而來》，《檢察日報》2020 年 1 月 22 日，第 3 版。
119 趙蕾、曹建峰：《「數字正義」撲面而來》，《檢察日報》2020 年 1 月 22 日，第 3 版。

安全為名肆意擴張，注重對數據權力的制衡，關注技術治理的社會參與，呼喚技術治理回歸人本導向和權利本位，以技術賦權超越數據控制，基於被害預防立場提升公眾參與的廣度與深度，推動技術治理從封閉式管理走向開放式治理[120]。

數字命運共同體。作為全球化的一種新形式，數字全球化日益將人類融合進同一空間，使得世界各國聯繫更加緊密。但與此同時，數字正義的缺失導致了數字全球化的另一個方向，即反數字全球化力量的發展。當前，全球發展正面臨環境污染、資源透支、生態失衡、數字技術濫用和基因重組技術誤用，以及與科技發展相關的核技術失控等一系列重大挑戰，究其根源，皆與數字正義缺失息息相關。站在世界歷史發展的新高度審視，需要不斷消除當前數字全球化的不正義現象。倡議構建數字命運共同體，正是對這一問題的回應。數字命運共同體既是對因不合理使用數字技術而帶來各領域衝突廣泛化的必要應對，也是對當代科技創新帶來的全球命運相互依存最大化的客觀反映[121]，為全球邁向數字正義提供了可能性。從數字的自然空間形態看，在人的依賴關係階段，自然經濟造就自然時間，時間是混沌的自然存在，決定數字呈現簡單的自然空間形態。在數字的自然空間形態下，天然共同體中的人初步發展自身的理性能力。數字從原始的意識模式，逐步具體化，由「像」轉向「象」，獲取一種象形，形成一定的抽象概念，呈現數字的自然演進進程，彰顯人類的理性成長樣態。作為社會現實的反映，數字蘊涵著價值理性，數字與正義具有內在的關聯性。在數字的自然空間形態中，自然數字的階層化構建天然共同體的分化結構，逐步強化階級的對立性，統治階級

---

120 單勇：《犯罪之技術治理的價值權衡：以數據正義為視角》，《法制與社會發展》2020年第 5 期，第 196 頁。

121 陳錫喜：《人類命運共同體：以科技革命為維度的審視》，《內蒙古社會科學（漢文版）》2018 年第 5 期，第 23 頁。

的專制統治侵入人的生產生活和日常生活，自然數字創制的社會關係是以血緣制或地緣（宗族）制為基礎的人身依附關係，等級、壓迫、控制等權力關係在空間中被結構化、被再生產、被固定化，數字總體上呈現非正義狀態[122]。從數字的社會空間形態看，在物的依賴關係階段，人的生產能力的發展改變了人類時間的存在方式，自然時間被社會時間取代，促使數字的自然空間形態轉變為社會空間形態，數字技術邏輯凸顯。在數字的社會空間形態中，數字成為人生產生活的重要環節，人對數字的把握繼續深化，推動人的理性能力的成長。與此同時，人由依附於天然共同體中的人轉為依附於虛幻的共同體中的物，獲取一定的人身自由，強化數字正義的建構，但這種正義具有形式性。在虛幻的共同體中，數字技術為資本家所掌控，資本家依靠數字壟斷隱蔽建立經濟剝削、政治侵犯和文化侵蝕的壓迫之態，強化人與人、國與國之間的等級性，創制世界的數字鴻溝，建立全球的差異化結構，締造虛假化的數字正義。[123]從數字的自由空間形態看，在數的依賴關係階段，人的生產能力高度發展將使社會時間轉為自由時間，數字將脫離社會空間形態轉向自由空間形態。在數字的自由空間形態中，勞動時間不再是財富的源泉，「一旦直接形式的勞動不再是財富巨大源泉，勞動時間就不再是，而且必然不是財富的尺度」[124]，「財富的尺度變成了自由時間或個性自由發展的時間」[125]。當自由時間取代勞動時間成為財富尺度，個人出於實現自我價值

---

122 黃靜秋、鄧伯軍：《從數字的空間形態看人類命運共同體的歷史演變》，《雲南社會科學》2019 年第 6 期，第 42-44 頁。

123 黃靜秋、鄧伯軍：《從數字的空間形態看人類命運共同體的歷史演變》，《雲南社會科學》2019 年第 6 期，第 44-46 頁。

124 〔德〕馬克思、〔德〕恩格斯：《馬克思恩格斯文集（第八卷）》，中共中央馬克思恩格斯列寧斯大林著作編譯局譯，人民出版社 2009 年版，第 196 頁。

125 〔德〕馬克思、〔德〕恩格斯：《馬克思恩格斯文集（第五卷）》，中共中央馬克思恩格斯列寧斯大林著作編譯局譯，人民出版社 2009 年版，第 874 頁。

的目的而勞動，人類的勞動不再成為個人謀生的手段，而是轉變為人的自覺活動。數字時代下，數字的自由空間形態將呈現世界的自由樣態，祛除社會的不平等空間，承繼人類命運共同體服務全人類自由發展的內核，構造數字命運共同體，創建自由化的生存方式，高度推進人的理性能力成長，構築數字的實質性正義[126]。

在相互依靠的數字命運共同體中，每一個人都能夠占有自己所生產的數字產品，而不被他人所無償或有償占有，數字勞動的剝削性將不在場。人由無主體性獲取真正的主體性，實現形式化的獨立人轉向實質化的自由人，數字建構人的真正的獨立性，實現人與人之間的平等交往，強化人與人之間的自由發展。為此，在數字的自由空間形態中，數字技術將不再成為資本家剝削人的手段，而是演化為人獲取自由的能力，每個人都能平等地占有生產資料，自由地利用數字資源，充分地占有數字產品等，開展自由、平等、民主、寬容的生產和交往活動，祛除人與人之間的主客二分狀態，對象化消除異化模式，破除現實世界的權力壓迫，構建數字命運共同體的正義情態。[127]由此觀之，在數字命運共同體中，數字的自由空間形態將建立自由時空，構建自由人的聯合體，實現自由而全面的發展，真切構築一種持久的、穩定的數字秩序，從而邁向數字正義。

---

126 黃靜秋、鄧伯軍：《從數字的空間形態看人類命運共同體的歷史演變》，《雲南社會科學》2019 年第 6 期，第 46-47 頁。

127 黃靜秋、鄧伯軍：《從數字的空間形態看人類命運共同體的歷史演變》，《雲南社會科學》2019 年第 6 期，第 46-47 頁。

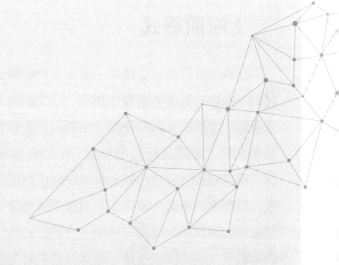

5

文明的重構

我們全都在享受著現代文明的成果。但是我們並不真正瞭解我們怎樣開始，又該轉向何處。我們經驗的世界看起來混亂不堪、支離破碎、迷惘混沌。研究客觀世界的專家可以把所有事物、每一件事情都放在客觀世界中進行闡釋；但是我們對自己的生活卻變得知之甚少。簡言之，我們生活在後現代的世界裏，這個一切皆有可能、一切皆不確定的時代。

——捷克共和國前總統　瓦茨拉夫・哈維爾

文明的範式

在科學技術以更快速度、更大力度解構過往、引領未來時，我們需要回歸到一些最為基本的問題才能解去心中的困惑，知曉前進的方向。比如，人類需要什麼樣的文明？什麼是文明的目的和人類的選擇？理解未來文明的躍遷和重構，應跨越時代的局限，走出文明衝突論的「陷阱」，從歷史和現實、縱向和橫向進行比較分析。在現代科技高速發展的時代背景下，文明的融合是歷史的主流，衝突並不占據主導地位。隨著以區塊鏈為代表的新科技革命的加速發展，文明已然進入大融合的時代，人類將由此實現從工業文明邁向數字文明的偉大飛躍。數字科技引發文明的範式革命，數字文明建設需要改變人類文明的現有框架和分析範式，實現政治、經濟、社會、文化以及生活方式等方方面面的根本性變革，這是過去幾年數據運動給我們的最重要的啟迪。

一 從文明的衝突到文明的融合

什麼是文明？我國《漢語大辭典》給出的基本解釋是：「文化」，「社會發展到較高階段和具有較高文化的（狀態）」。民主德國《邁爾百科辭典》（1971）認為，「文明」是「泛指人類社會繼原始社會最簡陋生活方式之後的發展階段，這個階段的特點是生產力有了提高，與此相聯繫，農業、畜牧業、手工業、商業和工業，以及社會和國家組織均有了發展。一般亦指物質文化」。《蘇聯大百科全書》（1978）指出：「『文明』一詞（來自拉丁文 civils——公民的，國家的），（1）文化的同義詞。在馬克思主義著作中也用來表示物質文化。（2）社會發展、物質文化和精神文化的水平和程度（古代文明、近代文明）。（3）繼野蠻時代之後社會發展的程度。」日本《世界

大百科事典》（1981）則解釋為，「通常的理解是，如同德國歷史哲學家 W・狄爾泰所說的，文化體系是像宗教、藝術、科學等具有理想的、精神的高度價值的高級境界的東西；與此相反，文明則是屬具體的如技術之類的物質的低級境界的概念。這種傾向在德國尤為強烈，是把文化和文明嚴格區別開來的。可是在英美系學者之間並不是明確加以區分的。英美系統的學者們，把文化看作行為方式的總體，認為構成行為方式的基礎的物質條件乃是文明。而且行為方式當中也包含知識、信念、技術、道德、習慣等等」。此外，著名歷史學家、社會學家、國際政治經濟學家、世界體系理論的主要創始人沃勒斯坦把文明定義為，「世界觀、習俗、結構和文化（物質文化和高層文化）的特殊聯結」。中國近代思想家、政治家、教育家、史學家、文學家梁啟超在《文明之精神》中指出，「文明者，有形質焉，有精神焉，求形質之文明易，求精神之文明難」。從以上這些定義和解析來看，文明具有三大根本特徵。一是歷史性，即是經時間洗禮沉澱下來的東西；二是進步性，文明是不斷發展的，向前邁進的；三是綜合性，文明是物質文明和精神文明的總和。

關於文明的研究或比較研究通常存在三種分析範式。第一種，根據社會形態將文明劃分為原始社會文明、奴隸社會文明、封建社會文明、資本主義社會文明與社會主義社會文明。第二種，根據生產力的進步劃分為游牧文明、農業文明和工業文明。第三種是世界近代以來西方學者根據民族、宗教、國家、制度、地理位置等條件劃分出的若干主要文明，其中以美國歷史學家卡羅爾・奎格利提出的 16 個主要文明、英國歷史學家阿諾德・湯因比提出的 23 個主要文明、美國萊特州立大學社會學與人類學系教授馬修・梅爾科提出的 12 個主要文明、美國著名政治學者塞繆爾・亨廷頓提出的 8 個主要文明為代表。在這三種文明劃分的範式或分析範式中，又以第三種比較分析範式與世界秩序演進的研究更為接近，「用亨廷頓的話說，『文明範式』

是一種『關於世界政治的思維框架』」[1]。但是，由第三種文明分析範式出發開展文明研究，往往更側重於文明的橫向比較和世界秩序的研判，容易忽略文明的進步性，放大文明的差異性，從而得出缺乏大歷史觀的結論，這也是亨廷頓最終得出「文明衝突論」的主要原因之一。

「範式」這一概念，最初是由科學哲學家托馬斯・庫恩在《科學革命的結構》中提出的。庫恩認為，「思想和科學的進步是由新的範式代替舊的範式構成的」[2]。庫恩提出，在一般情況下，科學在一個較長時期內總是為一個支配性的理論所指導，它使科學發展保持著相對穩定性，科學的這種狀態稱作「常規科學」，而這個「支配性理論」就是範式。當科學革命發生時，往往是從一種範式轉換到另一種範式，而科學整體在經歷一個較短時間的突變後，也將由一種常規步入另一種常規，保持新的穩定[3]。由此我們可以看出，在思想和科學發展的不同階段，「支配性理論」是在不斷發展的，我們對問題進行研究的範式也應該是進步的。進一步講，從思想和社會科學的角度開展文明秩序的研究，範式也應與時俱進進行更新完善，避免掉入舊範式的陷阱。

在塞繆爾・亨廷頓「文明衝突論」的文明分析範式中，至少存在三大「文明陷阱」。第一，亨廷頓在做文明的劃分和比較時，並未將世界歷史上出現的主要文明進行依次比較和推導，而是截取了歷史的較小片段，選擇了8個（或者說本質上是7個）在20世紀典型的文明來進行比較研究。第二，亨廷頓從文明的角度出發對世界政治進行分析，採取的方法是在橫向的比較

1　楊光斌：《世界政治學的提出和探索》，《中國人民大學學報》2021年第1期，第8頁。

2　夏濤、邵忍麗：《重新認識「文明範式」》，《學術論壇》2007年第3期，第71頁。

3　〔英〕伊姆雷・拉卡托斯、〔英〕艾蘭・馬斯格雷夫：《批判與知識的增長：1965年倫敦國際科學哲學會議論文彙編第四卷》，周寄中譯，華夏出版社1987年版，第33、39、97、95頁。

中去探討縱向的可能性，而忽略了文明縱向發展對未來世界秩序的影響。第三，亨廷頓放大了蘇美冷戰背景下全球對衝突的恐懼感和靈敏度，站在文化中心論的角度突出強調了文明的差異性，忽略了文明的融合創新。為避免掉進這三大「文明陷阱」，我們需要結合文明的三大根本特徵，在研究文明的範式上進行轉型，建構一套新的理論框架。

縱觀世界近代史以來的人類文明進程和世界秩序演變，科技革命無疑起到了舉足輕重的作用。特別是 20 世紀後半期至今，從以計算機、互聯網為代表的電子信息革命席捲全球，到新一輪信息技術革命的蓬勃發展，科技已然成為中堅力量。回顧人類文明歷史，人類生存與社會生產力發展水平密切相關。而生產力發展水平很大程度上取決於科技的進步，「歷史經驗表明，科技革命總是能夠深刻改變世界發展格局」[4]。我們在探討文明的秩序和文明的發展進程時，必須要把科技文明引入其中，並將之作為重要的因素。具體而言，我們應採取「1+2+3」的文明分析範式。其中，「1」即是科技文明，貫穿人類發展主線；「2」是從橫向上選取的中華文明和西方文明，中華文明是新東方的代表，西方文明是大西方的代表，是影響世界秩序的兩大主要文明；「3」則是從縱向上選取的農業文明、工業文明和數字文明，代表著不同的時代。

我們發現，如果從「1+2+3」的分析框架看，歷史進步的主流是文明的融合而非文明的衝突。18 世紀 60 年代以來，第一次科技革命從西方興起，從英國到法國、美國和德國，在科技的推動下，西歐、北美逐漸從農業文明跨入工業文明，使得西方文明得到快速發展。從 19 世紀到 20 世紀，在科技文明的推動下，西方文明與工業文明實現融合發展，誕生了新的物質文明、

4　人民日報：《全國科技創新大會兩院院士大會中國科協第九次全國代表大會在京召開 習近平發表重要講話》，《人民日報》2016 年 5 月 31 日，第 1 版。

政治文明、精神文明、社會文明等，這使工業文明逐步成了西方文明的代名詞。在這兩個多世紀的文明進程中，文明的發展速度前所未有，也使眾多的文明研究範式誕生出來，主要表現為西方學者對於文明衝突的研究快速增加。但是，我們還應該注意到西方學者忽略的另一個重要方面，那就是工業文明的蓬勃發展也引發了全世界的文明大融合。在這場大融合中，率先跨入工業文明的西方文明，通過對工業文明的塑造，或者稱之為改造，使其在這次大融合占據著絕對主動的地位。而整個改造過程，在自覺與不自覺中，在西方精英有意識地推動下，西方文明的「歐洲中心論」、「文化中心論」、「利己主義」（個人主義）及其宗教思想，特別是在貴族文化下衍生出的「域內人人平等、域外高人一等」的最後優越感，給工業文明時代下的文明大融合埋下「衝突」的種子。而這也成了其他文明融入工業文明的巨大阻礙。

具體來看，在工業文明時代的文明大融合中，包括了以中華文明為主體、以日本文明為分支的東亞文明，以蘇聯或俄羅斯為中心的東正教文明，以印度為核心的印度文明，以及伊斯蘭文明和拉丁美洲文明對工業文明的融合，並煥發出新的活力。其中，中華文明雖然落後一步，但在兼容並蓄、去舊革新中創新發展，實現了與工業文明的有機融合，既保留了中華文明的本質特徵，又汲取了西方文明中的有益成分，還把工業文明推向了新高度。而從東正教文明融入工業文明的全過程來看，雖然中間出現了巨大的波折——這與西方文明對工業文明的改造有著莫大的關係，但最終也找到了本文明與工業文明的平衡點，實現了工業文明下政治、經濟、社會等方面的平衡。另外，地處儒家文化圈的日本文明，在東方文明中率先一步，融入了西方文明主導下的工業文明，並誕生了新的政治制度；同樣地處儒家文化圈的東南亞，在新加坡的示範引領下，也自 20 世紀後半葉起，在與工業文明的融合中實現了較快發展。當然，不可忽視的是，有些文明因為西方文明在工業文明中埋下的「衝突」的種子，或因為自身的一部分原因，還未實現與工業文

明的有機融合，仍處於進退維谷之中。隨著互聯網的高速發展，以大數據、物聯網、區塊鏈、人工智能等新一代數字技術為代表的科技革命的進步，以及以中華文明為代表的新東方文明對工業文明進程的推動，可以預見，世界文明大融合還將繼續，並呈現出加速融合的趨勢。

◨ 互聯網：工業文明的高級形態

隨著科技文明的進步，西方文明與工業文明實現了深度融合和發展，並使西方逐漸成為引領全球技術變革的肥沃土壤。20 世紀 40 年代，世界第一台通用計算機在西方誕生。在此基礎上，20 世紀 50 年代，面向終端的計算機網絡開始出現，隨後，計算機網絡逐漸向計算機通信網絡、計算機互聯網絡發展，全球互聯網逐漸形成，全球信息高速公路日趨完善。縱觀人類歷史，正是由於工業化的發展，人類對於認識自然、利用自然和改造自然的主觀能動性才快速增強，物質文明才得到極大的發展。在此背景下，以半導體為代表的電子製造業的快速發展，為計算機和計算機網絡的誕生奠定了基礎，並促進了互聯網在全球的迅速擴張。

從 20 世紀後半葉到 21 世紀初，全球互聯網格局逐步形成，把全球化和工業化推向了新的高度。而正是在互聯網的帶動下，以中華文明為代表的儒家文化圈，加速實現了與工業文明的融合。可以說，互聯網是伴隨著工業文明的發展而發展起來的，互聯網的發展帶動了全球工業化的進程，促進了物質文明和精神文明的快速進步，並把傳統文明與工業文明的融合提升到新高度。也即是說，互聯網本身是工業化的產物，或者說是工業文明的高級產物，與工業文明是一脈相承的。同時，在「1+2+3」分析框架下，科技文明在 20 世紀後半葉至 21 世紀初的主要表現形式，就是互聯網。如果說工業文明的高級形態也存在一種文明——工業文明框架下的子文明，那麼，我們可以把這個「子文明」稱為「互聯網文明」，它同時也是一種科技文明。

互聯網驅動下的工業文明，至少滿足文明的三大根本特徵。一是歷史性，從計算機網絡到全球互聯網，互聯網把全球化推向了新高度，使人類幾千年來前所未有地緊密聯繫在一起，使人類加速邁入命運共同體的時代。當然，我們並不否認世界秩序中仍存在諸多問題，但從歷史的角度看，邁出的步伐是巨大的。二是進步性，互聯網驅動下的人類社會發展到了較高的狀態，促進了全人類政治、經濟和文化的繁榮。三是綜合性，在互聯網的推動下，人類實現的，不再是傳統的物質文明的繁榮，也不再是沒有物質基礎的精神文明的繁榮，二者兼而有之，互為依托。如果從文化融合與創新的角度看，西方文明與工業文明的相互作用，把西方文化推向了更高的境界，並因此誕生了西方網絡文化，是文明進步的體現。與此同時，非西方的傳統文明在與工業文明的融合過程中，或多或少也受到了「被改造的工業文明」的影響。進一步講，工業化背景下，新鮮血液的注入，使得部分文明在「以我為主」的自我完善中又煥發出了新活力；「文化中心論」視角下，西方文化對於其他文化的強勢同化，也給各文明的生存和發展帶來了危機感，無形中促進了文明的進步。如果從沃勒斯坦對文明的定義來看，我們發現，互聯網推動下的人類或者世界各國在半個多世紀以來，無論是世界觀，還是習俗，抑或是文化，都發生了新的變化，這些新的變化的特殊聯結，就是一種新的文明形態，即互聯網文明。值得注意的是，雖然西方文明借助互聯網對其他文明進行了隱形入侵，對全世界文明多樣性造成了巨大的衝擊，但不可否認，在互聯網的推動下我們進入了更高級的文明形態。

為了充分認識互聯網是工業文明的高級形態，我們有必要對工業文明和互聯網文明進行比較。就此，須從時間角度，尋找文明縱向發展的主要維度和主要指標。這些維度的確定和指標的選取，應符合「1+2+3」的文明分析範式。綜合來看，我們選取了四類指標。第一類，基於科技是文明進步的基石，確定生產力這一指標；基於生產關係與生產力的重大聯繫性，確定生產

關係這一指標。第二類，基於生產要素對生產效率的影響，加入生產要素指標，並探討其稀缺性。第三類，基於不同文明形態下經濟形態的不同，確定經濟形態指標，並探討其主要目標。第四類，基於文明躍遷帶來範式躍遷，新的理論體系將逐步取代舊的理論體系，並立足於農業文明、工業文明以及互聯網文明的演變規律，確定了思維模式這一重要指標（見表 5-1）。

表 5-1　工業文明與互聯網文明的比較

類別	主要指標	工業文明	互聯網文明
第一類	生產力	機器	計算機
	生產關係（所有制）	私有制	私有制
第二類	生產要素	土地、勞動力、資本、科學技術	資本、科學技術
第三類	經濟形態	工業經濟	互聯網經濟
第四類	思維模式	工業化思維	互聯網思維

　　通過對第一類指標內容的挖掘和比較，我們發現：一是從生產力指標看，工業文明中生產力的主要標誌是機器，互聯網文明中生產力的標誌是計算機。本質上，計算機也是一種機器，是機器中的高級形態。從這個維度看，互聯網文明是工業文明的高級形態。二是從生產關係看，我們選取了生產關係三要素中起決定性作用的生產資料所有制情況來分析，工業文明中主要體現為私有制，互聯網文明中也體現為私有制。

　　從第二類指標看，工業文明時代的生產要素，主要是西方經濟學中所提的土地、勞動力、資本和科學技術。整體來看，工業時代的西方文明世界，城市土地、熟練技能的勞動力、不完全流動的資本以及萌芽和發展中的科學技術，都是稀缺的要素。到了互聯網文明時代，由於「上網」，在一定程度

上降低了土地要素的限制；由於受教育人數規模化增長，熟練勞動力不再是特別稀缺的資源；由於資本積累、資本掠奪和金融壟斷——包括西方文明對於其他文明的擴張、掠奪和壟斷，資本要素對互聯網文明發展的限制趨於降低；另外，由於科學技術的進步，生產效率的提高，進一步釋放了土地、勞動力和資本三大生產要素的作用。整體看，互聯網文明時代全要素生產率得到了較大提升。但是，囿於各生產要素稀缺性並未得到徹底解決，且稀缺程度呈現的主要是區域性和結構性的變化。而這，也正是互聯網推動全球化快速發展的重要原因。因此，總體而言，工業文明時代和互聯網文明時代生產要素稀缺性本質上並沒有改變，只是程度上有所變化，文明的形態並未發生本質上的躍遷。也即是說，從生產要素的角度，互聯網文明只是工業文明的更高形態而已。

從第三類指標看，基於生產力、生產關係和生產要素在經濟形態中的重要影響力，我們基本可以判斷，「互聯網文明是工業文明的高級形態」的結論不會發生改變。具體來講，工業文明時代的經濟形態或者經濟發展模式，抑或稱之為經濟主體，可以概括為工業經濟。工業經濟的主要目標是商品的生產，最終目的是通過資源掠奪、資本掠奪，服務於財富的創造。互聯網文明時代，經濟形態是互聯網經濟，其主要目標，是在生產力大幅提升、產能相對過剩的情況下，寄希望於商品的全球流通，以及對知識、金融、技術的壟斷，實現財富的跨區域、跨世紀積累。這個過程，體現在經濟全球化上就是全球化分工的日益深入，這給中華文明融入工業文明提供了絕佳的機遇，也是中國連續 10 多年成為世界最大製造業國家的時代背景。當然，在這個過程中，「中心—外圍結構」的國際秩序進一步穩固，成為中華文明必須要面對的挑戰。綜上所述，我們可以看出，不管是工業經濟還是互聯網經濟，其主要目標都是基本一致的，是前和後的關係。從這個角度講，互聯網文明仍然是工業文明的範疇。

最後，從第四類指標看（把思維方式的變化作為理論體系或範式更迭的基本要素），如果我們把工業文明與農業文明進行比較，我們可以基本得出一個結論：農業文明時代的主體思維方式是生存的思維，當然，生存的思維並不是唯一的；而工業文明時代的思維，我們可以稱之為工業化思維，本質上，這是發展的思維。抽象來講，農業文明時代，人們思維活動的出發點，是生存或者生存得更好的問題；工業文明時代，人們的思維活動的出發點，是活得更好的問題。同理，我們可以把互聯網文明時代的思維叫作互聯網思維——「互聯網思維是人們立足於互聯網去思考和解決問題的思維」[5]。對比工業化思維和互聯網思維來看，首先，這兩者都是發展的思維；其次，二者注重的都是效率的問題；最後，西方文化背景下，二者都明顯具有利己的特點。眾所周知，不管是西方經濟學，還是國際政治學，都是基於理性人假設這個基礎。什麼是理性人假設？簡單講，一是完全理性，二是自私，三是追求利益最大化，四是基於豐富知識儲備和計算能力的準確判斷能力。歸結來講，「理性人假設講的是個人權利」，這是西方文明在其文化背景下對工業文明的改造所決定的。因此，從思維的角度講，互聯網思維並未跳出工業化思維的圈子。在此基礎上，綜合上面三維度來看，我們自然可以得出互聯網文明是工業文明的高級形態的結論。

三　區塊鏈：數字文明的重要標誌

數字文明已成為全球各國、社會各界日益關注的焦點話題。但是，大家對於數字文明的內涵與外延尚未達成共識，更不用說構建一個系統的數字文明體系。有一種觀點認為，數字文明是一個基於大數據、雲計算、物聯網、區塊鏈、人工智能等新一代數字技術的智能化時代。還有一種觀點從傳統上

5　周文彰：《談談互聯網思維》，《光明日報》2016 年 4 月 9 日，第 6 版。

給出了定義：「在傳播哲學看來，數字文明作為實體範疇，就是數字技術達成的人類社會高度輝煌的物質和精神成果；同時作為價值範疇，文明與非文明是社會發展的總體矛盾，數字文明也是在對不文明和反文明的破解和反撥中傳播和躍升的。」[6]這兩種圍繞文明的內生性和外延性給出的定義具有一定的合理性，但都較為片面，缺乏系統性。

在討論什麼是數字文明前要研究兩個問題，一是數字文明所承載的技術性問題，二是數字文明的時空性問題。從數字文明形成的動力來看，主要是基於新一代數字技術，這是科技文明範疇下的數字文明。從時空性的角度，數字文明處於何時何地？「時」是基於歷史的縱向問題，「空」是基於地理的橫向問題。目前來看，數字文明在時間上仍處於「未來未曾來」的位置，這是因為我們現在仍處於互聯網文明時代下的「不文明」時代；同時，數字文明在空間上所需的世界——數字世界——仍未得以充分構建。這裏，應進一步抓住兩個重大問題。第一，數字文明的主體是數字世界的文明，是數字世界文明與物質世界文明相互作用下的總和。第二，新一代數字技術是互聯網不文明向數字文明過渡的物質基礎和重要催化劑。有鑒於此，我們可以初步把數字文明定義為：在新一代數字技術推動下，人類正式邁入物理世界和數字世界並存時代，並以此為基礎創造出物質的和精神的，政治、經濟、社會、文化、生態等各領域新成果的歷史性總和，是人類文明發展的全新階段。我們據此可以推斷出一個重要結論：區塊鏈是數字文明的重要標誌。這是因為，從新一代數字技術來看，不管是大數據，還是雲計算，抑或人工智能和量子互聯網，都存在與互聯網一樣的問題——不規則、不安全、不穩

6　季燕京：《什麼是數字文明？》，中國社會科學網，2014 年，http：//www.cssn.cn/zt/zt_xkzt/zt_wxzt/jnzgqgnjtgjhlw20zn/ztwz/jyjsmsszwm/201404/t20140417_1069965.shtml。

定，即無序、缺乏信任、不公平等問題。但可喜的是，區塊鏈憑藉其分布式帳本、不可篡改、智能合約、相對去中心化等特點，可以有效地解決其他新一代數字技術應用中的問題。從這個意義上講，區塊鏈就是數字文明的重要標誌。

從數字世界看，在其內涵上，以中國科學院王飛躍研究員為代表的多數研究者認為，數字世界與物理世界是平行關係，它是物理世界的映射。我們認為，在數字世界形成的初級階段，它確實是物理世界的映射，是孿生世界。但是，數字世界在形成後，大概率會存在一定程度上脫離物理世界並相互作用的可能。同時，數字世界也不僅僅是物理世界的單向映射，而應該是雙向的相互作用、相互影響、相互依賴。那麼，我們不禁要問，數字世界的形成和正常運行依靠什麼？換句話說，數字世界的支柱會是什麼？我們認為，數字身分、數字貨幣和數字秩序是數字世界的三大支柱。而不管是數字身分，還是數字貨幣，抑或數字秩序，其基石均是區塊鏈，或者說是具有區塊鏈特徵的「區塊鏈類技術」。所以，猶如凱文・凱利在 2019 年數博會上說的：「區塊鏈會成為數字文明的基石，它打破了整個人類千百年來建立起的信任方式，為數字化轉型提供了新的思路。」[7]而不管是稱之為「基石」，還是稱之為「重要標誌」，區塊鏈對數字文明的形成，無疑具有極其重要的意義和作用。

此外，需要看到的是，數字文明不同於互聯網文明，它是人類文明發展的全新階段。也即是說，以區塊鏈為基礎的數字文明，不屬工業文明的範疇，是科技文明助推下，人類文明進程中與農業文明、工業文明同等重要，甚至更為重要，也更為高級的文明形態。為了解釋這一問題，我們依然遵循「1+2+3」文明分析範式，採取對互聯網文明進行分析的類似方法。我們在

7　李唯睿、賈智：《區塊鏈或成數字文明的基石》，《當代貴州》2019 年第 22 期，第 20 頁。

四大類指標的基礎上新增了第五類指標，包括社會形態、國際秩序和文化交流三個方面。正是因為在以下指標中的跨越式變革，數字文明才能成為人類文明進程的全新階段（見表5-2）。

表 5-2　工業文明、互聯網文明與數字文明的比較

類別	主要指標	工業文明	互聯網文明	數字文明
第一類	生產力	機器	計算機	數據
	生產關係（所有制）	私有制	私有制	公有制為主體
第二類	生產要素	土地、勞動力、資本、科學技術	資本、科學技術	數據、科學技術、資本
第三類	經濟形態	工業經濟	互聯網經濟	數字經濟
第四類	思維模式	工業化思維	互聯網思維	區塊鏈思維
第五類	社會形態	封閉	相對封閉	透明開放

從第一類的生產力指標來看，在科技文明的主體框架下，數據是數字文明時代的「第一生產力」，這是數字文明區別於互聯網文明和工業文明的重要特徵；從生產關係看，基於數據應用價值的挖掘和利用，顯然是以開放共享的公有制為主體的所有制形式更有利於生產力的進步。如此，這就基本決定了數字文明不再屬工業文明的範疇。

從第二類的生產要素指標來看，數字文明時代，數據要素將快速崛起，在賦能資本、技術、勞動力的基礎上，其豐富性、可複製性將扭轉生產要素稀缺的局面，大幅降低資源稀缺性對生產力和生產關係的限制。與此同時，在數字世界中，土地不再成為高度稀缺資源；數字貨幣的流動和發展，使得資本在加速流轉中稀缺度得以相對下降；物聯網、人工智能、量子互聯網的

發展，使得一般熟練勞動力的重要性相對下降，勞動力要素稀缺性向高技術人才收縮，範圍變窄。

從第三類的經濟形態指標來看，數字文明時代的主體是數字經濟。需要指出的是，在數字世界和物理世界的互動下，數字經濟雖然成了主體，但物理世界的工業經濟仍然占據著重要地位，將形成實體經濟和數字經濟良好互動的局面。進一步看，數字文明視角下的數字經濟，追求的主要目標不再局限於商品生產和流動，不再局限於財富的積累，而是轉向價值的流動和積累。這也是數字文明有別於工業文明和互聯網文明的重要方面。

從第四類的思維模式指標來看，數字文明時代的思維是區塊鏈思維，是共識的思維（信任的思維）、分布式的思維，追求的不僅僅是效率，而是效率與公平的平衡；不再是完全利己，而是以利他為主的利己與利他的平衡。這與工業化思維和互聯網思維是截然不同的。具體來講，數字文明時代，我們不再以理性人假設作為前提，而是以數據人假設為前提。這是因為，理性人假設存在三點片面性：「首先其缺乏明確合理的財富觀，其次缺乏經濟倫理和道德原則的規定，最後缺乏財富公平意識。」[8]對比來看，數據人假設以利他與共享為底色，更能適應數字文明時代的要求。

我們從第五類指標來看，社會形態方面，基於數字文明時代下構建的秩序框架，以個人、國家為主體的社會或國際社會中，特權不再隨處可見，將變得更加透明和開放；國際秩序方面，無序競爭不再是國際的主流，有序競爭、合作共贏才是主流；文化交流方面，平等互鑒、對話包容將成為主流，文化中心論視角下的文化擴張將日益失去活力。

8　彭寧遠：《西方經濟學「理性人」假設的片面性研究》，《財富時代》2020 年第 12 期，第 207 頁。

數字文明三部曲

　　這是一個大變革的時代，也是一個多文明崛起和並存的時代。如同西方文明與工業文明相遇一樣，世界各主要文明正加速走向數字文明的路口。200多年前，西方文明搶得工業文明先機，並實現了對工業文明的改造，從而奠定了西方文明在國際秩序中的地位。200多年過去了，中華文明需要增強憂患意識和機遇意識，勠力在與數字文明的融合中走在時代前列。如果說，互聯網和物聯網共同構建的是一條通往未來的高速公路，那麼，大數據就是行駛在這條路上的一輛輛車，塊數據就是這些車形成的車流，數權法就是根據目的地指引車流的導航儀，主權區塊鏈則是讓這些車在高速公路上合法和有序行駛的規則和秩序。塊數據、數權法、主權區塊鏈正著力解決數字文明新秩序中的三大核心問題，是推動人類從工業文明走向數字文明的主要基石。其中，塊數據解決的是融合問題。只要萬物被數據化，融合就成為可能。這就是「數化萬物，智在融合」的重大意義。數權法解決的是共享問題。數權法的本質是共享權，而共享權是基於利他主義文化的制度建構。主權區塊鏈解決的是科技向善問題，也就是科技的靈魂是什麼。這裏的「善」就是陽明心學所倡導的「良知」。如果從理論上確立了融合、共享、良知三大價值取向，人類走向數字文明的文化障礙就得到破解，人類命運共同體必將行穩致遠。

一　塊數據：融合的解決方案

　　就像望遠鏡讓我們能夠感受宇宙，顯微鏡讓我們能夠觀測微生物一樣，大數據正在改變我們的生活以及理解世界的方式，成為新發明和新服務的源

泉，而更多的改變正蓄勢待發……[9]然而，海量數據激增的同時也帶來了不確定性的增長。數據爆炸引發數據垃圾泛濫、數據擁堵不堪的隱憂，人類的這種問題和困擾被稱為「海量數據的悖論」，破解這個悖論需要全新的解決方案。正是在這樣的時代大背景下，塊數據應運而生。

塊數據是點數據、條數據的有機融合。首先，點數據是離散系統的孤立數據。隨著數字技術和人類生產生活交匯融合，互聯網快速普及，全球數據呈現爆發增長、海量集聚的特點。但是，規模龐大的數據獨立存在著，沒有連接橋梁，形成了一個個離散的孤立點數據。點數據是大數據的重要來源，具有體量大、分散化和獨立性的特點。點數據是來源於個人、企業及政府的離散系統，涉及人們生產生活的各個領域、各個方面和各個環節，這類數據已經被識別並存儲在各種相應的系統中，但是沒有與其他數據發生價值關聯，或者價值關聯沒有被呈現，導致未被使用、分析甚至訪問。其次，條數據是單維度下的數據集合。無論是傳統行業所彙聚的內部數據，還是各級政府所掌握的衛生、教育、交通、財政、安全等部門數據，再或者是互聯網企業存儲的電子商務、數字金融等新型行業數據，都可以被定義為條數據，即在某個行業和領域呈鏈條狀串起來的數據。目前，大數據的應用大多是以條數據呈現。條數據在一定程度上實現了數據的定向聚集，提高了數據使用的效率，但條數據將數據困在了孤立的鏈條上，形成了一個個「數據孤島」或「數據煙囪」。最後，塊數據是特定平臺上的關聯聚合。塊數據就是把各種分散的點數據和分割的條數據彙聚在一個特定平臺上，並使之發生持續的聚合效應。塊數據內含一種高度關聯的機制，這種機制為數據的持續集聚提供了條件。塊數據的關聯聚合是在特定平臺上發生的，並不局限於某個行政區

---

9 〔英〕維克托・邁爾・舍恩伯格、〔英〕肯尼思・庫克耶：《大數據時代：生活、工作與思維的大變革》，盛楊燕、周濤譯，浙江人民出版社 2013 年版，第 1 頁。

域或物理空間。塊數據的關聯性聚合可以實現不同行業、不同部門和不同領域數據的跨界集聚。塊數據的平臺化、關聯度、聚合力特徵，推動大數據發展進入塊數據融合發展的新階段，打破「條」的界限，讓數據實現在「塊」上的有機融合。[10]

塊數據是大數據時代真正到來的標誌。當前，新一輪科技革命和產業變革正處於重要交匯期。隨著新一代數字技術對人類生產生活的快速介入，人類活動正日益被代碼轉換為可記錄、可收集、可處理、可分析的數據，我們進入了以大數據為標誌的發展新階段。從人類的文明進程來看，大數據是互聯網文明向數字文明過渡中的重要產物，是人類數字化遷徙的重要標誌，是數字世界形成的重要載體。我們必須要深刻認識到數據運動的規律。而塊數據是研究數據運動規律的數據哲學。具體而言，數據是運動的，數據運動是有規律的，數據運動所揭示的是數字文明時代秩序的增長。立足當下，面向未來，掌握了塊數據，我們才能真正認識到大數據時代的深刻內涵，才能進一步看到，塊數據是大數據發展的高級形態，是大數據融合的核心價值，是大數據時代的解決方案。人類將以塊數據為標誌，真正步入大數據時代。

塊數據是數據、算法、場景融合應用的價值體系。塊數據價值鏈是實現超越資源稟賦的價值整合，是以全產業鏈、全服務鏈和全治理鏈為核心的價值體系。通過數據、算法、場景的疊加效應，在塊數據系統架構下規模化、精準化的數據採集、數據傳輸、數據存儲、數據分析和數據應用的數據觀和方法論，為我們建構起一個融合技術流、物質流、資金流、人才流、服務流的價值系統。以發現塊數據內海量複雜數據的潛在關聯和預測未來為目標，以對複雜理論的系統性簡化為主要範式，實現對不確定性和不可預知性更加

10　大數據戰略重點實驗室：《塊數據 3.0：秩序互聯網與主權區塊鏈》，中信出版社 2017年版，第 47-57 頁。

精準的預測。從條數據到塊數據的融合，人類社會的思維模式和行為範式將產生跨越式變革——這一數據哲學，不僅革新了我們的世界觀、價值觀和方法論，而且開啟了我們的新時代、新生活和新未來。

塊數據引領和催生新組織模式，成為改變未來的新力量。塊數據既是一種經濟模式，也是一種技術革新，更是一種新的世界觀、價值觀和方法論，引領和催生新的組織模式。塊數據組織通過資源彙聚強化自身戰略地位，再平衡成為掌握未來動向的第一制高點。塊數據組織是一個資源共享的高效組織結構，預示著組織發展的新方向。無邊界組織、自組織、雲組織等，都可以看作一種正在萌芽和生長著的塊數據組織。利他主義的數據文化是構成塊數據組織的理論基石，其出發點是數據人假設。塊數據組織中，數據力上升為組織的核心競爭力。數據力與數據關係影響著社會關係，這將引發整個社會發展模式的變革和重構。所有這一切，都預示著塊數據組織「扁平化、平臺化、關聯度和聚合力」所帶來的強大組織勢能。這是實現組織的自激活和對環境變化的自適應，是組織存續與發展的重要動力所在，並最終形成共享型組織新範式。

激活數據學成為人工智能時代大數據發展新的解決方案。「數據擁堵」現象日益普遍，並成為困擾人類的重要社會問題之一，數據無序增長預示著「超數據時代」的來臨。在超數據時代，大部分數據是無效的，只有小部分數據是有效的。事實上，「大」不是大數據的價值所在，「活」才是大數據價值實現的關鍵。我們要把大數據看作一種「活」的數據，因為只有激活，大數據才有生命，才能成為未來世界人們賴以生存與發展的「土壤」和「空氣」。為此，我們要探索用數字技術來簡化大數據的複雜性問題，借用生命科學的理論方法解決疏通數據擁堵的問題，以數據社會學的思維挖掘沉澱的數據寶藏。塊數據，就是數據通過算法作用於場景，這種作用的動力就是激活數據學，它為我們尋找到有效數據提供了解決方案。作為一種理論假說，

激活數據學就像一座朝向深邃的大數據宇宙的「天眼」。它是未來人類進入雲腦時代的預報，是關於混沌的數據世界的跳出決定論和概率論的非此即彼、亦此亦彼的複雜理論的大數據思維範式革命。

塊數據提出的數據進化論、數據資本論、數據博弈論或將成為數字文明的「新三論」。美國學者塞薩爾·伊達爾戈的《增長的本質》一書被譽為「21世紀經濟增長理論的重要里程碑」，因為該書提出了一個重要觀點：經濟增長的本質是信息的增長，或者說秩序的增長。該書認為，善於促進信息增長的國家會更昌盛。數據進化論、數據資本論和數據博弈論，正在重構數字文明時代人與技術、人與經濟、人與社會的秩序。需要看到，數字文明時代增長的本質不是 GDP 的增長，而是文明的增長和秩序的增長。新「三論」對社會結構、經濟機能、組織形態、價值世界進行了再塑造，對以自然人、機器人、基因人為主體的未來人類社會構成進行了再定義，對以數據為關鍵要素的新型權利範式和權力敘事進行了再分配。這既是研究未來生活的宏大構想，也是研究未來文明增長和秩序進化的重大發現。

塊數據加速了文明衝突走向文明融合和文明有序的進程。塊數據正在成為數字經濟發展的關鍵環節。數字經濟是以數據為關鍵要素的經濟發展模式。這裏的數據不是一般意義的數據資源，而是廣義上能夠讓數據轉化為財富的數據驅動機制。這種機制通過對數據的解構和重構實現資源配置，從而促進數據資源向價值轉化、價值積累的持續轉化，這正是塊數據的本質所在。數據共享的基礎是開放，數據開放的前提是融合。塊數據為數據的融合提供了解決方案，是數據發揮應用價值的重要基礎。塊數據的最大特點正是把各個分散的點數據和各類分割的條數據，彙聚在一個特定平臺上，使之發生持續的聚合效應。這種聚合效應通過數據多維融合與關聯分析對事物做出更加快速、更加全面、更加精準和更加有效的研判和預測，從而揭示事物的本質規律，加速推動秩序的進化和文明的增長。在世界處於百年未有之大變

局的當今，從互聯網到區塊鏈，從社會秩序到倫理規範，從數字經濟到數字治理，文明的衝突或多或少、或長或短，都在所難免。而推動文明融合和文明秩序的有效解決方案，就是文明數據化和數據文明化，我們稱之為數字文明。在加速數字文明的進程中，塊數據正成為文明融合的推動力量，這正是「數化萬物，智在融合」的時代意義。

二　數權法：共享的法理重器

　　從互聯網文明邁向數字文明，大致要經歷三個階段。第一個階段，是所有的人和物借助互聯網、大數據、物聯網等前所未有地聯繫到一起。這是我們當下已經歷和正在經歷的，是新一代數字技術對物理世界的第一次全面的改造。基於這樣的改造，以國家為主體的世界各國、各地區邁入了全球化的高級階段，形成數據相接、信息相通、利益相連、命運與共的基本格局。在此過程中，互聯網全球治理、數據主權競爭等成為全球治理的核心議題。第二個階段，是物理世界向數字世界映射的階段。這個階段因個人或國家數據權利和數據權力的衝突，各種糾紛逐漸在世界政治、國內政治、產業升級、個人生存和發展中暴露出來。簡單講，在這個階段，數字世界開始出現雛形——如果說物理世界是第一世界，那麼這個開始誕生的雛形就是第二世界。這個階段，重混與失序，數據保護、流動與壟斷，數字霸權與數據主權，數字暴力與數字自衛等諸多矛盾進一步顯露出來，數字世界的秩序問題成為核心議題。第三個階段，是在前兩個階段基礎上，數字世界的數字貨幣、數字身分、數字秩序等「四樑八柱」逐漸建立起來，與物理世界形成了良好互動，基本實現文明的躍遷。總體而言，當下我們正處於第一階段的後期、第二階段的初期，第一層面的互聯網全球治理和第二層面的數字世界制度構建成為中心問題。解決這些問題，我們在掌握數據運動規律的基礎上，還需要找到數字世界制度構建、秩序運行的原點。「法與時轉則治，治與世

宜則有功。」我們認為，這個原點，就是數據法治——數權和以數權為核心的數據秩序建設問題。沒有「權」，「數」沒有任何意義，因為只有「數權」才能真正體現「數」的價值。數權法就是基於「數據人」建構的一套「數權——數權制度——數權法」的法理架構。

在數字文明時代，人類開始重新認識人與數據的關係，考量「數據人」的權利問題。大數據是一種生產要素、一種創新資源、一種組織方式、一種權利類型。數據的利用成為財富增長的重要方式，數權的主張成為數字文明的重要象徵。在數據的全生命週期治理過程中會產生諸多權利義務問題，涉及個人隱私、數據產權、數據主權等權益。數據權、共享權、數據主權等成為大數據時代的新權益。數權是共享數據以實現價值的最大公約數。數字時代是多維而動態的，數據權利的設計不應僅體現原始數據單向的財產權分配，更應反映動態結構和多元主體的權利問題。因此，一種涵蓋全部數據形態、積極利用並許可他人利用的新型權利呼之欲出——數權。

數據人假設是數權法的邏輯起點。正如著名法學家嚴存生所指出的，「法是人類社會特有的社會現象，其產生和發展、制定和實施都離不開人，這就決定了任何對法的研究，如果要上升到哲學的高度，或者說任何法哲學對法的研究，都必須以研究人的本性為出發點，這樣才能抓住法現象的根本和找到理解法現象的鑰匙」[11]。縱觀人類發展史，我們可以得到五種從人性出發提出的經典假設。第一種是工業文明時代最為常見的人性假設，西方文明下眾多學科研究的起點，即經濟人假設。第二種與經濟人假設相對應，亞當・斯密在反思經濟人假設過程中，在《道德情操論》中提出了道德人概念，我們可以將之視為道德人假設。在斯密的論述中，道德人是利他的、理

11　嚴存生：《探索法的人性基礎——西方自然法學的真諦》，《華東政法學院學報》2005年第 5 期，第 88 頁。

性的，追求的是團體利益最大化。經濟人和道德人，是人性假設的兩個方面。從經濟人到道德人，利己變成了利他，個人利益最大化變成了團體利益最大化，但「理性」假設並未改變，片面性依然存在。此外，還存在政治人、社會人、文化人的假設。但不管哪種假設，都難以適應數字文明時代數據運動規律、數據權利需求、數字秩序構建的要求。我們正在踏進數字經濟、數字社會、數字政府架構的文明新時代，數字文明的開啟有賴於數權制度的安排、數權規則的設計與數權法律的明確，數權立法是人類社會發展的必然趨勢。人性假設是數權法研究的邏輯起點與價值核心，我們把數權法的人性預設為數據人，而數據人假設的核心是利他主義。正因為利他是可能的，數權的主張才成為可能，數權法才具有正當性基礎。

利他主義理念是數字社會發展的重要動力。如果數據無法共享、無法流動、無法交易，就難以發揮數據的價值。在未來的數字世界，數字社會將是去中心化和扁平化的，互利共贏應是時代的共識。在未來的數字世界和進化後的物理世界，人類的行為或將跳出理性的範疇，變得更加複雜。理性將不是人們採取的基本準則，也不會是基本準則，因為數字世界裏我們都無法做到完全理性。此外，需要看到，利己與利他是辯證統一的。從互聯網時代到數字時代，如果要想利己，利他必然是一個前提條件。其中的不同，僅是前提條件的數量和嚴格程度不一，但利他是必然的。例如，地圖導航就是一個很好的例子。不管是高德地圖還是百度地圖，其導航的精確性，除了有賴於公司的投入，還有賴於用戶的行程共享，才能不斷地優化導航路線。也即是說，利他性的行程共享，是我們短期內獲得利己性的「行程最優」的重要條件。這樣的例子，在未來的數字世界將數不勝數。當然，我們並不能忽略個人隱私保護的重要性，但共享是數字世界的重要法則。

共享制度關注的核心主題是數據的個人權益與公共利益的平衡問題。共享是對數據的有效使用，是數據所有權的最終體現。數權不同於物權，不再

表現為一種占有權，而是成為一種不具有排他性的共享權，往往表現為「一數多權」。數權一旦從自然權利上升為一種公意，它就必然超越其本身的形態，而讓渡為一種社會權利。共享權的提出，將成為一種超越物權法的具有數字文明標誌意義的新的法理規則。從農業文明到工業文明再到數字文明，法律將實現從「人法」到「物法」再到「數法」的躍遷。數字文明為數權法的創生提供了價值原點與革新動力，數權法也為數字文明的制度構建和秩序運行提供了法理依據。數權法是文明躍遷過程中的產物，也將是人類從工業文明向數字文明邁進的基石。

三　主權區塊鏈：科技向善的共同準則

科技是人類文明進步的核心動力。進入 21 世紀，新一輪科技革命浪潮洶湧澎湃、激盪人心，正把我們從互聯網文明時代推向數字文明時代。這是一個偉大的進程，這也是一個可怕的過程。我們總會不禁發問，我們現在知道，未來未必知道的新一代數字技術一旦與人類完全融合，我們的世界是變得更好，還是變得更壞？當全人類在數字世界相遇，這個世界會變得充滿活力，還是充滿暴力？變得更好、變得更有活力，應該是任何國家、任何地區、任何組織、任何企業、任何個人的期望。有了這個基本共識，數字文明時代的秩序構建就有跡可循。

科技向惡還是向善關鍵在於主體的選擇。我們在討論科學技術的善惡時，大多數時候講的都是技術，而不是科學。這是因為，科學離我們很遠，我們感覺不到它的好壞。技術介於科學與人類之間，離人類要近得多，我們常常能直觀地感受到它帶來的好，或它帶來的壞。猶如對核聚變科學研究和原子彈的討論一樣，我們並不畏懼核聚變——因為那似乎很遙遠，像是在不可觸摸的地方。但我們畏懼原子彈，因為原子彈有著巨大的破壞力——包括對生命和文明的摧毀。我們不能輕易地判斷核聚變是好還是壞，但是當核聚

變用在核電站時，我們知道這一技術是「向善」的，是為人類服務的。「科技是一種能力，向善是一種選擇」是大多數人在討論科技向善時得出的共同結論，也就是說，科技是否向善關鍵在於人類的選擇。

避免科技向惡是科技向善的第一步。互聯網巨頭（企業）是互聯網時代的重要標誌，是新一代數字技術革命浪潮中的領跑者。互聯網巨頭的選擇，關乎互聯網秩序的形成。避免科技向惡，谷歌永不作惡的價值觀、騰訊科技向善的使命和遠景，都為互聯網的其他企業參與者做出了示範，這是邁向科技向善的第一步。但是，並不是所有的新技術都能被「向善」的互聯網企業所掌控，或者被服務於人民的國家公權力所掌控。例如，互聯網頂級技術掌握在一些國家手中，就成了「竊聽」其他國家機密的手段；大數據技術、雲計算技術掌握在一些企業手中，就成了「殺熟」的工具；人工智能技術掌握在一些暴力組織手中，就成了「自殺式襲擊」的武器。在從互聯網文明向數字文明過渡的過程中，數字技術不僅推動著經濟進步，也不斷產生信息鴻溝、經濟鴻溝、數字鴻溝，它不斷地割裂人類社會，或將導致傳統文明的解體和文明秩序的混亂，甚至造成人類基本價值觀和世界觀的崩塌。技術之惡，是橫亙在通往數字文明之路上的巨大障礙。

主權區塊鏈的誕生為我們避免技術之惡、實現科技向善提供了解決方案。我們都知道，區塊鏈技術是利用塊鏈式數據結構來驗證與存儲數據、利用分布式節點共識算法來生成和更新數據、利用密碼學的方式保證數據傳輸和訪問的安全、利用由自動化腳本代碼組成的智能合約集體維護可靠數據庫的技術方案[12]。區塊鏈技術具有不可篡改、智能合約和去中心化的核心特點，以及與此相關的分布式、時序數據、開放、共識、匿名、安全、集體維

12　孫健：《區塊鏈百科全書：人人都能看懂的比特幣等數字貨幣入門手冊》，電子工業出版社 2018 年版，第 54 頁。

護等特性，這構成了區塊鏈的數字形象。基於這些特點，使得區塊鏈區別於大數據、物聯網、人工智能、量子計算機等新技術——在為人類提供技術的同時，也為人類生產和生活提供新的規則。這些規則進一步改變人類思維方式，影響企業經營模式，改變經濟發展方式，重塑社會交往方式，重構國家交往方式，推動世界秩序變革，這是對人類全方位的改變。但是，我們也要看到，區塊鏈技術與其他數字技術一樣，也存在著缺陷。例如，在區塊鏈與比特幣相伴相生的過程中，區塊鏈技術就淪為了洗錢、避稅的幫凶。避免從「主觀不作惡」到「客觀不作惡」，我們需要對區塊鏈進行改造。

主權區塊鏈在繼承區塊鏈良好特性的同時，也與區塊鏈有著較大的區別。狹義上，主權區塊鏈是以國家為主體的區塊鏈技術解決方案。廣義上，主權代表的是某一主體（如人類、民族等），主權區塊鏈是在某一規則前提下的區塊鏈技術，首要條件是滿足倫理和監管。在數字世界層面，主權區塊鏈強調人類整體利益和秩序，而不是霸權和壓迫；在國際秩序中，主權區塊鏈強調尊重數據主權和國家主權，平等制定規則和制度，而不是超主權或無主權的狀態。在區域監管層面，主權區塊鏈強調數字世界應該受到主權（主體）的監管，而不是無監管。在治理結構中，強調的是多中心、多文明共存下的利他與共享，而不是絕對的去中心化。此外，在共識層面，主權區塊鏈強調和諧包容，而不是效率優先；在合約層面，強調在數權法律框架下的自動生成機制，而不是「代碼即法律」；在應用層面，強調有限應用，而不是無節制、無條件的應用。[13]

主權區塊鏈助力構建科技向善的共同準則。我們可以將這些準則歸納為主權區塊鏈思維、主權區塊鏈文化、主權區塊鏈精神、主權區塊鏈價值觀，

---

13 貴陽市人民政府新聞辦公室：《貴陽區塊鏈發展和應用》，貴州人民出版社 2016 年版，第 20-35 頁。

它將是數字文明世界運行的重要基石。從思維和意識的關係上講，如果說科技向善是一種處理科技與人類關係中的意識，那麼主權區塊鏈就是處理這對關係的思維，我們將之稱為主權區塊鏈思維，它是對區塊鏈思維的拓展和深化，是在分布式思維、共識思維、去中心化思維等基礎上，進一步凝聚形成主權性思維（主體性思維）和利他性思維。其目的是在降低運行成本、提升效率的基礎上，實現公平與效率的平衡。從文明進程來看，如果說主權區塊鏈思維更傾向於區塊鏈——一種解決方案，那麼主權區塊鏈價值觀則更傾向於主權——一種價值取向。這些價值取向是：運用主權區塊鏈的思維方法，秉持文明共存、和平共處、平等互鑒、開放包容、理解互敬、攜手共進、互利共贏、天下大同八大文明理念，抵制文明入侵、文明同化、文明滅絕三大行為，構建數字世界的文明制度和文明秩序。在主權區塊鏈思維和價值觀的驅動下，人類通過對新一代數字技術的倫理改造，以及在技術應用中的實踐和探索，進一步營造出主權區塊鏈文化——核心是以利他文化為主體，利己文化與利他文化的平衡。而主權區塊鏈思維與價值觀和文化一道，將共同構成數字文明時代的主權區塊鏈精神，指引人類走向新的繁榮，創造更豐富的文明成果。

第三節

人類的明天

文明的範式是回答「人類的明天」這個時代之問、文明之問的起點。科技文明是人類進步的核心動力，自中世紀歐洲文藝復興將人從神的束縛中解放出來後，西方文明快速邁入了工業文明，並完美實現了對工業文明的西化改造。其所形成的極致利己主義和個人主義把人類引向了「物本主義」的境地，這既是其他文明遲遲無法完全融入工業文明的重要原因，也是當前全球

治理體系多邊主義停滯、瓦解的重要因素，更是新科技革命出現技術之惡的重要根源。在互聯網文明向數字文明躍遷的過程中，新科技革命就是一把火，如果沒有中華文明提供的文明融合範式，如果沒有新的權利觀和倫理觀，它會把整個世界燒成灰燼。從文明範式的角度看，人類文明轉型與中華文明復興構成了當今人類文明發展的新取向和新路徑。這場新的文明互動和文明融合，將以新科技革命、新人文革命為主線，以確立共享權與新倫理為內涵，在總體上體現一種利他主義與數字正義相統一的人類文明新範式。這種以共享權、數字人權、全球倫理等共同引領的權利觀、倫理觀，在促進人的全面發展的同時，將推動人類社會和人類文明從「適者生存」型向「善者優存」型持續攀升。

一 後疫情時代的文明走向

突如其來並迅速席捲全球的新冠肺炎疫情加速了「百年未有之大變局」的演進。經此一役，我們更加清楚地看到了一件事情——人類的文明已經來到了一個新的拐點。這是一個新舊交替的年代，這是一個轉型變革的時代，由疫情引發的關於文明走向和全球治理等問題才剛剛開始。一方面，新冠肺炎疫情和疫情治理暴露出了人與自然、國與國之間的緊張關係，加速了世界秩序的重塑和調整。疫情下，各國、各地區因病毒來源、經濟貿易、疫苗供給摩擦不斷、糾纏不清，嚴重滯緩了疫情全球治理的步伐。同時，因治理理念和治理效能差異，各國、各地區經濟復蘇程度不一，加大了國家間和地區間的差距。這將不斷提升全球治理的難度，加速世界秩序的重塑和調整。另一方面，新冠肺炎疫情加速了新一輪科技革命和產業變革。疫情期間，疫情防控和復工複產的平衡是世界各國聚焦的焦點。在處理這對矛盾過程中，新一代數字技術加速實現了在新業態、新平臺、新模式中的運用，催生了遠程教育、遠程醫療、遠程辦公等新產業。從某種意義而言，在疫情的推動下，

人類邁向數字世界的步伐進一步加快。

後疫情時代，數字不文明的風險日益升高。在人類向數字世界遷徙並創造數字世界的過程中，西方文明會把物理世界中無數組對應關係帶到數字世界，通過對數字世界的改造，贏得領先優勢。例如，西方文明在自覺與不自覺中，會帶上其利己主義思想、個人主義文化以及由此誕生在工業文明世界中的各種政治理論、經濟理論、文化理論，以指導數字世界的構建。如果說，數字世界是物理世界的映射，是一個平行世界的話，那數字世界不見得會比物理世界更好，甚至可能更亂，這是西方文明在解放人的過程中走向極端主義的結果。所謂「成也蕭何，敗也蕭何」，文藝復興對個人的解放，在創造了工業文明的同時，也對文明的進步——向數字文明的躍遷構成了桎梏。與此同時，在西方文明的傳統視角下，科技的進步很可能異化為資本主義向世界擴張的機會，技術鴻溝將進一步撕裂整個人類世界。在這個關鍵的十字路口，如果其他文明不挺身而出，不向極致利己主義提出挑戰，不提供一套新的解決方案，那麼，人類的數字文明進程，很可能會陷入西方文明主導下的怪圈。數字文明甚至會演變成「第二個工業文明」，從文明的美好願景陷入不文明的絕境。若是如此，人類即將邁出的一大步會變成一小步，甚至會出現倒退的情況。

在這個多文明交匯的重要路口，在這個從量變到質變飛躍的關鍵時刻，世界必須為數字文明的共同理想而緊密團結在一起。縱觀近現代以來的人類文明進程，從農業文明到工業文明，各文明的目標無不都是自我發展與完善。20世紀以來，隨著民族解放運動席捲全球，各民族國家和宗教國家邁上了新發展階段。到21世紀初，世界上絕大部分的國家都進入了工業化階段，包括中華文明、印度文明、伊斯蘭文明以及東南亞地區、非洲地區、南美地區均在工業化中取得了積極進展，實現了與工業文明在現有西方文化限制下的較好融合，這為非西方文明向數字文明的過渡打下了堅實的基礎。同

時，後發趕上的各文明，正急切地想要獲得文明發展和進步的話語權。為此，各文明必須推己及人，秉持開放包容、共同進步的理念，聯合起來，避免人類在文明躍遷的重要路口，陷入西方文明從數字世界到物理世界的包圍圈。面向未來，我們發現，中華文明與數字文明的有機融合、同頻共振，將為人類文明的第二次大融合和向數字文明的躍遷提供更好的解決方案。

首先，中華文明是文明融合的結果和典範。作為人類歷史長河中最特別、生命力最為頑強的文明，中華文明的發展史，就是一部文明的融合史。暫且不談多民族融合帶來的文明融合，在整個中華文明史中，我們至少有兩次大規模的文明融合先例。第一次是公元 2 世紀到公元 7 世紀，是中華文明對佛教文明的有機融合。兩漢時期，佛教開始東傳進入中國，開啟了以儒家文化、道家文化為代表的中華文明與佛教教義融合的新篇章。至魏晉南北朝時期，特別是梁朝，佛教文明在中國得以扎根。到隋唐時期，佛教東傳進入開花結果期。唐代以後，儒釋道合流，佛教文明成了中華文明的重要組成部分。可以說，中華文明與佛教文明的融合過程，是中華文明對佛教文明的接納過程，是一個和平融合的過程。通過融合，中華文明為佛教文明的發展提供了良好的土壤，使之得以歷久彌新，發展和進步。第二次是鴉片戰爭以來中華文明與工業文明的融合，是中華文明從被動到主動的融合，是各文明與工業文明融合中最成功的融合案例。18 世紀以來的工業文明，是西方文明的代名詞，是基督教文明的現代化。正是如此，中華文明在與被改造的工業文明的融合過程中，歷經了重重阻礙。但是，在中華文明開放包容的引導下，中國成了世界第二大經濟體，第一大製造業國家，擁有了世界上最完整的製造業體系。可以說，不管是接受他文明，還是融入新文明，中華文明均有著成熟的歷史經驗。

其次，從文明的特質上講，無論是「有容乃大」、「天下大同」、「和而不同」、「中庸之道」、「己所不欲，勿施於人」、「求同存異」，還是「有教

無類」、「四海之內，皆兄弟也」、「人類命運共同體」，無不彰顯了中華文明開放包容的特質。而無論是「美國夢」、「門羅主義」、「杜魯門主義」，還是「美國第一」、「美國優先」，無不代表著美國極致利己主義的特點。

最後，中華文明與主權區塊鏈理念相通、特性相容，是構建數字文明秩序的最佳「搭檔」。一是從本質上講，主權區塊鏈是利他的，而中華文明不管是對佛教文明的接納，還是推動工業文明實現新發展，也都是利他的。二是從核心特點來看，主權區塊鏈強調的是集體主義，中華文明強調的也是集體主義。特別地，新中國公有制為主體的基本經濟制度，能與區塊鏈利他性和集體主義形成最好的結合，共同構成處理文明衝突、實現文明發展與融合的公共產品。三是從主要特點上看，主權區塊鏈和中華文明都強調公平、安全、信任、平等、共存。四是主權區塊鏈強調秩序、規則，中華文明同樣強調「無規矩不成方圓」。

如果說世界各文明與工業文明的融合是人類文明史上的第一次大融合，那麼與數字文明的融合將成為人類文明史上的第二次大融合。

二　新科技革命與新人文主義

20 世紀是人類過得最糟糕的一個世紀，也是人類文明進步最快的一個世紀。「20 世紀慘痛的教訓要求我們重新思考人類在 21 世紀必須要建立一個怎樣的新世界，特別是人類的精神世界，重新定義人類狀況，重新考慮人類的生存意義。」[14]20 世紀進步的經驗要求我們重新審視科技革命和全球化，總結思考科技革命對於經濟發展和社會進步的作用的差異，確定新科技革命和全球化在人類明天中的新方位。

觀察「人類的明天」，我們要抓住數字文明這條主線，在數字世界一體

14　樂黛雲：《21 世紀的新人文精神》，《學術月刊》2008 年第 1 期，第 10 頁。

化的框架下，審視新科技革命和新人文主義這兩大變量對文明進程的影響。當前，在互聯網的基礎上，隨著以大數據、物聯網、雲計算、區塊鏈、人工智能、量子信息等為代表的新一代數字技術革命浪潮的興起，新科技革命加速向我們走來，數字世界的大門正向我們敞開。但是，數字世界是什麼樣、由誰來建立、該怎麼建立、該怎麼運行、該怎麼維護、邊界在哪裏，這是我們要積極面對、及時解決的一系列問題。

　　一直以來，科技革命始終貫穿人類發展史，是人類走向「明天」的不竭動力。從 18 世紀到 20 世紀中葉，科技革命一直圍繞生產力的進步展開。在這場人類歷史上新技術爆發最集中、迭代最頻繁的科技革命浪潮中，人類誕生了工業文明。這是一個相對農業文明時代，物質得到極大發展的文明時代。不管是蒸汽機，還是發電機，抑或內燃機和計算機，它們給人類提供的，或者為人類增強的，是一種改造自然的能力，是一種推動經濟總量升級的能力。「經濟基礎決定上層建築」，在這兩個多世紀的時間裏，人類的政治制度、經濟模式、文化形態、社會狀態為了更好地適應物質世界的發展，均發生了巨大的改變。所以，處在這個時代的每個人再回頭去看時，都會因為科技的進步而自豪，對科技賦予人類物質的繁榮而心懷感激。但是，有很大一部分人或國家，正在將科技這個中立的時代推動者，捧向「神壇」，他們醉心於對物質和財富的追求，絲毫不介意科技是馬克思所說的「危險萬分的革命家」。這對於即將迎來數字世界的人類，是極其危險的。因為數字世界不同於物理世界，它的建立並不有賴於高樓大廈的建立、飛機大炮的生產，而是有賴於制度的設計、秩序的構建、機制的完善。如果新科技掌握在工業文明的「危險分子」手中，那麼人類數字世界的建設將會變得一塌糊塗。因此，我們為科技革命到來而喜悅、激動的同時，也要用嚴謹眼光、批判精神、冷靜態度去審視新科技給我們帶來的好與壞的東西，要用科學的態度去研究和利用技術，尊重數字人權，避免技術之惡，推動科技向善。

數字文明是人類的必然選擇，數字世界一體化是必然要求，應將其列入全球核心議題。互聯網文明將工業文明推向更高級的階段，使世界貿易逐步從貨物貿易向服務貿易轉變。服務貿易中，國際金融一體化、知識貿易一體化、文化消費——如影視、音樂、遊戲一體化，正不斷推動人類從物質交換走向精神交流，文化多樣化和文化交流正成為世界的重要趨勢。可以說，人類歷史上，分布在全球各地的人們，從未有過如此頻繁的交流，人類社會前所未有地聯繫在了一起。如果說中世紀大航海時代到二戰前是人類的第一次全球化——即使這是物質財富掠奪和大規模殖民的全球化，那麼二戰後從關貿總協定到世界貿易組織再到互聯網全球化，就是人類的第二次全球化，這是經濟貿易的全球化。如果人類還有第三次全球化，那必然是人類社會的全球化，或者進一步講，是人的全球化。如前文所述，當下人類社會已經基本實現跨越空間的人際交往，突破了上千年來以國家或組織為主體的交往範式。我們可以預料，隨著新科技革命的到來，互聯網對物理世界的改造和映射，已經不足以滿足人類個體間的交流，構建一個供所有人生存、發展、交流、生活的數字空間，已是大勢所趨。為此，我們不能任由數字世界割裂，應該像處理氣候變化、國際金融危機等全球性問題一樣，把數字世界一體化建設作為全球核心議題，共同推進數字世界的建設。

　　「以人民為本」是數字文明的內在要求，是新科技革命向前發展的指南針。「新科技革命帶來的生產力迅猛發展、生活方式和社會結構的深刻變革，歸根結底，還是要落到如何滿足人類對美好生活的嚮往和追求」，「新科技革命不能是人類欲望不斷膨脹、『人類每到一處就拼命擴張』的工具」[15]。要把「以人民為本」擺在新科技革命時代的核心位置，避免走向農

15　葉小文：《「人類的明天」：兩條觀察主線——以社會和人為中心的牽引現代化觀》，《人民論壇》2020 年第 32 期，第 41 頁。

業文明時代「以神為本」、工業文明時代「以物為本」的老路，避免因追求資本積累、財富積累、權力積累而造成人與自然、人與人、人與社會的緊張，避免患上「迷心逐物」的「物質病」。新科技革命呼喚新人文主義，新人文主義呼喚「以人民為本」的數字人權。為什麼是「以人民為本」而不是「以人為本」？一方面，因為「以人為本」仍容易陷入個人主義、對個體無限解放甚至膨脹的怪圈，我們應該「以人民為本」。另一方面，人民既包含了人的含義，也包含了集體、民族、人類的含義。在數字科技快速發展應用的背景下，它既要求尊重人的尊嚴，公平獲得生存和發展的權利，實現自我價值的權利，不損害他人權利和利益的義務；也要求企業等組織承擔尊重和保障人權的責任，實現「以人權的力量和權威強化對數字科技開發及其運用的倫理約束和法律規制」[16]；更要求政府等擔當起保障和實現數字人權的義務，在填補「數字鴻溝」的過程中實現共同發展。放眼全球，當人類社會秉持「以人民為本」——即以世界人民為本的時候，新科技革命給人類帶來的就會是希望、繁榮，而不是混亂、掠奪。

新人文主義不是一句口號，它要在數字世界、數字文明的發展中得以貫徹落實，必須要依靠主權區塊鏈精神。如果說「以人民為本」的數字人權是新人文主義的一個目標，那麼主權區塊鏈精神就是實現這一目標最大的倚仗、最優的路徑。「以人民為本」的數字人權和主權區塊鏈精神，是中華文明對人類文明發展的積極貢獻。在西方文明主導的文明秩序和國際秩序下，「以物為本」、「以資為本」始終占據著主導地位，「只要世界市場的基本結構及其運行機制仍然是資本主義生產方式主導，超越它的世界體系就建立不起來」[17]，時代正呼喚各文明的崛起，也給予了中華文明最好的機遇。我們

16　張文顯：《「無數字 不人權」》，《北京日報》2019 年 9 月 2 日，第 15 版。
17　葉小文：《「人類的明天」：兩條觀察主線——以社會和人為中心的牽引現代化觀》，《人民論壇》2020 年第 32 期，第 41 頁。

認為，在人類社會聯繫日益密切的今天，中華民族的偉大復興，不能僅僅停留在中國的復興，也不能只是中華文明的復興，而應該是中華文明引領下的人類文明的進步，這才是人類美好的明天。

三 共享權與新倫理

當前，互聯網全球治理已成為推動全球治理體系變革的重要內容；未來，數字世界治理將成為人類需要共同面對的核心問題。但是，不管是互聯網文明時代的互聯網全球治理，還是數字文明時代的數字世界治理，核心都是對數據的治理。數據是物理世界的「第五要素」，是數字世界的「第一要素」，是促進經濟轉型升級、提高社會治理效能的重要動力，加強數據治理，推動數據共享，是建設數字政府、構建數字社會、發展數字經濟的應有之義。如何構建數據治理規則、制度和秩序，是數據治理的三個重要維度。基於用數據進行治理、對數據進行治理形成的數字秩序，是數字文明時代的第一秩序。法律是治國之重器，良法是善治之前提。數據治理的核心就是要運用法治思維和法治方式平衡利益、調節關係、規範行為。依靠法治，是強化數據治理的首要選擇。法律是社會的調整器，但法律的作用是有限的。還需要依靠倫理，這是推動數據治理的重要補充。法治和倫理，是數據治理的「左右手」。

數權法是建立數字世界基本秩序的主要邏輯和重要依據。經過幾千年的物質社會發展，物權法成了工業社會的法律基石；進入數字社會，數權法也一定會成為數字社會的法律基石。數字文明的本質是基於數權的數字生產和數字生活的總和，人類在數字世界共同生活的基礎是基於數權而建立的秩序，人類的未來是在數字世界實現和平共處、共同進步、共同繁榮，這是人類的共同願景。需要指出的是，數字時代的安全失控、法律失準、道德失範、倫理失常、隱私失密等風險日趨複雜。傳統法律、法治、法理對數字世

界的理解和規制在當前數字化、網絡化、智能化背景下出現了難以應對的理論困境和實踐短板。當然，這與其高度複雜性和不確定性密切相關，數字時代的法治建設更具挑戰性。現有的制度供給無法適應和滿足日益增長的數據權利需求，全球數據法律體系遠未形成，數據監管長期缺位，相關法律存在真空地帶。一方面，各國在數權立法方面並未取得重大進展，也並未形成數權法律體系，缺乏數據治理的法治經驗；另一方面，受傳統文化的影響，以美歐為代表的西方文明，以日本為代表的「中間文明」，以中國為代表的東方文明，對於數據、信息、隱私等數權領域的概念並不統一。例如，歐盟把「個人數據」作為數權立法的基本概念，以盎格魯撒克遜人為主體的美國、加拿大、紐西蘭、澳大利亞則使用「隱私」概念，儒家文化圈的中國、日本、韓國則使用「個人信息」這一概念。同時，加上各國在立法取向、立法模式等也存在著很大的不同，對構建數字世界統一的數權法律體系形成了巨大的阻礙。有鑒於此，正向數字世界遷徙的人類需要在多邊框架下，將數權列入全球治理的核心議題，通過平等協商形成原則性的共識，並力爭制定數字領域的國際法，以化解未來數字世界中存在的各類矛盾，為各類衝突提供解決方案。

共享權是數權的本質，數字領域國際法的創立應堅持共享權的中心地位，以實現利他主義與數字正義的統一。隨著數字貨幣的誕生、數字社會的湧現以及數字秩序的創立，全球化不可能倒退到各國封閉的狀態，未來的新一輪全球化必然會再次席捲全球，並將不可阻擋地持續下去。在這輪全球化中，數字貿易蓬勃發展和數字世界一體化將成為兩大趨勢，相關數字規則的制定將成為各國激烈競爭和博弈的重要戰場。各國應在互不侵犯主權利益的前提下，將實現人類總體利益最大化作為終極目標，把數字時代的新型權利——共享權擺在中心地位，促進數字貿易全面發展。與此同時，在共享權基礎上形成的共享原則——數據合法共享基礎上各國公平享有數字發展權以

及各國人民平等享有數字人權，共享倫理——以「共享」為核心價值取向的倫理思想、倫理精神、倫理原則和倫理行為統一而成的數字倫理價值體系，使共享成為數字世界的新邏輯，使利他主義與數字正義相輔相成，進而重塑國際規則體系。當然，當下西方文明主導下的現實主義國際秩序大概率不允許這樣的情況發生，但我們始終堅信，面向未來，隨著中華文明復興和人類文明大融合的繼續，人類終將緊密團結在一起，命運與共，建設一個屬全人類的美好世界。「美美與共，天下大同」，任重而道遠。從理論上講法律不是萬能的，並不能解決數據治理的全部問題，更無法解決數字世界構建過程中的所有問題；從現實看，由於各國的分歧，人類對數字世界建設的基本邏輯、基本原則、基本內容以及數字世界運行的基本規則、基本制度和基本秩序等內容尚未達成共識，且未採取足夠的行動。基於此，我們還需把「數字世界普遍倫理」擺在重要位置，使之成為各國、各地區的底層共識。

「數字世界普遍倫理」基於元倫理學，從數字世界的基本概念、基本規則、基本內容出發，遵循底線倫理，實現對「全球倫理」的深化研究或重新認定。首先，在元倫理學上對數字世界倫理進行討論是必要的。近年來，人類對於數字倫理的探討大都集中於實踐案例，使用的概念「五花八門」，鮮有從基本概念出發，沿學科範疇、研究對象等進行系統分析的成果。與此同時，鑒於各國對於數字世界的認知也存在著較大的差異，我們應從元倫理學出發，對涉及數字世界的諸多詞語、諸多理念進行討論，達到「追求關於規範性問題的確定性認識」[18]的地步。其次，數字世界普遍倫理應是對「全球倫理」的發展或重新認定。1990 年，孔漢思[19]在《全球責任》中首次提出

18　陳真、王桂玲：《西方元倫理學百年發展歷程的回顧與前瞻》，《哲學動態》2020 年第 11 期，第 88 頁。

19　孔漢思（Hans Kung），1928 年生於瑞士，德國圖賓根大學榮休教授、基督教研究所所長，著名哲學家和神學家。

「全球倫理」；在孔漢思的推動下，《走向全球倫理宣言》於 1993 年問世，並提出「沒有全球倫理，便沒有更好的全球秩序」；1997 年，聯合國教科文組織哲學與倫理學處組織召開了兩次關於全球倫理的國際會議，並於 1998 年在北京召開了「普遍倫理：中國倫理傳統的視角」專家研討會[20]。從全球倫理的定義看，它是指全人類共同的倫理規範和道德準則。在數字世界的框架下，數字世界普遍倫理就是全人類在數字世界的倫理規範和道德準則。需要注意的是，從全球倫理的起源看，它與基督教有著莫大的關係，是基督教文明背景下的產物。在對數字世界普遍倫理進行審視時，需對「全球倫理」進行重新認定，以契合數字文明時代的要求。最後，數字世界普遍倫理的研究和實踐，應遵循底線倫理的要求。簡單來說，就是數字世界的倫理共識，應堅持底線思維，把道德底線作為基本準則。它至少包括三個層次：第一個層次是數字世界所有人最基本的義務，第二個層次是數字領域國際法相關的義務，第三個層次是數字技術、數字經濟、數字社會等各主體的職責和道德。我們相信，在新科技革命與新人文主義的加持下，在共享權與新倫理的支撐下，人類社會從互聯網文明成功邁入數字文明，世界會因此而變得更加美好！

---

20 趙敦華：《關於普遍倫理的可能性條件的元倫理學考察》，《北京大學學報（哲學社會科學版）》2000 年第 4 期，第 109 頁。

References
參考文獻

一 中文專著及其析出文獻

〔1〕 蔡維德：《互鏈網：未來世界的連接方式》，東方出版社 2021 年版。

〔2〕 陳欣：《社會困境中的合作：信任的力量》，科學出版社 2019 年版。

〔3〕 大數據戰略重點實驗室：《塊數據 3.0：秩序互聯網與主權區塊鏈》，中信出版社 2017 年版。

〔4〕 大數據戰略重點實驗室：《塊數據 5.0：數據社會學的理論與方法》，中信出版社 2019 年版。

〔5〕 大數據戰略重點實驗室：《數權法 1.0：數權的理論基礎》，社會科學文獻出版社 2018 年版。

〔6〕 大數據戰略重點實驗室：《數權法 2.0：數權的制度建構》，社會科學文獻出版社 2020 年版。

〔7〕 大數據戰略重點實驗室：《主權區塊鏈 1.0：秩序互聯網與人類命運共同體》，浙江大學出版社 2020 年版。

〔8〕 丁香桃：《變化社會中的信任與秩序——以馬克思人學理論為視角》，浙江大學出版社 2013 年版。

〔9〕 董保華等：《社會法原論》，中國政法大學出版社 2001 年版。

〔10〕 費孝通：《鄉土中國》，人民出版社 2008 年版。

〔11〕 何寶宏：《風向》，人民郵電出版社 2019 年版。

〔12〕 何懷宏：《人類還有未來嗎》，廣西師範大學出版社 2020 年版。

〔13〕 何建湘、蔡駿杰、冷元紅：《爭議比特幣：一場顛覆貨幣體系的革命？》，中信出版社 2014 年版。

〔14〕胡家祥：《心靈結構與文化解析》，北京大學出版社 1998 年版。

〔15〕胡訓玉：《權力倫理的理念建構》，中國人民公安大學出版社、群眾出版社 2010 年版。

〔16〕胡泳、王俊秀主編：《連接之後：公共空間重建與權力再分配》，人民郵電出版社 2017 年版。

〔17〕黃步添、蔡亮編著：《區塊鏈解密：構建基於信用的下一代互聯網》，清華大學出版社 2016 年版。

〔18〕黃光曉：《數字貨幣》，清華大學出版社 2020 年版。

〔19〕蔣先福：《契約文明：法治文明的源與流》，上海人民出版社 1999 年版。

〔20〕李春玲、呂鵬：《社會分層理論》，中國社會科學出版社 2008 年版。

〔21〕李路路、孫志祥主編：《透視不平等——國外社會階層理論》，社會科學文獻出版社 2002 年版。

〔22〕梁春曉：《互聯網革命重塑經濟體系、知識體系與治理體系——對信息技術革命顛覆性影響的觀察》，載信息社會 50 人論壇主編：《重新定義一切：如何看待信息革命的影響》，中國財富出版社 2018 年版。

〔23〕梁海宏：《連接時代：未來網絡化商業模式解密》，清華大學出版社 2014 年版。

〔24〕梁治平：《法辨——中國法的過去、現在與未來》，貴州人民出版社 1992 年版。

〔25〕劉鋒：《互聯網進化論》，清華大學出版社 2012 年版。

〔26〕劉華峰：《尋找貨幣錨》，西南財經大學出版社 2019 年版。

〔27〕劉權主編：《區塊鏈與人工智能：構建智能化數字經濟世界》，人民郵電出版社 2019 年版。

〔28〕劉佑成：《社會發展三形態》，浙江人民出版社 1987 年版。

〔29〕龍白濤：《數字貨幣：從石板經濟到數字經濟的傳承與創新》，東方出

版社 2020 年版。

〔30〕彭緒庶：《數字貨幣創新：影響與應對》，中國社會科學出版社 2020 年版。

〔31〕丘澤奇：《邁向數據化社會》，載信息社會 50 人論壇編著：《未來已來：「互聯網＋」的重構與創新》，上海遠東出版社 2016 年版。

〔32〕司曉、馬永武等編著：《科技向善：大科技時代的最優選》，浙江大學出版社 2020 年版。

〔33〕孫健：《區塊鏈百科全書：人人都能看懂的比特幣等數字貨幣入門手冊》，電子工業出版社 2018 年版。

〔34〕王俊生等：《數字身分鏈系統的應用研究》，載中國電機工程學會電力通信專業委員會主編：《電力通信技術研究及應用》，人民郵電出版社 2019 年版。

〔35〕王煥然等：《區塊鏈社會：區塊鏈助力國家治理能力現代化》，機械工業出版社 2020 年版。

〔36〕王文、劉玉書：《數字中國：區塊鏈、智能革命與國家治理的未來》，中信出版社 2020 年版。

〔37〕王延川、陳姿含、伊然：《區塊鏈治理：原理與場景》，上海人民出版社 2021 年版。

〔38〕王益民：《數字政府》，中共中央黨校出版社 2020 年版。

〔39〕吳曉波：《騰訊傳 1998-2016：中國互聯網公司進化論》，浙江大學出版社 2017 年版。

〔40〕吳增定：《利維坦的道德困境：早期現代政治哲學的問題與脈絡》，生活‧讀書‧新知三聯書店 2012 年版。

〔41〕武卿：《區塊鏈真相》，機械工業出版社 2019 年版。

〔42〕習近平：《為建設世界科技強國而奮鬥——在全國科技創新大會、兩院

院士大會、中國科協第九次全國代表大會上的講話》，人民出版社2016 年版。

〔43〕蕭珺：《跨文化虛擬共同體：連接、信任與認同》，社會科學文獻出版社 2016 年版。

〔44〕徐國棟：《民法哲學》，中國法制出版社 2009 年版。

〔45〕許國志主編：《系統科學與工程研究（第 2 版）》，上海科技教育出版社 2000 年版。

〔46〕閻慧：《中國數字化社會階層研究》，國家圖書館出版社 2013 年版。

〔47〕楊東、馬揚：《與領導幹部談數字貨幣》，中共中央黨校出版社 2020 年版。

〔48〕俞可平：《社群主義》，中國社會科學出版社 1998 年版。

〔49〕張康之、張乾友：《共同體的進化》，中國社會科學出版社 2012 年版。

〔50〕張曙光等：《價值與秩序的重建》，人民出版社 2016 年版。

〔51〕張文顯主編：《法理學（第四版）》，高等教育出版社、北京大學出版社 2011 年版。

〔52〕鄭永年：《技術賦權：中國的互聯網、國家與社會》，丘道隆譯，東方出版社 2014 年版。

〔53〕中共中央馬克思恩格斯列寧斯大林著作編譯局：《馬克思恩格斯選集（第 1 卷）》，人民出版社 1995 年版。

〔54〕中國電子信息產業發展研究院編著：《數字絲綢之路：「一帶一路」數字經濟的機遇與挑戰》，人民郵電出版社 2017 年版。

〔55〕鐘偉等：《數字貨幣：金融科技與貨幣重構》，中信出版社 2018 年版。

〔56〕周延雲、閻秀榮：《數字勞動和卡爾·馬克思——數字化時代國外馬克思勞動價值論研究》，中國社會科學出版社 2016 年版。

〔57〕朱光磊等：《當代中國社會各階層分析》，天津人民出版社 1998 年版。

〔58〕〔奧〕多麗絲・奈斯比特、〔美〕約翰・奈斯比特：《掌控大趨勢：如何正確認識、掌控這個變化的世界》，西江月譯，中信出版社 2018 年版。

〔59〕〔德〕恩格斯：《自然辯證法》，人民出版社 1984 年版。

〔60〕〔德〕恩斯特・卡西爾：《人文科學的邏輯》，沈輝等譯，中國人民大學出版社 1991 年版。

〔61〕〔德〕伽達默爾：《科學時代的理性》，薛華等譯，國際文化出版公司 1988 年版。

〔62〕〔德〕馬丁・海德格爾：《海德格爾選集》，孫周興選編，上海三聯書店 1996 年版。

〔63〕〔德〕馬克思、〔德〕恩格斯：《馬克思恩格斯全集（第十二卷）》，中共中央馬克思恩格斯列寧斯大林著作編譯局譯，人民出版社 1964 年版。

〔64〕〔德〕馬克思、〔德〕恩格斯：《馬克思恩格斯全集（第四十六卷・上）》，中共中央馬克思恩格斯列寧斯大林著作編譯局譯，人民出版社 1979 年版。

〔65〕〔德〕馬克思、〔德〕恩格斯：《馬克思恩格斯文集（第五卷）》，中共中央馬克思恩格斯列寧斯大林著作編譯局譯，人民出版社 2009 年版。

〔66〕〔德〕馬克思、〔德〕恩格斯：《馬克思恩格斯文集（第八卷）》，中共中央馬克思恩格斯列寧斯大林著作編譯局譯，人民出版社 2009 年版。

〔67〕〔德〕馬克斯・韋伯：《經濟與社會（下卷）》，林榮遠譯，商務印書館 1998 年版。

〔68〕〔德〕尼克拉斯・盧曼：《風險社會學》，孫一洲譯，廣西人民出版社 2020 年版。

〔69〕〔古希臘〕亞里士多德：《政治學》，吳壽彭譯，商務印書館 1983 年版。

〔70〕〔加〕哈羅德・伊尼斯：《傳播的偏向》，何道寬譯，中國人民大學出版社 2003 年版。

〔71〕〔美〕阿爾文・托夫勒：《未來的衝擊》，孟廣均等譯，新華出版社

1996 年版。

〔72〕〔美〕艾伯特·拉斯洛·巴拉巴西：《鏈接：商業、科學與生活的新思維》，沈華偉譯，浙江人民出版社 2013 年版。

〔73〕〔美〕伯納德·施瓦茨：《美國法律史》，王軍等譯，中國政法大學出版社 1989 年版。

〔74〕〔美〕布萊恩·阿瑟：《技術的本質：技術是什麼，它是如何進化的》，曹東溟、王健譯，浙江人民出版社 2018 年版。

〔75〕〔美〕戴維·格倫斯基編：《社會分層（第 2 版）》，王俊等譯，華夏出版社 2005 年版。

〔76〕〔美〕戴維·溫伯格：《萬物皆無序：新數字秩序的革命》，李燕鳴譯，山西人民出版社 2017 年版。

〔77〕〔美〕E·博登海默：《法理學：法律哲學與法律方法》，鄧正來譯，中國政法大學出版社 2004 年版。

〔78〕〔美〕杰夫·斯蒂貝爾：《斷點——互聯網進化啟示錄》，師蓉譯，中國人民大學出版社 2015 年版。

〔79〕〔美〕凱斯·桑斯坦：《網絡共和國：網絡社會中的民主問題》，黃維明譯，上海人民出版社 2003 年版。

〔80〕〔美〕凱文·凱利：《必然》，周峰、董理、金陽譯，電子工業出版社 2016 年版。

〔81〕〔美〕凱文·凱利：《失控：全人類的最終命運和結局》，東西文庫譯，新星出版社 2010 年版。

〔82〕〔美〕凱西·奧尼爾：《算法霸權：數學殺傷性武器的威脅》，馬青玲譯，中信出版社 2018 年版。

〔83〕〔美〕曼瑟爾·奧爾森：《集體行動的邏輯：公共物品與集團理論》，陳郁、郭宇峰、李崇新譯，格致出版社 2018 年版。

〔84〕〔美〕米歇爾・沃爾德羅普：《複雜：誕生於秩序與混沌邊緣的科學》，陳玲譯，生活・讀書・新知三聯書店 1997 年版。

〔85〕〔美〕納西姆・尼古拉斯・塔勒布：《非對稱風險：風險共擔，應對現實世界中的不確定性》，周洛華譯，中信出版社 2019 年版。

〔86〕〔美〕尼古拉・尼葛洛龐帝：《數字化生存》，胡泳、范海燕譯，電子工業出版社 2017 年版。

〔87〕〔美〕尼古拉斯・克里斯塔基斯、〔美〕詹姆斯・富勒：《大連接：社會網絡是如何形成的以及對人類現實行為的影響》，簡學譯，中國人民大學出版社 2013 年版。

〔88〕〔美〕帕拉格・康納：《超級版圖：全球供應鏈、超級城市與新商業文明的崛起》，崔傳剛、周大昕譯，中信出版社 2016 年版。

〔89〕〔美〕皮埃羅・斯加魯菲、牛金霞、閻景立：《人類 2.0：在矽谷探索科技未來》，中信出版社 2017 年版。

〔90〕〔美〕塞薩爾・伊達爾戈：《增長的本質：秩序的進化，從原子到經濟》，浮木譯社譯，中信出版社 2015 年版。

〔91〕〔美〕希拉・賈撒諾夫等編：《科學技術論手冊》，盛曉明等譯，北京理工大學出版社 2004 年版。

〔92〕〔美〕約翰・C・黑文斯：《失控的未來》，同琳譯，中信出版社 2017 年版。

〔93〕〔美〕約翰・羅爾斯：《正義論》，何懷宏等譯，中國社會科學出版社 1988 年版。

〔94〕〔美〕約瑟夫・S・奈、〔美〕約翰・D・唐納胡主編：《全球化世界的治理》，王勇等譯，世界知識出版社 2003 年版。

〔95〕〔美〕珍妮弗・溫特、〔日〕良太小野編著：《未來互聯網》，鄭常青譯，電子工業出版社 2018 年版。

〔96〕〔以〕尤瓦爾·赫拉利:《未來簡史》,林俊宏譯,中信出版社 2017
　　　年版。

〔97〕〔意〕彼德羅·彭梵得:《羅馬法教科書》,黃風譯,中國政法大學出
　　　版社 1992 年版。

〔98〕〔英〕阿蘭·德波頓:《身分的焦慮》,陳廣興、南治國譯,上海譯文
　　　出版社 2020 年版。

〔99〕〔英〕安東尼·吉登斯:《現代性的後果》,田禾譯,譯林出版社 2011
　　　年版。

〔100〕〔英〕安東尼·吉登斯:《現代性與自我認同》,趙旭東、方文譯,生
　　　活·讀書·新知三聯書店 1998 年版。

〔101〕〔英〕彼得·B·斯科特·摩根:《2040 大預言:高科技引擎與社會
　　　新秩序》,王非非譯,機械工業出版社 2017 年版。

〔102〕〔英〕大衛·休謨:《人性論》,關文運譯,商務印書館 1983 年版。

〔103〕〔英〕梅因:《古代法》,沈景一譯,商務印書館 1995 年版。

〔104〕〔英〕培根:《新工具》,許寶騤譯,商務印書館 1984 年版。

〔105〕〔英〕喬治·扎卡達基斯:《人類的終極命運——從舊石器時代到人
　　　工智能的未來》,陳朝譯,中信出版社 2017 年版。

〔106〕〔英〕亞當·斯密:《道德情操論》,蔣自強等譯,商務印書館 2015
　　　年版。

〔107〕〔英〕伊姆雷·拉卡托斯、〔英〕艾蘭·馬斯格雷夫:《批判與知識
　　　的增長:1965 年倫敦國際科學哲學會議論文彙編第四卷》,周寄中
　　　譯,華夏出版社 1987 年版。

二 中文期刊

〔1〕巴曙松、張岱晁、朱元倩:《全球數字貨幣的發展現狀和趨勢》,《金融發展研究》2020 年第 11 期。

〔2〕白津夫、白分:《貨幣競爭新格局與央行數字貨幣》,《金融理論探索》2020 年第 3 期。

〔3〕保建雲:《主權數字貨幣、金融科技創新與國際貨幣體系改革——兼論數字人民幣發行、流通及國際化》,《人民論壇‧學術前沿》2020 年第 2 期。

〔4〕鮑靜、范梓騰、賈開:《數字政府治理形態研究:概念辨析與層次框架》,《電子政務》2020 年第 11 期。

〔5〕卜素:《人工智能中的「算法歧視」問題及其審查標準》,《山西大學學報(哲學社會科學版)》2019 年第 4 期。

〔6〕卜衛、任娟:《超越「數字鴻溝」:發展具有社會包容性的數字素養教育》,《新聞與寫作》2020 年第 10 期。

〔7〕蔡蔚萍:《從網絡謠言看信任危機》,《長春理工大學學報(社會科學版)》2014 年第 2 期。

〔8〕曹紅麗、黃忠義:《區塊鏈:構建數字經濟的基礎設施》,《網絡空間安全》2019 年第 10 期。

〔9〕曹培杰、余勝泉:《數字原住民的提出、研究現狀及未來發展》,《電化教育研究》2012 年第 4 期。

〔10〕陳氚:《網絡社會中的空間融合——虛擬空間的現實化與再生產》,《天津社會科學》2016 年第 3 期。

〔11〕陳光:《科技「新冷戰」下我國關鍵核心技術突破路徑》,《創新科技》2020 年第 5 期。

〔12〕陳洪兵:《論技術中立行為的犯罪邊界》,《南通大學學報(社會科學版)》2019 年第 1 期。

〔13〕陳立旭:《現代社會既要契約也需要良心》,《觀察與思考》1999 年第 1 期。

〔14〕陳鵬:《區塊鏈的本質與哲學意蘊》,《科學與社會》2020 年第 3 期。

〔15〕陳仕偉:《大數據技術異化的倫理治理》,《自然辯證法研究》2016 年第 1 期。

〔16〕陳錫喜:《人類命運共同體:以科技革命為維度的審視》,《內蒙古社會科學(漢文版)》2018 年第 5 期。

〔17〕陳享光、黃澤清:《貨幣錨定物的形成機制及其對貨幣品質的維護──兼論數字貨幣的錨》,《中國人民大學學報》2018 年第 4 期。

〔18〕陳岩、張平:《數字全球化的內涵、特徵及發展趨勢》,《人民論壇》2021 年第 13 期。

〔19〕陳真、王桂玲:《西方元倫理學百年發展歷程的回顧與前瞻》,《哲學動態》2020 年第 11 期。

〔20〕陳志剛:《非物質經濟與社會變革》,《馬克思主義研究》2007 年第 6 期。

〔21〕陳忠:《「規則何以可能」的存在論反思》,《東南學術》2004 年第 3 期。

〔22〕成軍青、薛俊強:《馬克思政治經濟學批判語境中的數字勞動本質探析》,《改革與戰略》2020 年第 11 期。

〔23〕程貴:《人民幣國際化賦能全球金融治理改革的思考》,《蘭州財經大學學報》2019 年第 6 期。

〔24〕程亞文:《常規秩序與異態衝突──對亨廷頓「文明衝突論」的另一種詮釋》,《歐洲》1998 年第 6 期。

〔25〕叢斌:《規則意識、契約精神與法治實踐》,《中國人大》2016 年第 15 期。

〔26〕崔久強、呂堯、王虎:《基於區塊鏈的數字身分發展現狀》,《網絡空

間安全》2020 年第 6 期。

〔27〕崔久強、鄭寧、石英村：《數字經濟時代新型數字信任體系構建》，《信息安全與通信保密》2020 年第 10 期。

〔28〕戴麗娜：《2018 年網絡空間國際治理回顧與展望》，《信息安全與通信保密》2019 年第 1 期。

〔29〕戴長征、鮑靜：《數字政府治理——基於社會形態演變進程的考察》，《中國行政管理》2017 年第 9 期。

〔30〕丁郆、焦迪：《區塊鏈技術在「數字政府」中的應用》，《中國經貿導刊（中）》2020 年第 3 期。

〔31〕杜朝運、葉芳：《集體行動困境下的國際貨幣體系變革——基於全球公共產品的視角》，《國際金融研究》2010 年第 10 期。

〔32〕杜駿飛：《數字巴別塔：網絡社會治理共同體芻議》，《當代傳播》2020 年第 1 期。

〔33〕段柯：《數字時代領導力的維度特徵與提升路徑》，《領導科學》2020 年第 16 期。

〔34〕范冬萍：《探索複雜性的系統哲學與系統思維》，《現代哲學》2020 年第 4 期。

〔35〕豐子義：《全球化與文明的發展和建設》，《山東社會科學》2014 年第 5 期。

〔36〕付玉輝：《後移動互聯網時代：數字文明融合新階段》，《互聯網天地》2011 年第 6 期。

〔37〕高洪民、李剛：《金融科技、數字貨幣與全球金融體系重構》，《學術論壇》2020 年第 2 期。

〔38〕高奇琦：《主權區塊鏈與全球區塊鏈研究》，《世界經濟與政治》2020 年第 10 期。

〔39〕高憲芹：《利他主義行為研究的概述》，《黑河學刊》2010 年第 1 期。

〔40〕高兆明：《信任危機的現代性解釋》，《學術研究》2002 年第 4 期。

〔41〕桂旺生、曾競：《網絡文化背景下道德相對主義的幽靈》，《社科縱橫》2015 年第 3 期。

〔42〕郝國強：《從人格信任到算法信任：區塊鏈技術與社會信用體系建設研究》，《南寧師範大學學報（哲學社會科學版）》2020 年第 1 期。

〔43〕何德旭、余晶晶、韓陽陽：《金融科技對貨幣政策的影響》，《中國金融》2019 年第 24 期。

〔44〕賀仁龍：《「5G＋產業互聯網」時代數字孿生安全治理探索》，《中國信息安全》2019 年第 11 期。

〔45〕胡偉：《論冷戰後國際衝突：對「文明範式」的批評》，《復旦學報（社會科學版）》1995 年第 3 期。

〔46〕黃璜：《數字政府：政策、特徵與概念》，《治理研究》2020 年第 3 期。

〔47〕黃璜、趙倩、張銳昕：《論政府數據開放與信息公開——對現有觀點的反思與重構》，《中國行政管理》2016 年第 11 期。

〔48〕黃靜秋、鄧伯軍：《從數字的空間形態看人類命運共同體的歷史演變》，《雲南社會科學》2019 年第 6 期。

〔49〕黃莉：《區塊鏈思維賦能基層治理》，《紅旗文稿》2020 年第 24 期。

〔50〕黃明同：《陽明「致良知」論與社會文明》，《貴陽學院學報（社會科學版）》2019 年第 4 期。

〔51〕黃旭巍：《快播侵權案與技術無罪論》，《中國出版》2016 年第 23 期。

〔52〕IDM 首席時政觀察員：《「數字人」是城市數字化轉型的元點》，《領導決策信息》2021 年第 3 期。

〔53〕賈文山：《中華文明轉型的獨特範式》，《人民論壇》2016 年第 16 期。

〔54〕江濤、王睿：《領導力的嬗變——數字時代的領導力》，《管理學家（實踐版）》2011 年第 10 期。

〔55〕姜先良：《「技術中立」的是與非》，《小康》2018 年第 33 期。

〔56〕蔣鷗翔、張磊磊、劉德政：《比特幣、Libra、央行數字貨幣綜述》，《金融科技時代》2020 年第 2 期。

〔57〕蔣先福：《近代法治國的歷史再現——梅因「從身分到契約」論斷新論》，《法制與社會發展》2000 年第 2 期。

〔58〕焦微玲、裴雷：《數字產品「免費」的原因、模式及盈利對策研究》，《現代情報》2017 年第 8 期。

〔59〕靳永翥等：《「智慧信任」：數字革命背景下構建基層社會共同體的新動力——基於貴陽市沙南社區的個案分析》，《中州學刊》2020 年第 1 期。

〔60〕康寧：《在身分與契約之間——法律文明進程中歐洲中世紀行會的過渡性特徵》，《清華法治論衡》2017 年第 1 期。

〔61〕廖勁松、彭文斌：《區塊鏈技術驅動數字經濟發展：理論邏輯與戰略取向》，《社會科學》2020 年第 9 期。

〔62〕曠野、閻曉麗：《美國網絡空間可信身分戰略的真實意圖》，《信息安全與技術》2012 年第 11 期。

〔63〕賴忠先：《龍場悟良知 養性在踐履——論陽明學的核心與性質》，《中州學刊》2010 年第 3 期。

〔64〕李長江：《關於數字經濟內涵的初步探討》，《電子政務》2017 年第 9 期。

〔65〕李承貴：《「心即理」的構造與運行》，《學術界》2020 年第 8 期。

〔66〕李承貴：《「心即理」何以成為陽明心學的基石——王陽明對「心即理」的傳承與論證》，《貴陽學院學報（社會科學版）》2020 年第 6 期。

〔67〕李達：《新時代中國社會治理體制：歷史、實踐與目標》，《重慶社會科學》2020 年第 5 期。

〔68〕李國杰：《數據共享：國家治理體系現代化的前提》，《中國信息化周報》2014 年第 32 期。

〔69〕李璐君：《契約精神與司法文明》，《法學論壇》2018 年第 6 期。

〔70〕李升：《「數字鴻溝」：當代社會階層分析的新視角》，《社會》2006 年第 6 期。

〔71〕李唯睿、賈智：《區塊鏈或成數字文明的基石》，《當代貴州》2019 年第 22 期。

〔72〕李曉菊：《文明範式的當代轉換與價值觀的變革》，《福建論壇（人文社會科學版）》2006 年第 12 期。

〔73〕李曄：《現代世界中的倫理規範與道德相對主義問題》，《深圳大學學報（人文社會科學版）》2017 年第 4 期。

〔74〕李一：《「數字社會」的發展趨勢、時代特徵和業態成長》，《中共杭州市委黨校學報》2019 年第 5 期。

〔75〕李增剛：《全球公共產品：定義、分類及其供給》，《經濟評論》2006 年第 1 期。

〔76〕連玉明：《向新時代致敬——基於主權區塊鏈的治理科技在協商民主中的運用》，《中國政協》2018 年第 6 期。

〔77〕連玉明：《主權區塊鏈對互聯網全球治理的特殊意義》，《貴陽學院學報（社會科學版）》2020 年第 3 期。

〔78〕梁治平：《「從身分到契約」：社會關係的革命——讀梅因《古代法》隨想》，《讀書》1986 年第 6 期。

〔79〕林曦、郭蘇建：《算法不正義與大數據倫理》，《社會科學》2020 年第 8 期。

〔80〕劉東民、宋爽：《數字貨幣、跨境支付與國際貨幣體系變革》，《金融論壇》2020 年第 11 期。

〔81〕劉煥智、董興佩：《論網絡虛擬信任危機的改善》，《雲南民族大學學報（哲學社會科學版）》2017 年第 2 期。

〔82〕劉珺:《人民幣國際化的數字維度》,《金融博覽》2020 年第 9 期。

〔83〕劉科、劉志勇:《責任的落寞:大數據時代的信息倫理失範之痛》,《山東科技大學學報(社會科學版)》2017 年第 5 期。

〔84〕劉魁:《全球風險、倫理智慧與當代信仰的倫理化轉向》,《倫理學研究》2012 年第 3 期。

〔85〕劉尚希、李成威:《基於公共風險重新定義公共產品》,《財政研究》2018 年第 8 期。

〔86〕劉小紅、劉魁:《風險社會的複雜性解讀》,《科技管理研究》2013 年第 13 期。

〔87〕劉穎:《從身分到契約與從契約到身分——中國社會進步的一種模式探討》,《天津社會科學》2005 年第 4 期。

〔88〕劉芸:《標準的秩序與區塊鏈的失序》,《大眾標準化》2018 年第 3 期。

〔89〕劉貞曄:《國際多邊組織與非政府組織:合法性的缺陷與補充》,《教學與研究》2007 年第 8 期。

〔90〕龍萍:《數字原住民向數字公民轉化的探討》,《文化創新比較研究》2018 年第 13 期。

〔91〕龍榮遠、楊官華:《數權、數權制度與數權法研究》,《科技與法律》2018 年第 5 期。

〔92〕龍晟:《數字身分民法定位的理論與實踐:以中國—東盟國家為中心》,《廣西大學學報(哲學社會科學版)》2019 年第 6 期。

〔93〕陸岷峰:《關於區塊鏈技術與社會信用制度體系重構的研究》,《蘭州學刊》2020 年第 3 期。

〔94〕路穎妮:《「微信息」帶來碎片化世界》,《人民文摘》2014 年第 11 期。

〔95〕樂群:《踐行科技向善,築牢可信人工智能的道德藩籬》,《民主與科學》2019 年第 6 期。

〔96〕羅大蒙、徐曉宗：《從「身分」到「契約」：當代中國農民公民身分的缺失與重構》，《黨政研究》2016 年第 1 期。

〔97〕馬長山：《數字社會的治理邏輯及其法治化展開》，《法律科學（西北政法大學學報）》2020 年第 5 期。

〔98〕馬亮：《公共部門大數據應用的動機、能力與績效：理論述評與研究展望》，《電子政務》2016 年第 4 期。

〔99〕孟慶國、關欣：《論電子治理的內涵、價值與績效實現》，《行政論壇》2015 年第 4 期。

〔100〕孟天廣、李鋒：《網絡空間的政治互動：公民訴求與政府回應性——基於全國性網絡問政平臺的大數據分析》，《清華大學學報（哲學社會科學版）》2015 年第 3 期。

〔101〕孟天廣、張小勁：《大數據驅動與政府治理能力提升——理論框架與模式創新》，《北京航空航天大學學報（社會科學版）》2018 年第 1 期。

〔102〕孟天廣、趙娟：《網絡驅動的回應性政府：網絡問政的制度擴散及運行模式》，《上海行政學院學報》2018 年第 3 期。

〔103〕牟春波、韋柳融：《新型基礎設施發展路徑研究》，《信息通信技術與政策》2021 年第 1 期。

〔104〕牛慶燕：《現代科技的異化難題與科技人化的倫理應對》，《南京林業大學學報（人文社會科學版）》2012 年第 1 期。

〔105〕潘沁：《從複雜性系統理論視角看人工智能科學的發展》，《湖北社會科學》2010 年第 1 期。

〔106〕裴慶祺、馬得林、張樂平：《區塊鏈與社會治理的數字化重構》，《新疆師範大學學報（哲學社會科學版）》2020 年第 5 期。

〔107〕彭波：《論數字領導力：數字科技時代的國家治理》，《人民論壇·學術前沿》2020 年第 15 期。

〔108〕 彭蘭：《連接與反連接：互聯網法則的搖擺》，《國際新聞界》2019年第 2 期。

〔109〕 彭寧遠：《西方經濟學「理性人」假設的片面性研究》，《財富時代》2020 年第 12 期。

〔110〕 彭文生：《金融科技的貨幣含義》，《清華金融評論》2017 年第 9 期。

〔111〕 秦亞青：《世界政治的文化理論──文化結構、文化單位與文化力》，《世界經濟與政治》2003 年第 4 期。

〔112〕 秦穎：《論公共產品的本質──兼論公共產品理論的局限性》，《經濟學家》2006 年第 3 期。

〔113〕 任劍濤：《曲突徙薪：技術革命與國家治理大變局》，《江蘇社會科學》2020 年第 5 期。

〔114〕 邵華明、侯臣：《人民幣國際化：現狀與路徑選擇──以美元國際化歷程為借鑒》，《財經科學》2015 年第 11 期。

〔115〕 司曉、閻德利、戴建軍：《科技向善：新技術應用及其影響》，《時代經貿》2019 年第 22 期。

〔116〕 宋圭武、王振宇：《利他主義：利益博弈的一種均衡》，《社科縱橫》2005 年第 1 期。

〔117〕 宋憲榮、張猛：《網絡可信身分認證技術問題研究》，《網絡空間安全》2018 年第 3 期。

〔118〕 孫帥：《從數字鴻溝的發展形態解析網絡階層分化》，《新媒體研究》2019 年第 22 期。

〔119〕 孫旭欣、羅躍、李勝濤：《全球化時代的數字素養：內涵與測評》，《世界教育信息》2020 年第 8 期。

〔120〕 唐皇鳳：《數字利維坦的內在風險與數據治理》，《探索與爭鳴》2018 年第 5 期。

〔121〕 唐濤：《愛沙尼亞數字社會發展之路》，《上海信息化》2018 年第 7 期。

〔122〕 王棟、賈子方：《新冠肺炎疫情與技術進步雙重影響下的全球化趨勢》，《國際論壇》2021 年第 1 期。

〔123〕 王海明：《利他主義新探》，《齊魯學刊》2004 年第 5 期。

〔124〕 王建民：《轉型時期中國社會的關係維持——從「熟人信任」到「制度信任」》，《甘肅社會科學》2005 年第 6 期。

〔125〕 王晶：《「數字公民」向我們走來》，《中國政協》2017 年第 13 期。

〔126〕 王晶：《開啟數字世界新紀元》，《紅旗文稿》2020 年第 1 期。

〔127〕 王俊妮：《國際貨幣法律制度的變革與演進》，《法制博覽》2019 年第 3 期。

〔128〕 王旭、賈媛馨：《數字化背景下的國際貨幣競爭及其對人民幣國際化的啟示》，《南方金融》2020 年第 5 期。

〔129〕 王雁飛、朱瑜：《利他主義行為發展的理論研究述評》，《華南理工大學學報（社會科學版）》2003 年第 4 期。

〔130〕 王佑鎂：《信息時代的數字包容：新生代農民工社會融合新視角》，《中國信息界》2010 年第 9 期。

〔131〕 王志凱：《深刻把握「雙循環」戰略的立足點和新動能》，《國家治理週刊》2021 年第 3 期。

〔132〕 王志萍：《普遍倫理研究綜述》，《哲學動態》2000 年第 1 期。

〔133〕 王中原：《王陽明「致良知」的社會改良思想探析》，《求索》2016 年第 1 期。

〔134〕 魏波：《探索包容性治理的中國道路》，《人民論壇》2020 年第 29 期。

〔135〕 魏小強：《基於零信任的遠程辦公系統：安全模型研究與實現》，《信息安全研究》2020 年第 4 期。

〔136〕 魏嚴捷：《法律的不確定性分析》，《法制博覽》2020 年第 25 期。

〔137〕 文庭孝、劉璇：《戴維‧溫伯格的「新秩序理論」及對知識組織的啟示》，《圖書館》2013 年第 3 期。

〔138〕 吳美川、張艷濤：《中國全球治理方案的公共性向度》，《理論視野》2021 年第 1 期。

〔139〕 吳小坤：《重構「社會聯結」：互聯網何以影響中國社會的基礎秩序》，《東岳論叢》2019 年第 7 期。

〔140〕 吳新慧：《數字信任與數字社會信任重構》，《學習與實踐》2020 年第 10 期。

〔141〕 吳震：《作為良知倫理學的「知行合一」論──以「一念動處便是知亦便是行」為中心》，《學術月刊》2018 年第 5 期。

〔142〕 武杰、李潤珍、程守華：《從無序到有序──非線性是系統結構有序化的動力之源》，《系統科學學報》2008 年第 1 期。

〔143〕 武薇：《致良知論──陽明心學思想初探》，《高校教育管理》2010 年第 4 期。

〔144〕 夏濤、邵忍麗：《重新認識「文明範式」》，《學術論壇》2007 年第 3 期。

〔145〕 蕭遠企：《貨幣的本質與未來》，《金融監管研究》2020 年第 1 期。

〔146〕 謝俊貴、陳軍：《數字鴻溝──貧富分化及其調控》，《湖南社會科學》2003 年第 3 期。

〔147〕 謝文鬱：《良心和啟蒙：真善判斷權問題》，《求是學刊》2008 年第 1 期。

〔148〕 熊小果：《數字利維坦與數字異托邦──數字時代人生存之現代性困境的哲學探析》，《武漢科技大學學報（社會科學版）》2021 年第 3 期。

〔149〕 徐瑞朝：《英國政府數字包容戰略及啟示》，《圖書情報工作》2017 年第 5 期。

〔150〕 閻德利：《科技向善：新技術應用及其影響》，《科技中國》2019 年第 5 期。

〔151〕閻坤如：《風險的不確定性及其信念修正探析》，《科學技術哲學研究》2017 年第 2 期。

〔152〕嚴存生：《探索法的人性基礎——西方自然法學的真諦》，《華東政法學院學報》2005 年第 5 期。

〔153〕楊道宇：《「心即理」的認識論意義》，《中州學刊》2015 年第 5 期。

〔154〕楊峰：《全球互聯網治理、公共產品與中國路徑》，《教學與研究》2016 年第 9 期。

〔155〕楊光斌：《世界政治學的提出和探索》，《中國人民大學學報》2021 年第 1 期。

〔156〕楊光斌：《世界秩序大變革中的中國政治學》，《中國政治學》2020 年第三輯。

〔157〕楊振山、陳健：《平等身分與近現代民法學——從人法角度理解民法》，《法律科學》1998 年第 2 期。

〔158〕姚遠、任羽中：《「激活」與「吸納」的互動：走向協商民主的中國社會治理模式》，《北京大學學報（哲學社會科學版）》2013 年第 2 期。

〔159〕葉小文：《「人類的明天」：兩條觀察主線——以社會和人為中心的牽引現代化觀》，《人民論壇》2020 年第 32 期。

〔160〕葉小文：《人類命運共同體的文化共識》，《新疆師範大學學報（哲學社會科學版）》2016 年第 3 期。

〔161〕余雙波等：《零信任架構在網絡信任體系中的應用》，《通信技術》2020 年第 10 期。

〔162〕余煜剛：《「從契約到身分」命題的法理解讀》，《中山大學法理評論》2012 年第 1 期。

〔163〕俞可平：《全球治理引論》，《馬克思主義與現實》2002 年第 1 期。

〔164〕郁建興、任澤濤：《當代中國社會建設中的協同治理：一個分析框

架》,《學術月刊》2012 年第 8 期。

〔165〕樂黛雲:《21 世紀的新人文精神》,《學術月刊》2008 年第 1 期。

〔166〕郎彥輝:《數字利維坦:信息社會的新型危機》,《中共中央黨校學報》2015 年第 3 期。

〔167〕臧超、徐嘉:《數字化時代推進政府領導力的三重向度》,《領導科學》2020 年第 20 期。

〔168〕曾堅:《對中國公民權利意識的歷史考察及反思》,《貴州大學學報(社會科學版)》2001 年第 1 期。

〔169〕曾維和:《社會治理共同體的關係網絡構建》,《閩江學刊》2020 年第 1 期。

〔170〕查曉剛、周錚:《多層公共產品有效供給的方式和原則》,《國際展望》2014 年第 5 期。

〔171〕張成崗:《區塊鏈時代:技術發展、社會變革及風險挑戰》,《人民論壇·學術前沿》2018 年第 12 期。

〔172〕張恩典:《反算法歧視:理論反思與制度建構》,《華中科技大學學報(社會科學版)》2020 年第 5 期。

〔173〕張帆、劉新梅:《網絡產品、信息產品、知識產品和數字產品的特徵比較分析》,《科技管理研究》2007 年第 8 期。

〔174〕張涵:《從文明範式看人類文明轉型與中華文明復興》,《鄭州大學學報(哲學社會科學版)》2005 年第 6 期。

〔175〕張華:《數字化生存共同體與道德超越》,《道德與文明》2008 年第 6 期。

〔176〕張婧羽、李志紅:《數字身分的異化問題探析》,《自然辯證法研究》2018 年第 9 期。

〔177〕張立新、張小艷:《論數字原住民向數字公民轉化》,《中國電化教育》2015 年第 10 期。

〔178〕 張濤：《自動化系統中算法偏見的法律規制》，《大連理工大學學報（社會科學版）》2020 年第 4 期。

〔179〕 張曉君：《網絡空間國際治理的困境與出路——基於全球混合場域治理機制之構建》，《法學評論》2015 年第 4 期。

〔180〕 張一鋒：《區塊鏈：建構數字世界的新工具》，《信息化建設》2018 年第 11 期。

〔181〕 趙誠：《全球化和規則文明》，《中共中央黨校學報》2007 年第 5 期。

〔182〕 趙敦華：《關於普遍倫理的可能性條件的元倫理學考察》，《北京大學學報（哲學社會科學版）》2000 年第 4 期。

〔183〕 趙磊：《「從契約到身分」——數據要素視野下的商事信用》，《蘭州大學學報（社會科學版）》2020 年第 5 期。

〔184〕 趙林林：《數字化時代的勞動與正義》，《北京師範大學學報（社會科學版）》2020 年第 1 期。

〔185〕 鄭磊：《開放政府數據研究：概念辨析、關鍵因素及其互動關係》，《中國行政管理》2015 年第 11 期。

〔186〕 鄭萬青：《構建良心看護下的契約社會——兼議法治的道德產品》，《觀察與思考》1999 年第 2 期。

〔187〕 鄭玉雙：《破解技術中立難題——法律與科技之關係的法理學再思》，《華東政法大學學報》2018 年第 1 期。

〔188〕 鄭躍平、劉美岑：《開放數據評估的現狀及存在問題——基於國外開放數據評估的對比和分析》，《電子政務》2016 年第 8 期。

〔189〕 鄭雲翔等：《數字公民素養的理論基礎與培養體系》，《中國電化教育》2020 年第 5 期。

〔190〕 支振鋒：《互聯網全球治理的法治之道》，《法制與社會發展》2017 年第 1 期。

〔191〕 鐘偉：《國際貨幣體系的百年變遷和遠矚》，《國際金融研究》2001
年第 4 期。

〔192〕 周宏仁：《數字世界的治理》，《互聯網天地》2004 年第 1 期。

〔193〕 周小川：《關於改革國際貨幣體系的思考》，《理論參考》2009 年第
10 期。

〔194〕 周永林：《加密貨幣的本質與未來》，《中國金融》2018 年第 17 期。

〔195〕 朱虹：《「親而信」到「利相關」：人際信任的轉向——一項關於人際
信任狀況的實證研究》，《學海》2011 年第 4 期。

〔196〕 鄒順康：《依賴關係的演變與道德人格的發展——馬克思「人的全面
而自由發展」思想的思維路徑》，《社會科學研究》2015 年第 5 期。

〔197〕 〔法〕本諾伊特・科雷：《數字貨幣的崛起：對國際貨幣體系和金融
系統的挑戰》，趙廷辰譯，《國際金融》2020 年第 1 期。

〔198〕 〔荷〕丹尼斯：《對作為全球公共產品的網絡進行治理》，《中國信息
安全》2019 年第 9 期。

〔199〕 〔美〕約瑟夫・奈：《機制複合體與全球網絡活動管理》，《汕頭大學
學報（人文社會科學版）》2016 年第 4 期。

〔200〕 〔以〕尤瓦爾・赫拉利：《為何技術會促成專制》，魏劉偉編譯，《世
界科學》2018 年第 12 期。

〔201〕 〔意〕阿爾多・貝特魯奇、徐國棟：《從身分到契約與羅馬的身分制
度》，《現代法學》1997 年第 6 期。

〔202〕 〔英〕蕭恩・塞耶斯：《現代工業社會的勞動——圍繞馬克思勞動概
念的考察》，周嘉昕譯，《南京大學學報（哲學・人文科學・社會科
學）》2007 年第 1 期。

三　中文報章

〔1〕陳興良：《在技術與法律之間：評快播案一審判決》，《人民法院報》2016 年 9 月 14 日，第 3 版。

〔2〕崔文佳：《科技向善要靠法規與倫理約束》，《北京日報》2019 年 5 月 10 日，第 3 版。

〔3〕蒍孟超、吳秋餘：《數字人民幣 支付新選擇》，《人民日報》2021 年 1 月 18 日，第 18 版。

〔4〕何懷宏：《我為什麼要提倡「底線倫理」》，《北京日報》2012 年 2 月 20 日，第 6 版。

〔5〕胡代光：《經濟全球化的利弊及其對策》，《參考消息》2000 年 6 月 26 日，第 3 版。

〔6〕王晶：《「數字公民」與社會治理創新》，《學習時報》2019 年 8 月 30 日，第 A3 版。

〔7〕燕連福、謝芳芳：《簡述國外學者的數字勞動研究》，《中國社會科學報》2016 年 5 月 17 日，第 2 版。

〔8〕尤苗：《數字貨幣：全球貨幣競爭的新賽道》，《學習時報》2020 年 7 月 24 日，第 A2 版。

〔9〕袁嵐峰：《鼓吹科技冷戰，格調太低》，《環球時報》2020 年 12 月 26 日，第 7 版。

〔10〕張文顯：《「無數字 不人權」》，《北京日報》2019 年 9 月 2 日，第 15 版。

〔11〕張新紅：《社會治理創新呼喚新基建》，《中國信息化周報》2020 年，第 20 版。

〔12〕趙蕾、曹建峰：《「數字正義」撲面而來》，《檢察日報》2020 年 1 月 22 日，第 3 版。

〔13〕周文彰：《談談互聯網思維》，《光明日報》2016 年 4 月 9 日，第 6 版。

〔14〕朱嘉明：《從交子到數字貨幣的文明傳承》，《經濟觀察報》2021 年 3 月 1 日，第 33 版。

四 其他中文文獻

〔1〕貴陽市人民政府新聞辦公室：《貴陽區塊鏈發展和應用》，貴州人民出版社 2016 年版。

〔2〕季燕京：《什麼是數字文明？》，中國社會科學網，2014 年，http://www.cssn.cn/zt/zt_xkzt/zt_wxzt/jnzgqgnjtgjhlw20zn/ztwz/jyjsmsszwm/201404/t20140417_1069965.shtml。

〔3〕聯合國秘書長報告：《數字合作路線圖：執行數字合作高級別小組的建議》，聯合國官網，2020 年，https://www.un.org/zh/content/digital-cooperation-roadmap/。

〔4〕龍榮遠：《每日科技名詞─數字貨幣》，學習強國官網，2021 年，https://www.xuexi.cn/lgpage/detail/index.html?id=7285093362179956907&item_id=7285093362179956907。

〔5〕龍榮遠：《每日科技名詞─數字身分》，學習強國官網，2021 年，https://www.xuexi.cn/lgpage/detail/index.html?id=847196645190770 1152&item_id=847196645190770 1152。

〔6〕孟憲平：《大數據時代人的自由全面發展及現實路徑分析》，載中國科學社會主義學會、當代世界社會主義專業委員會、中共肇慶市委黨校、肇慶市行政學院編著：《「時代變遷與當代世界社會主義」學術研討會暨當代世界社會主義專業委員會 2015 年會論文集》，2015 年。

〔7〕前瞻產業研究院：《AI＋數字孿生發展現狀、應用場景及典型企業案例分析》，前瞻產業研究院官網，2021 年，https://bg.qianzhan.com/report/detail/2106231443190679.html#read。

〔8〕 彭波：《抗擊疫情標誌著中國進入數字科技時代》，鳳凰新聞，2020
年，https://ishare.ifeng.com/c/s/7x3W4kLyUOV。

〔9〕 習近平：《共擔時代責任 共促全球發展——在世界經濟論壇 2017 年年
會開幕式上的主旨演講》，新華網，2017 年，http://www.xinhuanet.com/
mrdx/2017-01/18/c_135992405.htm。

〔10〕習近平：《共同開創金磚合作第二個「金色十年」》，新華網，2017 年，
http：//www.xinhuanet.com//politics/2017-09/03/c_1121596338.htm。

〔11〕習近平：《讓工程科技造福人類、創造未來——在 2014 年國際工程科
技大會上的主旨演講》，新華網，2014 年，http://www.xinhuanet.com//
politics/2014-06/03/c_1110966948.htm。

〔12〕習近平：《同舟共濟創造美好未來——在亞太經合組織工商領導人峰會
上的主旨演講》，新華網，2018 年，http://www.xinhuanet.com/world/2
018-11/17/c_1123728402.htm。

〔13〕習近平：《同舟共濟克時艱，命運與共創未來——在博鰲亞洲論壇
2021 年年會開幕式上的視頻主旨演講》，新華網，2021 年，http://ww
w.xinhuanet.com/mrdx/2021-04/21/c_139896352.htm。

〔14〕習近平：《攜手構建合作共贏新夥伴 同心打造人類命運共同體》，人民
網，2015 年，http://politics.people.com.cn/n/2015/0929/c1024-27644905.h
tml。

〔15〕尹子文：《契約與身分：從傳統到現代法律制度中的觀念演變》，中國
政法大學比較法學研究院官網，2013 年，http://bjfxyjy.cupl.edu.cn/info
/1029/1287.htm。

〔16〕張育雄：《淺談數字孿生城市治理模式變革》，中國信息通信研究院官
網，2017 年，http://www.caict.ac.cn/kxyj/caictgd/201804/t20180428_15972
9.htm。

〔17〕 中國信息通信研究院：《數字孿生城市白皮書（2020 年）》，中國信息
通信研究院官網，2020 年，http://www.caict.ac.cn/kxyj/qwfb/bps/202012/
P020201217506214048036.pdf。

〔18〕 中國信息通信研究院雲計算與大數據研究所、騰訊雲計算（北京）有
限公司：《數字化時代零信任安全藍皮報告（2021 年）》，中國信息通
信研究院官網，2021 年，http://www.caict.ac.cn/kxyj/qwfb/ztbg/202105/
P020210521756837772388.pdf。

〔19〕 中國移動研究院：《基於區塊鏈的數字身分研究報告（2020 年）》，中
移智庫官方微信，2020 年，https://mp.weixin.qq.com/s/M6eWtv54fJowJb
CqC1DCzg。

〔20〕 朱嘉明：《區塊鏈和重建世界秩序——在 2020 全球區塊鏈創新發展大
會上的演講》，江西贛州，2020 年 8 月 14 日。

五 外文專著及其析出文獻

〔1〕 Etzioni A. "Old chestnuts and new spurs" //Etzioni A. *New Communitarian Thinking:persons, Virtues, Institutions, and Communities*. Charlottesville: The University of Virginia. 1995.

〔2〕 Etzioni A. *The Spirit of Community: Rights, Responsibilities, and the Communitarian Agenda*. New York: Crown Publishers. 1993.

〔3〕 Goldin I. *Divided Nations: Why Global Governance is Failing, and What We Can Do about* It. Oxford: Oxford University Press. 2013.

〔4〕 Grusky D B. *Social Stratification:Class,Race,and Gender in Sociological Perspective*. Boulder: Westview Press. 2008.

〔5〕 Henehan M T, Vasquez J. "The changing probability of international war, 1986-1992". //Raimo Vayrynen ed. *The Waning of Major War:Theories and Debates*. London and New York: Routledge. 2006.

〔6〕 Jenks B. "The United Nations and global public goods: Historical contributions and future challenges" //Carbonnier G. *International Development Policy: Aid, Emerging Economies and Global Policies*. London: Palgrave Macmillan. 2012.

〔7〕 Norris P. *Digital Divide: Civic Engagement, Information Poverty and the Internet Worldwide*. New York: Cambridge University Press. 2001.

〔8〕 Olson M. The *Logic of Collective Action: Public Goods and the Theory of Groups*. Cambridge: Harvard University Press. 1965.

〔9〕 Selznick P. "Social justice: A communitarian perspective" //Etzioni A. *The Essential Communitarian Reader*. Lanham: Rowman & Littlefield Publishers, Inc. 1998.

〔10〕 Tapscott D. *The Digital Economy: Promise and Peril in the Age of Networked Intelligence*. New York: McGraw Hill. 1996.

〔11〕 Wieland J. "Global standards as global public goods and social safeguards" // *Governance Ethics: Global Value Creation, Economic Organization and Normativity*. Boston, MA: Springer. 2014.

〔12〕 Wuthnow R. "Between the state and market: Voluntarism and the difference it makes" //Etzioni A. *Rights and the Common Good: The Communitarian Perspective*. New York: St. Martin's Press. 1995.

六 外文期刊

〔1〕 Burston J, Dyer-Witheford N, Hearn A. "Digital labour: Workers, authors, citizens". *Ephemera*, 2010, Vol. (3/4).

〔2〕 Cooper R. "Prolegomena to the choice of an international monetary system". *International Organization*, 1975, Vol.29.

〔3〕 David J. Rothkopf. "Cyberpoliti: The changing nature of power in the Information Age". *Journal of International Affairs*, 1998, Vol.51.

〔4〕 Development Committee. "Poverty reduction and global public goods: Issues for the World Bank in supporting Global Collective Action". *World Bank*, 2000, Vol.16.

〔5〕 Eriksson J, Giacomello G. "The information revolution, security, and international relations: (IR) Relevant Theory". *International Political Science Review*, 2006, Vol.27.

〔6〕 Farah B. "A value based big data maturity model". *Journal of Management Policy and Practice*, 2017, Vol.18.

〔7〕 Graveson R H. "The movement from status to contract". *The Modern Law Review*, 1941,Vol.4.

〔8〕 He D, Habermeier K F, Leckow R B, et al. "Virtual currencies and beyond: Initial considerations". *IMF Staff Discussion Note*, 2016, Vol.16.

〔9〕 Lin J B, Lu Y B, Wang B, et al. "The role of inter-channel trust transfer in establishing mobile commerce trust". *Electronic Commerce Research and Applications*, 2011, Vol.10.

〔10〕 McKinnon R. "Currency substitution and instability in the World Dollar Standard". *American Economic Review*, 1984, Vol.74.

〔11〕 Meehanp KA. "The continuing conundrum of international Internet jurisdiction". *Intl & Comp. L. Rev*, 2008, Vol.31.

〔12〕 Puschmann T. "Fintech". *Business & Information Systems Engineering*, 2017, Vol.59.

〔13〕 Ripberger J T. "Capturing curiosity: Using Internet search trends to measure public attentiveness". *Policy Studies Journal*, 2011, Vol.39.

〔14〕 Samuelson P A. "The pure theory of public expenditure". *The Review of Economics and Statistics*, 1954, Vol.36.

〔15〕 Stewart K J. "Trust transfer on the World Wide Web". *Organization Science*, 2003, Vol.14.

〔16〕 Stoddart K. "UK cyber security and critical national infrastructure protection". *International Affairs*, 2016, Vol.92.

〔17〕 Stoker G. "Governance as theory: Five propositions". *International Social Science Journal*, 1998, Vol.5.

〔18〕 Terranova T. "Free labour: producing culture for the digital ecomomy". *Social Text*, 2000, Vol.18.

七 其他外文文獻

〔1〕 Harari Y N. "The World After Coronavirus". Financial Times. 2020. https://www.ft.com/content/19d90308-6858-11ea-a3c9-1fe6fedcca75.

〔2〕 Libra association members. "An introduction to Libra". Libra association members. 2019. https://sls.gmu.edu/pfrt/wp-content/uploads/sites/54/2020/02/LibraWhitePaper_en_US-Rev0723.pdf.

〔3〕 WSIS. "Tunis agenda for the information society". World Summit on the Information Society. 2005. https://www.itu.int/net/wsis/docs2/tunis/off/6rev1.html.

Afterword

後 記

　　2016 年 12 月貴陽市人民政府新聞辦公室率先發布《貴陽區塊鏈發展和應用》，提出「主權區塊鏈」這一創新概念，該書被譽為中國首個邁向區塊鏈時代的宣言書。2017 年 5 月，全國科學技術名詞審定委員會首次審定發布「大數據十大新名詞」，「主權區塊鏈」入選其中，被正式認定為科技名詞。與此同時，《塊數據 3.0》面向全球發行，其以「秩序互聯網與主權區塊鏈」為主題，研究了從技術之治到制度之治的治理科技。2018 年，離區塊鏈概念的提出過去了十年，區塊鏈技術開始覺醒並受到前所未有的關注。2019 年，區塊鏈迎來落地元年，並被正式上升到國家戰略高度。2020 年 5 月，《貴陽主權區塊鏈技術與應用》在「永不落幕的數博會——2020 全球傳播行動」啟動儀式上正式發布。2020 年 12 月，連玉明教授在「2020 雄安‧區塊鏈論壇」上發表主旨演講，首次提出「區塊鏈是基於數字文明的超公共產品」這一重要論斷，進一步豐富了「主權區塊鏈」這一概念的內涵與外延。經過幾年的努力，主權區塊鏈在理論創新、技術研發和場景培育等方面不斷取得新突破，宏偉藍圖正在逐步成為現實。

　　2020 年，貴陽市人民政府和浙江大學舉行《主權區塊鏈 1.0：秩序互聯網與人類命運共同體》（以下簡稱《主權區塊鏈 1.0》）首發儀式，在全球引起了強烈反響，多家海外華文媒體和國內主流媒體給予報導。浙江大學副校

長何蓮珍出席並致辭，充分肯定《主權區塊鏈 1.0》的重大理論創新成果，「站位高、立意新、謀劃深，兼具時代性、原創性、引領性，為促進全球治理開出創新藥方」。《主權區塊鏈 1.0》是大數據戰略重點實驗室在「塊數據」系列、「數權法」系列等理論研究成果基礎上推出的又一重大創新成果。習近平總書記在十九屆中共中央政治局第十八次集體學習時強調，「努力讓我國在區塊鏈這個新興領域走在理論最前沿、占據創新制高點、取得產業新優勢」[1]。《主權區塊鏈 1.0》是對這一重要講話精神的積極回應：一是提出了互聯網發展從信息互聯網到價值互聯網再到秩序互聯網的基本規律；二是推出了數據主權論、數字信任論、智能合約論「新三論」；三是論述了科技向善與陽明心學對構建人類命運共同體的重要意義。

《主權區塊鏈 2.0：改變未來世界的新力量》是《主權區塊鏈 1.0》的延續和深化。主要觀點集中體現為：其一，區塊鏈是基於數字文明的超公共產品；其二，互聯網是工業文明的高級形態，核心是連接；區塊鏈是數字文明的重要標誌，本質是重構；其三，數字貨幣、數字身分、數字秩序助推人類邁向數字文明新時代。本書由大數據戰略重點實驗室組織討論交流、深度研究和集中撰寫。連玉明提出總體思路和核心觀點，並對框架體系進行了總體設計，龍榮遠、蕭連春細化提綱和主題思想，連玉明、朱穎慧、宋青、武建忠、張濤、龍榮遠、宋希賢、蕭連春、鄒濤、陳威、楊洲、鐘雪、沈旭東、楊璐、席金婷、李成熙負責撰寫，龍榮遠負責統稿。陳剛為本書提出了許多具有前瞻性和指導性的重要觀點。貴州省委常委、貴陽市委書記、貴安新區黨工委書記趙德明；貴州省政協副主席，貴陽市委副書記、市長，貴安新區黨工委副書記、管委會主任陳晏；貴陽市委副書記、貴州省大數據發展管理

1　新華社：《習近平主持中央政治局第十八次集體學習並講話》，中國政府網，2019 年，
　　http://www.gov.cn/xinwen/2019-10/25/content_5444957.htm。

局局長馬寧宇；貴陽市委常委、市委秘書長劉本立；貴安新區黨工委副書記、管委會副主任張吉兵；貴安新區黨工委委員、管委會副主任，貴陽市政府黨組成員（兼）毛胤強等為本書貢獻了大量建設性的思想和見解。大數據戰略重點實驗室分別組織召開數字中國智庫論壇暨主權區塊鏈學術研討會。梅濤（京東集團）、羅以洪（貴州省社會科學院）、張小平（貴州省科技評估中心）、王為民（貴州省大數據發展促進會）、黃明峰（雲上貴州大數據產業發展有限公司）、楊世平（貴州大學）、周繼烈（貴州警察學院）、陳峰（貴陽信息技術研究院）、張金芳（貴陽信息技術研究院）、白禹（貴陽學院）等專家學者就本書相關議題進行了交流研討，從不同角度提出了許多真知灼見。大數據戰略重點實驗室浙江大學研究基地專家組賁聖林教授、楊小虎教授、李有星教授、趙駿教授、鄭小林教授、陳宗仕教授、楊利宏教授和美國威斯康星大學奧克萊爾分校計算機信息系統學終身教授張瑞東博士，對書稿進行了審讀並提出了許多富有建設性的修改意見。應該說，本書是集體智慧的結晶。在此，需要特別感謝的是浙江大學出版社的領導和編輯們，褚超孚社長以前瞻的思維、獨到的眼光和超人的膽識對本書高度肯定並提供出版支持，組織多名編輯精心策劃、精心編校、精心設計，本書才得以與廣大讀者見面。

我們正處在新一輪科技革命和產業變革相互融合、相互交織的時代。區塊鏈是人類歷史上最大的數字化遷徙，區塊鏈技術被認為是繼蒸汽機、電力、互聯網之後的下一代顛覆性技術。如果說蒸汽機釋放了社會生產力，電力解決了人們的基本生活需求，互聯網改變了信息傳遞方式，那麼區塊鏈作為「信任的機器」，則將徹底改變整個人類社會價值傳遞方式和秩序建構機制。互聯網與區塊鏈的融合將重構新一代網絡空間，形成互鏈網——未來世界的連接方式。這不僅是數字經濟的重要驅動力，也是推動未來數字社會和數字中國構建的重要力量。

作為一種本身包含公平公正、共識共享的治理科技，區塊鏈有望成為解決當下困境的一劑良藥。區塊鏈為數據要素的全球治理和價值釋放提供了新思路，為建立跨產業主體的可信協作網絡提供了新途徑，有望在疫情後全球復蘇中扮演越來越重要的角色。可以預見，區塊鏈特別是主權區塊鏈將不僅被視為拉動經濟發展的新動能，更會成為推進治理體系和治理能力現代化的新支撐。希望我們的一些粗淺思考能夠為治理科技的應用、治理體制的創新、治理場景的運行提供一些參考。區塊鏈是一個不斷升溫的熱點技術和焦點話題，當前各界對它的看法和理解也不盡一致。在編著本書的過程中，我們盡力搜集最新文獻，吸納最新觀點，以豐富本書思想。儘管如此，由於水平有限、學力不逮和認知局限，加上本書所涉領域繁多複雜，我們的觀點並不一定是絕對準確的，書中難免有疏漏差誤之處，特別是對引用的文獻資料和出處可能掛一漏萬，懇請讀者批評指正。

大數據戰略重點實驗室

2021 年 5 月

大學叢書 1700002

主權區塊鏈 2.0——改變未來世界的新力量

作　　者　大數據戰略重點實驗室
主　　編　連玉明
責任編輯　張晏瑞

發 行 人　林慶彰
總 經 理　梁錦興
總 編 輯　張晏瑞
編 輯 所　萬卷樓圖書股份有限公司
排　　版　菩薩蠻數位文化有限公司
印　　刷　浙江海虹彩色印務有限公司
封面設計　菩薩蠻數位文化有限公司

發　　行　萬卷樓圖書股份有限公司
　　　　　臺北市羅斯福路二段 41 號 6 樓之 3
　　　　　電話 (02)23216565
　　　　　傳真 (02)23218698
　　　　　電郵 SERVICE@WANJUAN.COM.TW

香港經銷　香港聯合書刊物流有限公司
　　　　　電話 (852)21502100
　　　　　傳真 (852)23560735

ISBN 978-986-478-671-8

2022 年 4 月初版一刷（精裝）

定價：新臺幣 600 元

如何購買本書：

1. 劃撥購書，請透過以下郵政劃撥帳號：
   帳號：15624015
   戶名：萬卷樓圖書股份有限公司

2. 轉帳購書，請透過以下帳戶
   合作金庫銀行 古亭分行
   戶名：萬卷樓圖書股份有限公司
   帳號：0877717092596

3. 網路購書，請透過萬卷樓網站
   網址 WWW.WANJUAN.COM.TW

大量購書，請直接聯繫我們，將有專人為您
服務。客服：(02)23216565 分機 610

如有缺頁、破損或裝訂錯誤，請寄回更換

版權所有·翻印必究

Copyright©2022 by WanJuanLou Books CO., Ltd.

All Right Reserved　　　　　**Printed in Taiwan**

國家圖書館出版品預行編目資料

主權區塊鏈 2.0：改變未來世界的新力量 / 大
數據戰略重點實驗室著 . -- 初版 . -- 臺北市：
萬卷樓圖書股份有限公司 , 2022.04
　　面；　公分 . -- (大學叢書；1700002)
ISBN 978-986-478-671-8(精裝)

1.CST: 電子商務 2.CST: 產業發展
490.29　　　　　　　　　　　　111005629